国民阅读书架

国民必知
科学历程读本

向天／主编

中国书籍出版社
China Book Press

图书在版编目（CIP）数据

国民必知科学历程读本 / 向天主编. —— 北京：中国书籍出版社，2010.4
ISBN 978-7-5068-2061-5

Ⅰ.①国… Ⅱ.①向… Ⅲ.①科学技术—技术史—世界—通俗读物 Ⅳ.①N091—49

中国版本图书馆CIP数据核字（2010）第061514号

国民必知科学历程读本

向天　主编

责任编辑	庞　元　　王洪波　　安玉霞
责任印制	孙马飞　　张智勇
封面设计	东方美迪
出版发行	中国书籍出版社
地　　址	北京市丰台区三路居路97号（邮编：100073）
电　　话	（010）52257143（总编室）　　（010）52257153（发行部）
电子邮箱	chinabp@vip.sina.com
经　　销	全国新华书店
印　　刷	三河市李旗庄少明装订厂
开　　本	710毫米×1000毫米　1/16
字　　数	350千字
印　　张	21.5
版　　次	2010年10月第1版　2014年1月第2次印刷
书　　号	ISBN 978-7-5068-2061-5
定　　价	36.00元

版权所有　翻印必究

激发我们发明创造的冲动
（代序）

今天我们生活在物质文明高度发达的社会中，在日常生活的每一个环节都享受着现代科技的成果，但我们又对古今科学的发展了解多少？要知道，今天的科技之果来得多么坎坷和艰辛，甚至付出了鲜血和生命的代价。

在书中，我们全面而详细地展示了"四大文明古国"的科学曙光，揭示了古希腊和古罗马的科学启蒙，描写了西方中世纪科学与宗教的猛烈碰撞，谈论了哥白尼如何敲响"地心说"的丧钟，分析了伽利略和牛顿给近代物理学带来的革命性变化，表现了蒸汽机时代是如何奏响了第一次技术革命的乐章，反映了19世纪最令人震惊的发明——电机对第二次技术革命的重要影响，另外，对进化论的意义、遗传工程的崭新面貌、信息革命的前景都有明确的叙述。

在科学的历程中，充满了许多有趣、动人的故事，例如，阿基米德在澡盆里发明了浮力定律；牛顿在一棵大树下乘凉，一个落下来的苹果使他顿悟了万有引力定律；瓦特呆呆注视着水蒸气掀起壶盖，结果发明了蒸气机……这些传奇故事诱发了我们对奇妙的科学世界的向往。

几千年来，人类之所以富于发明创造，就是因为人类创造性思想积累的结果。因此，我们需要追寻开拓者的足迹，重温成功者的道路，在感受前人发明创造的过程中，激发自己发明创造的冲动。

目录 CONTENTS

第一章　四大古老文明 / 1
　　一、古埃及 / 2
　　二、古巴比伦 / 13
　　三、古印度 / 20
　　四、上古时代的中国 / 27

第二章　科学思想的摇篮 / 40

第三章　古罗马的科学技术 / 55

第四章　中世纪的漫漫长夜 / 62
　　一、思想的禁锢——主宰精神的基督教 / 62
　　二、古典文化衰落的黄昏 / 67
　　三、科学与宗教的碰撞 / 68
　　四、黑暗中的星星之火 / 70

第五章　独领风骚的中国科技 / 72
　　一、造福世界的四大发明 / 72
　　二、时间的学科——天文学 / 82
　　三、生存的学科——农学 / 86

四、健康的学科——医学 / 90
　　五、计算的学科——数学 / 95
　　六、建筑业——宏伟壮观的长城 / 100
　　七、巧夺天工的瓷器制作 / 104
　　八、纺织业——勇敢智慧的黄道婆 / 106

第六章　近代科学的诞生 / 110
　　一、哥白尼敲响"地心说"的丧钟 / 111
　　二、第谷发现新星 / 115
　　三、遭受酷刑的布鲁诺 / 117
　　四、天空立法者——开普勒 / 119
　　五、格里克——马德堡半球实验 / 123

第七章　科学步入牛顿时代 / 127
　　一、近代物理学之父——伽利略 / 127
　　二、经典力学之父——牛顿 / 132
　　三、皇家学会的台柱——胡克 / 139
　　四、光波动说的创始人——惠更斯 / 141
　　五、帕斯卡与帕斯卡定律 / 144
　　六、第一个称量地球的人——卡文迪许 / 147

第八章　第一次技术革命 / 151
　　一、科学技术革命的曙光 / 151
　　二、神奇机器——蒸汽机技术的发展 / 155

第九章　近代化学舞台 / 168
　　一、近代化学的兴起 / 168
　　二、揭示化学本质 / 178
　　三、近代化学的繁盛 / 184

第十章 电磁的世界 / 191
　　一、电的发现过程 / 191
　　二、电气化的先驱 / 195
　　三、奥斯特、安培与电流磁效应 / 202
　　四、法拉第和电磁感应 / 204
　　五、电磁理论大厦 / 207

第十一章 第二次技术革命 / 211
　　一、19世纪最令人震惊的发明——电机 / 211
　　二、硕果累累的大发明家——爱迪生 / 214
　　三、电信电讯 / 217

第十二章 近代生物学的发展 / 225
　　一、生物分类系统的诞生 / 225
　　二、细胞学说的探索与确定 / 228
　　三、划时代的人物——巴斯德 / 234

第十三章 进化论 / 241
　　一、众说纷纭的生物界 / 242
　　二、拉马克物种进化观念 / 244
　　三、达尔文进化理论 / 245

第十四章 运输机械革命 / 254
　　一、漂泊的家——船 / 254
　　二、奔驰的巨龙——火车 / 258
　　三、风驰电掣——汽车 / 262

第十五章 航空航天时代 / 266
　　一、飞行：梦想真成 / 266

二、火箭：冲破云霄 / 272

三、卫星：一览众山小 / 274

四、载人飞行：太空，并不遥远 / 277

第十六章　20世纪的遗传学 / 284

一、崭新的科学——古老的问题 / 284

二、豌豆的启示——遗传学的产生 / 286

三、遗传学的突破 / 290

四、遗传工程的"神话" / 296

第十七章　原子物理学的革命 / 300

一、经典物理学危机 / 301

二、曙光初现——物理学三大新发现 / 303

三、原子核物理学 / 309

四、爱因斯坦与相对论的创立 / 315

五、新起点——量子论和量子力学 / 318

六、现代物理学——电子技术革命时代 / 322

第十八章　信息革命 / 326

一、电子计算机的历史渊源 / 326

二、雄厚依托——电子技术 / 329

三、群星闪耀——电子计算机家族 / 331

四、没有终点——网络技术的发展 / 334

第一章 四大古老文明

历史上第一位哲人泰勒斯有句名言"万物源于水"。水孕育万物，孕育人类，同样也孕育着文明。尼罗河、美索不达米亚、恒河与黄河等几条大河分别孕育出四大文明古国，造就了金字塔、空中花园、青铜器冶炼和十进制数字等一系列科技硕果。

人类文明萌发伊始，科学技术就在其中扮演了极为重要的角色。以四大文明古国为代表的古代科学技术至今仍有无穷的魅力。

科学技术的产生、发展，是随着人类生存生产的需要而产生和发展起来的。古代人们在生产活动中，总是力图以极少的付出获取最大的收益，积极寻求事半功倍的工具和方法，因此先进的生产工具以及生产方法随即产生和发展起来。打制石器替代了自然形成的石器；火的发现使人们从生吞活剥、茹毛饮血的生活中解脱出来，鲜美的熟食不断地延长人的寿命；文字的产生结束了古人结绳记事的方法；从刀耕火种的艰难劳作，到农业器具的广泛应用，古代劳动人民在生产实践中不断地提炼和升华自己的聪明智慧，同时又依靠自己的聪明智慧不断创造出新的科技成果。

在人类自身的发展过程中，自然农业经济首先取代了原始的狩猎生活，沿河的肥田沃土聚集了许多原始部落，他们在与大自然的搏斗中积累了丰富的经验，如引

原始人集体狩猎

流灌溉、合理利用水资源等，这一切使社会财富不断增加，人民的生活水平不断提高，科学技术也随之发展。

北非尼罗河流域的古埃及，西亚幼发拉底河和底格里斯河流域的古巴比伦，南亚印度河、恒河流域的古印度和东亚黄河流域及长江流域的古中国，这四大古国在世界五千年的文明发展进程中，为人类的文明发展，创造了光辉灿烂的业绩，形成了人类科技文明的第一次繁荣。

一、古埃及

尼罗河三角洲不仅孕育了生机勃勃的绿洲，也造就了上古人类繁衍生息的一个家园。古埃及人在此组成了大大小小的部落，在尼罗河的哺育下创造了灿烂的文明。希罗多德曾赞叹说："埃及是尼罗河的赠礼。"早在公元前4000年左右，尼罗河流域就聚居了数百万人，并逐渐形成氏族公社和最早的奴隶制国家。公元前3500年至前3000年，埃及国王美尼斯统一了埃及，从此，埃及先后经历了31个王朝。国家的统一和社会经济的繁荣为科学技术的发展奠定了基础。埃及人民在长期的生产生活实践中兴修水利、发展农业。

尼罗河畔的勒克苏神庙

天文历法、数学、医学、建筑等科学技术的发展，使古埃及在人类历史长河中，留下了令现代人赞叹不已的文明成果。

（一）最早的太阳历

我们通常所说的"年"、"月"、"日"，实际上是自然界存在的周期性天文现象，例如太阳东升西落的周期就是一"日"；月亮由圆到缺，又由缺到圆，这就是"一月"；冬去春来，循环往复，这就是"一年"。这些周期性现象向人们提示了时间的进程。其中"日"和"月"比较容易确定，因为其周期现象有着非常显著的起止标志，而年的长度却不太容易确定。在农业社会中，农业生产与气候条件密切相关，因为耕作、播种、收获只有在一年中适当的时候进行才能保证丰收，所以确定天文历法年是非常必要的。历法的主要内容便是确定年、月、日的计算方法以及它们之间的关系。现在我们熟知，四季的变化是由于地球在绕着太阳公转。地球公转轨道是一个椭圆，在地球到达长轴两端时，日地距离最远，地球上气候温和，形成春秋两季；当地球到达短轴端时，由于地球自转轴与公转轴并不垂直，而是倾斜的（约成17度角），朝着太阳的一面半球是夏天，背着太阳的一面是冬天，当地球转到另一短轴端时，两个半球的冬夏两季正好反过来。因此，一年实际是地球围绕太阳公转一圈所用的时间，天文学上叫做回归年。但是，每一个回归年和一个回归年中每个月所包含的天数都不是整数，现代天文学证明，1回归年有365.24220……日，这是一个无理数；而按照月和（即月之圆缺）变化所确定的月为29.53059天。为了计算和使用的方便，各个时代的历法必须使一年的日数和月数成为整数，古代的天文学家靠人为约定的许多历法规则来解决这些问题。

我们可以把历史上曾经出现过的各种历法总结为以下三类：第一类，太阳历，这种历法规定一年的日数平均等于回归年，而具体的年的月数与月的日数则由天文学家或有关的政府机构甚至是宗教机构来确定。现在普

埃及棺材里的星图

遍施行的公历就是太阳历；第二类，太阴历，其月的平均日数约等于朔望月，年的月数则人为地规定，如伊斯兰教历；第三类，阴阳历，其年的平均日数约等于回归年，月的日数约等于朔望月，如我国现在使用的农历。各种历法都用置闰的方法来处理年、月、日的误差。

古埃及人创造了人类历史上最早的太阳历。早在公元前4000年，埃及人就已经把一年确定为365天。各种历法的基础就是确定一年由哪一天开始，在古王国时代（约公元前3100—前2200年），埃及人观察到当尼罗河开始泛滥时，天狼星清晨正好出现在埃及的地平线上（也就是与太阳同时升起，天文学上称为偕日升），这一天于是被定为一年的第一天。但是，天狼星偕日升的周期并不是完全相等，埃及人经过推算证明，天狼星偕日升那天在120年之后，与120年前偕日升那一天正好相差一个月，而到了第1461年，偕日升那天又成了一年的开始。埃及人把这个1460年的周期叫做天狗周，因为当地人们是用神话中的天狗来称呼天狼星的。古埃及人的计算结果和今天的天文学计算相差无几：以365天为一年，则比实际一回归年（365.25天）少了0.25天，120年之后则少了30天，1460年之后就会少365天，正好接近于一年。这样，一年的天数就被确定了。然后，规定一年为12个月，每月30天，年终再加上5天宗教节日，从而形成了完整的太阳历。古埃及人制定出了这样精确的周期，与他们长期细致的天文观测密切相关。

此外，古埃及人已经认识了许多恒星和星座，不仅有人们熟知的北极星，还有天鹅、牧夫、仙后、天蝎、猎户、白羊等许多星座——虽然这些星座被赋予了神话色彩。

埃及精确的天文历法极大地促进了农业生产的发展，为人们的生产生活提供了便利的条件。可以说，在远古时代，谁先掌握了准确的年历，谁就拥有了领先的农业，也就有了生存的基本保障，为其他方面的发展打下了可靠的基础。

埃及法老拉姆西斯二世

（二）孟斐斯城外的大堤坝和水库

人类在与自然作斗争的过程中，创造了日益成熟的农业技术。古埃及的堤坝和水库就是人们长期同尼罗河斗争的结果。

奴隶制下的古埃及城池林立，他们各自占据了大大小小的区域，却都利用同一条河流进行灌溉，为此各自修建了许多堤坝和灌溉渠道。但是当农业发展到一定程度以后，为了更为有效地利用水资源，就必须建立统一的灌溉系统。公元前3500年左右，古埃及的第一王朝便把尼罗河水利系统置于中央政府统一管辖之下，并设置专门官员负责对尼罗河的流量和水位变化做经常性的观测和记录。当尼罗河涨水时，水库蓄积洪水，并通过人工渠道引入农田进行灌溉，不仅发展了农业而且保护了人们的生命财产安全。后来历代的国王和官吏也都常以治水有方来作为自己的重要政绩。由此，古埃及的水利灌溉技术获得了极大的发展。由于以前的农业生产是靠天吃饭，因此水利技术的提高使农业生产获得了迅速发展。这样一来，人们有了丰富的食物，也就有了更多的精力进行其他科学技术的研究工作，使手工业、天文学等一系列与农业相关的科学技术都得到了发展。这样，生存和发展很好地联系在一起，彼此促进，共同前进。

（三）人类学会支配动物

畜耕的发明和应用是古埃及农业高度发达的又一重要标志。在此之前，人们所能利用的只有自身的力量，使生产活动受到了很大的限制。在牲畜饲养过程中，人们学会了支配动物的力量，比较强壮而又容易驯服的牛和驴就被用来耕地了。这是人类力量的首次扩展，明显增强了改造自然的力量。在木制的犁架上装上石制犁头的木石结构犁，虽然比较笨重且容易损坏，但由于是畜力牵引，毕竟比人力牵引前进了一大步。随着冶铜业的发展，金属犁头替代了石制犁头，使农业生产力又上了一个台阶。此时，古埃及地区的农作物品种也不断增加，粮食作物除了小麦和大麦外，人们还大量种植蔬菜和水果，如胡萝卜、葱、蒜、黄瓜、莴苣、葡萄、无花果等，其中的一些品种流传于世界各地。牛、羊、驴、马等的畜养，不仅为人们提供了肉食品，也为农业生产提供了重要动力。总之，古埃及的农业生产和农业技术已经达到了一个相当高的水平，成为其他科学技术发展和繁荣的基础。

（四）青铜器的广泛使用

我们知道，生产工具的发展是社会生产发展的动力和标志。古埃及农业生产的发展和金属工具，尤其和青铜器的广泛使用密不可分。处于原始社会时期人们就已经用铜制成一些小件工具和装饰物，到奴隶社会后期，冶炼业便大大地发展了起来。大约在新王国时期（约公元前16世纪），人们又发明了青铜冶炼技术。青铜是铜和锡（有时也有铅）的合金，它比纯铜要坚硬得多，青铜可以用来制造斧、锯、刀、剑等工具和武器，使生产力提高了一大步。公元前1340年左右，古埃及人就制了铜制短剑，反映了当时工艺匠人的高超技术。古埃及人留下的许多青铜器和装饰物，现在看来仍是极好的工艺品。从古埃及一些坟墓的壁画和浮雕上我们可以大致了解到那时人们冶铜的情形。那时，冶金技术中的一个重要问题是如何改进鼓风技术以提高炉温和加快冶炼速度。早先，人们只是用嘴通过管子向炉内吹风，后来发明了一种脚踏鼓风机，风力的增加提高了炉温，既缩短了冶炼时间，又提高了冶炼质量。除了冶铜技术以外，铁器冶炼术、银和金的冶炼术也有一定的发展，但这些金属，尤其是铁，还没有在生产中广泛使用。

金属的获得，使得人类拥有坚硬且锋利的工具，比起过去的木制工具和石制工具来，大大地增强了人类在自然环境中的生存能力。

2500年前古埃及人的船只

（五）立式织机与纺织技术

除了冶金业以外，许多出土文物和遗址的壁画、浮雕中都可以反映出古埃及的纺织、木器、制砖、皮革、珠宝等手工业也很兴盛。例如曾经出土了一块第一王朝的亚麻布残片，其经纬线密度达到了每平方厘米63×74根，表明他们的纺织技术已达到了比较高的水准。从一些年代久远的图画中可以看出，他们曾经使用一种比较简陋的卧式织机，后来又出现了一种由两人同时操作的立式织机，可以织出幅度较宽的布。

（六）造船业与水路运输

古埃及的货物主要依靠尼罗河及地中海、红海运输，因此，他们的造船业也比较发达。曾经出土的一艘约4700年前的木船，船身长达47米。公元前1200年时，古埃及人已有了专门用于打仗的军舰。有史料记载说，古埃及人为了发展水路交通，在公元前7世纪时就开始开凿沟通红海和地中海的运河，也就是现在的苏伊士运河的前身。

（七）金字塔——历史之谜

湛蓝色的天宇下，缓缓北去的尼罗河边，一座座巨大的正方锥体建筑物在夕阳的照耀下反射出金黄色的光辉，那就是一直深深震撼人们心灵的、世界古代七大奇迹之一的埃及金字塔。它们是古代埃及建筑艺术成就的集中体现。

古埃及人相信人死之后，灵魂可以继续存在，只要保护好尸体，三千年后就会在极乐世界里复活并获得永生，因此他们把自己的陵墓建造得非常稳固牢靠。陵墓的形式最初模仿住宅与宫殿，经过不断的探索改进，终于形成了方锥形金字塔这种最为宏伟稳固的结构。

集巨大、宏伟、永久、精密、和谐于一体的神秘建筑群古埃及金字塔和狮身人面像

金字塔被用作古埃及帝王的陵墓，象征着至高无上的皇权，表现皇帝的"永恒性"。尼罗河三角洲至今仍屹立着大小数十座宏伟壮丽的金字塔。其中最著名的就是第四王朝国王胡夫和他儿子哈夫拉的金字塔。胡夫金字塔高146.6米，在1889年巴黎埃菲尔铁塔建成之前，四千多年来一直是世界上最高的建筑。这座金字塔底边长230.35米，用230多万块巨石砌成，每块巨石重约2.5吨，最重的达20吨，这些石块都经过认真琢磨，角度精确，石块间未施灰泥却砌缝严密，在没有被风化的地方，至今连薄薄的刀片也插不进去。这座最大的金字塔坐落在北纬30度线南2000米处，坐北朝南，底座南北方向非常准备。塔北边正中央处有一个入口，从入口进去，顺着通道走向地下宫殿，通道与地平线正好成30度角，与遥远的北极星遥相对应。哈夫拉金字塔比胡夫塔略小一些，但做工则更加精致。

胡夫金字塔与哈夫拉金字塔以及门卡乌拉金字塔一字排开，共同组成了吉萨大金字塔群，是古埃及金字塔最成熟的代表作。三座金字塔都用淡黄色石灰石砌成，外面贴有一层白色石灰石。它们都是精确的正方锥体，形式极为单纯、高大、稳重，简洁的形象具有深刻的艺术表现力和永恒的纪念意义。金字塔边有一座举世闻名的狮身人面像，高约20米，长约46米，是由原地的岩石凿出来的。

金字塔给后人留下了很多难解之谜。据古希腊历史学家希罗多德估计，建造胡夫金字塔需要动用10万人，用时30年才可能建成。但10万人同时上工，又会出现材料供应紧张、现场拥挤等诸多难题。研究发现，建造金字塔的那些石块的重量和体积无疑是经过周密的计算，然后再按一定的形状和尺寸加工好了以后才堆砌上去的，如果没有相当程度的数学知识，就很难设想去建造这样庞大而复杂的工程，并把它做得天衣无缝。而当时的工具却很简单，斜面和杠杆是最先进的机械，要把15—20吨重的巨石举到百米的高度，令人不可思议。此外，大金字塔各底边的边长误差极小，各侧边准确地汇集于顶点，对于这样巨大的石头建筑来说，难度是非常高的。这使人们对金字塔是否为古埃及人所造产生了种种怀疑。有许多人猜想，胡夫金字塔其实是天外来客在地球上的里程碑或者驿站，后来被胡夫用做自己的陵墓。近几十年来，大西洋海底、美洲大陆和其他地方都陆续发现了许多金字塔，这些金字塔是否有内在联系，由谁建造而成，也引起了种种猜测。而这些只是金字塔留给人们的诸多谜团中的一小部分。

金字塔不仅是建筑上的奇迹，它的设计、丈量、施工也表现了古埃及人在天文、算术、几何等方面的高深造诣。木乃伊的制作与保存也体现出高超的医药学技术和解剖学知识，虽然其中也混杂着一些符咒和巫术，但无疑，古埃及人配置药物和香料的技术达到了近乎完美的水平，许多埃及药品当时都闻名世界。古埃及的医学成果后来传到希腊，并由希腊和亚历山大里亚传到了西欧，产生了广泛的影响。

另外，金字塔还是件艺术精品。古埃及人相信高山、大漠、长河都是神圣而永恒的，从而代表皇权的金字塔也充分体现出这样的特征。它沉稳、厚重、坚固，与大漠、黄沙、白云、蓝天、长河融为一体，构成一幅协调、绝妙的图画，把过去、现在和未来集于一身，将回忆、向往和纪念糅合在一起；它是一组建筑，同时也是一种宗教、一种哲学；它还是一个神秘莫测的精神世界、体现出极高的审美价值和耐人寻味的时空观念，世人莫不叹为观止，浮想联翩。

除了金字塔以外，古埃及的建筑艺术还可以从许多神庙建筑中体现出来。例如在尼罗河畔的卡纳克神庙，建于公元前 14 世纪，主殿矗立着 134 根巨大的圆形石柱，其中最大的 12 根直径大约 3.6 米，高约 21 米，同样成为人类建筑史上的奇迹之一。

（八）文明载体——纸草

文字是人类文明的最主要的载体。有了文字，人类的知识才能记录下来，得以在空间和时间上广为传播。古埃及人用纸草记载其科技成就，使之流传千古。

古埃及人最早使用象形文字，约公元前 27 世纪，他们的字库已经比较可观了。后来他们又发明了拼音字母，形成了象形文字和拼音文字并用的状况。经过长期发展演变，形成了由字母、音符和词组组成的复合象形文字体系。现在在金字塔、方尖碑、庙宇墙壁等一些被视为神圣或者永恒的地方，人们仍然可以清楚地看到古代埃及的象形文字。后来为书写的方便，又发展出了称为僧侣体的更为简化的象形文字。古埃及拼音字母的流传对西方拼音文字的发展产生了深远影响。

古埃及的文字载体——纸草　　　　　　西方书写用的羊皮纸

尼罗河三角洲盛产一种与芦苇相似的植物——纸草（papyrus，英文 paper 一词即源于此）。人们把纸草切成长度合适的小段，剖开压平，拼排整齐，连接成片，风干后即成为纸草。他们用芦苇秆等作笔，以菜汁和黑烟末制墨，在纸草上写字。但是长时间后纸草会干裂成碎片，极难保存下来。所幸，还有极少数用僧侣体写成的纸草文书流传于世，藏于大英博物馆的一份纸草文书记载了古代埃及人的算术和几何成就，相传是一位名叫阿摩斯的僧人从第十二王朝的一位国王的旧卷子上转录下来的。这些纸草为我们提供了极其珍贵的古代信息。

有了文字和书写工具，思想和技术可以保留和传递，就有了文化的延续和发展。

（九）10 进制和拆分法

古埃及人很早就采用了 10 进制记数法。在现存的莱因特纸草（1858 年由英国人亨利·莱因特发现而得名，现藏于大英博物馆）和莫斯科纸草（现藏于莫斯科）上记载了不少埃及人的数学问题，虽然只是片段，仍可以表明当时他们的数学是相当有成就的。他们依次用笔画排列计数到 9，然后用一个好像倒写的 U 的符号代表 10。但 111 这个三位数的每一个数位都用一个特殊的符号表示，而不是像现在一样将 1 重复三次。这说明埃及人当时还没有完全掌握 10 进位制。

古埃及人的算术主要是加减法运算,而乘除法也是化成加减法来做的。古埃及人的算术中以分数算法最有特色,即所谓的拆分法——利用单位分数来计算复杂分数的方法。用拆分方法可以做分数的加减乘除四则运算。但是拆分法相当繁琐,在一定程度上可以说阻碍了埃及算术的发展。古埃及人还能解一些代数方程,如比较简单的一元二次方程。

(十) 土地测量——几何学的起源

古埃及人从生产实践中总结出许多几何学理论知识,并把它们用于生产实践中,实现了理论与实践的结合。

据希腊历史学家希罗多德推测,埃及因为尼罗河每年泛滥后淹没了土地边界,故需要重新确定土地边界,以确定当年这些土地的赋税,这样就产生了几何学。他们建立了计算圆面积的方法,即直径减去它的九分之一后再平方,这相当于用 3.1605 作圆周率,当然,他们还没有圆周率的概念。他们还能计算矩形、三角形和梯形的面积以及立方体、长方体和柱体的体积。他们有用于计算正方锥体体积的公式,和我们现在所用的公式完全一致。虽然我们所见的古埃及人的数学文献不多,但是古埃及人的巨大石砌建筑,尤其是金字塔告诉我们,他们的数学知识也达到了相当高的水平。

(十一) 千年不腐的木乃伊

古埃及的文明还以千年不腐的"木乃伊"闻名于世。

古埃及人认为人的身体是灵魂的安息处,要想获得永生,就必须把尸体保存好。制作木乃伊的过程先是掏去五脏,用盐水、香料和树脂炮制风干尸体,再用麻布包扎,使尸体得以长期保存。制作木乃伊在古埃及第一王朝之前就开始了,人们因而积累了丰富的解剖学知识,并促进了外科技术的发展。

而今在非洲和南美的一些原始部落里,仍广泛流传各种木乃伊的制作技术,保留了大量的木乃伊。当然,从现代医学看来,这些技术并没有太多的秘密,但在遥远的几千年前,人们就已经可以把尸体制成"木乃伊",历经千年沧桑而不腐烂,说明那时的医学防腐技术确定达到了一个相当高的程度。

在公元前 2500 年左右的古埃及雕塑中,可以找到外科医生施行外科手术的证据,古埃及因为眼病长期流行而有水平很高的眼科医生。但古代的医学往往是同巫术结合在一起的。当人们还不能对疾病现象作出合理的解释之前，常用超自然的、宗教迷信的观点去说明疾病的起因，所以，最早的医师就是巫师。他们在客观上也曾对早期医学的发展起过一定作用。原始社会时期某些药物和治疗方法就是由巫师发现并传授下来的。古埃及早期的医疗技术主要掌握在祭司们手里，当然，一些祭司实际上也是受过专门训练的医生。从古埃及遗留下来的医学文献中可以看到，医疗技术越是发展，它和巫术迷信的关系就越来越疏远。

（十二）20米长的医学巨著

公元前3000年左右，古埃及就出现了最早的医疗文献。第一个留下名字的埃及医生叫伊安荷特普，意思是"平安莅临者"，是公元前2900年左右的佐塞王的御医和大臣，传说他是埃及医学的奠基人。现在发现的最早的古埃及医学文献，主要是开列在纸草上的各种方剂，很少描述疾病本身。而埃伯斯纸草（以现代发现者命名），是一部宽30厘米、长达20.23米的巨著，记述了47种疾病的症状及诊断处方，涉及内科的许多疾病，如腹泻、肺病、痢疾、腹水，以及咽炎、眼病、喉头等五官科疾病，还有神经疾病、妇科病、儿科病等，另外还记有解剖学、生理学和病理学方面的一些知识，所载药方有877个，这些表明当时的医学已达到相当水平。这部约写成于第十八王朝（约公元前前1584—前1320年）的著作看起来像一部医学教科书，虽然其中还掺杂着一些巫术迷信的内容，但医学亦已基本上从巫术中分离出来了。

另外，古埃及人用以表示内脏的象形文字大多都近似动物的器官，说明他们对动物和人做过许多解剖研究工作。古埃及人的生物学知识因此也比较丰富。

（十三）庙宇中的科学知识

人类社会生活中总是不可避免地存在着大量的宗教迷信思想，在远古时代尤其如此。在古代埃及，宗教是人们最重要的精神生活，因此，许多知识无不打上了宗教的烙印。埃及人把他们所识别的星座庄严地雕刻在一些神圣的地方，他们把神话中的神与这些星座视为一体；他们的数学知识被用来建造神庙和陵墓；其医学的很大一部分实际上是巫术，通过符咒赶走邪魔，治好疾病。

埃及人崇拜太阳神，太阳神名叫"拉"（Ra，又译为"赖"），后来又叫阿蒙·拉。古埃及神话中，对宇宙结构的描述与现代天文学有相似之处。公元前14世纪至前12世纪之间的一座法老陵墓的石壁上，刻着一个奇特的天牛像，满天的星斗被刻在了天牛的腹部，一位男神托着整个牛腹；在星际的边缘有一条大河，太阳和月亮都被刻画为一只船，分别为"日舟"和"夜舟"。太阳神"拉"先后驾驶着两船在天空航行。牛的四肢各有两神肤持。这实际上就是一幅宇宙结构图。这种用宗教形式记载知识的方法是上古人类生活中的普遍现象。

二、古巴比伦

古巴比伦文化发源于美索不达米亚。美索不达米亚是希腊人的叫法，意思是两河之间的地方。苏美尔人、巴比伦人、亚述人和迦勒底人共同在两河之间创造了巴比伦文明。早在公元前5000—前4000年，在两河下游地区就有苏美尔人定居。古巴比伦文明经历了四个重要阶段，先是苏美尔人创造的文明在公元前2250年左右达到顶峰，形成了两河流域文明的第一阶段。到公元前21世纪，苏美尔人的帝国被外来民族所灭。两河流域中部的阿摩列伊人在公元前19世纪中期重新统一了两河流域南部，以巴比伦城（在今伊拉克首都巴格达以南）为中心建立了古巴比伦王国，达到了两河流域文明的极盛，开创了美索不达米亚文明的第二阶段。巴比伦最有名的文化成就，就是这个时期汉谟拉比国王创制了世界上第一部比较完备的法典《汉谟拉比法典》。公元前1650年，巴比伦帝国被外族入侵所灭。公元前1300年左右，亚述人在底格里斯河的上游开始崛起，到公元前8至7世纪，其帝国达到鼎盛，这是两河流域文明的第三阶段。亚述帝国于公元前612年被迦勒底人推翻，两河流域文明进入最后阶段，称为新巴比伦时期。迦勒底人建都巴比伦，力图复兴巴比伦文明，但只过了88年，到公元前539年又被波斯人征服。公元前330年，亚历山大大帝征服了美索不达米亚，他授权希腊将领塞琉古统治该地区，史称塞琉古时期。

（一）疏导洪水灌溉良田

奔腾咆哮的洪水没有人能跟它相斗，

它们摇动了天上的一切，同时使大地发抖，

冲走了收获物，当它们刚刚成熟的时候。

这是苏美尔人在泥板上留下的诗句，生动地描述了洪水对他们的侵害。虽然在公元前3500年左右时，苏美尔人在狩猎的同时已经有了比较发达的农业，但是由于幼发拉底河和底格里斯河上游的降雨量大、汛期长，严重影响了农业生产的发展。

与古埃及人在尼罗河上建筑大堤坝和水库不同的是，古巴比伦在洪水治理上采用疏导的方式。公元前30世纪中期，阿卡德王国建立之后，立即展开了大规模的洪水治理工程。他们主要靠大规模的挖沟修渠、疏导洪水的流向以分散其流量，给洪水留下出路。这样不仅治理了洪水，而且为农业灌溉提供了便利条件。古巴比伦王国是古代两河流域经济繁荣的时期，当时的统治者就以国家法律的形式保障水利设施的合理利用，《汉谟拉比法典》中有好几条条文与水利有关。汉谟拉比时期有几个年份都以"水利之年"载入史册。王国政府还设有专门官吏，负责开掘河渠、兴修水利等一系列事务。洪水给古巴比伦带来了威胁，同时也带来了沃土，使两河流域的农业生产得以发展繁荣起来。

（二）世界上最早的车辆

古代两河流域在古巴比伦王国时期就出现了青铜器，比古埃及青铜器的出现还早。青铜工具的广泛使用，促进了古巴比伦的农业和手工业的发展。

据《汉谟拉比法典》记载，古巴比伦王国时期的手工业已经有织布、木器、制砖、皮革、刻石、珠宝等行业，大约有二三十个门类。但是，两河流域缺乏金属矿产和木材，人们为了获得这些物资就得出口相应的产品。纺织品，主要是亚麻和羊毛织品，是他们重要的出口产品，这些产品行销亚细亚等地，因此，刺激了运输工具的制作。

两河流域的贸易活动主要靠陆路运输，随着出口贸易量的增加，人力和畜力都难以驮动数量众多的货物，如果有更轻便、更平稳、更省力的运输工具，必然会大大降低贸易的成本，带动其他行业的发展。在畜力牵引的泥橇基础上，人们发明了车。大约距今5000年前，有轮子的车辆在两河流域出现了，这是世界上最早的车子。约公元前3500年美索不达米亚的文字中就有关于车的记载。从美索不达米亚的基什、乌尔、斯萨等坟墓中发掘了最古老的实物车，当时的车轮子是把圆木切成轮状的实心轮，用牛或驴牵拉，虽然很结实，搬运物件便利，但由于车轮本身重，因此机动性较差。后来使用了开孔的车轮，大大地方便了运输。车的发明是陆上交通工具的重大革新，使古巴比伦的贸易和运输获得了飞速的发展。车辆的制造技术传播到世界各地，极大地促进了各地贸易和生产的发展。车的发明使人类由迈步行走发展到滚动行走，使运输效率得到了巨大的提高。

（三）空中花园——古巴比伦的建筑奇观

巴比伦城的空中花园是古代建筑史上的又一奇迹，至今令人神往。以此城为代表的建筑技术成为巴比伦最引人注目的成就。巴比伦城在现今伊拉克首都巴格达的南面约95千米处，位于美索不达米亚平原中部，是两河相距最近的地方。它地处交通要塞，建立于公元前3000年，是重要的商业中心，后来发展成为巴比伦王国的都城。

巴比伦城有内外三重城墙，城墙的厚度从3米到8米，城墙之间用壕沟相隔。环城每隔44米就有一座防御塔楼，全城共有300多座。据希腊历史学家希罗多德记载：它有100多座城门。门框、横梁和大门都是用铜浇铸成的。巴比伦城不仅墙厚城高，壁垒森严，而且还建筑了一套水力防御系统。当敌人兵临城下之时，只要打开水闸，幼发拉底河的大水就会汹涌而出，使城外变成一片泽国。城内贯穿南北的笔直大道叫"圣道"，它全用一米见方的大理石板铺砌而成，中间是白色或玫瑰色的，两边是红色的。圣道的尽头有一座巨大的塔台式建筑——巴比伦通天塔（即巴别塔），它足足有30层楼房那么高。《圣经·旧约》里说，人们建造巴比伦通天塔试图通往天国。耶和华惧怕凡间的人建造巴比伦城和通天塔的巨大力量，嫉妒他们的智慧和成功，于是暗施法术，扰乱他们的口音，使他们彼此之间言语不通，相互猜忌，无法完成工程。但是，这项宏伟的工程最终还是达到了令人惊叹的高度，遗憾的是

·15·

后来被破坏掉了。城内最大的建筑马都克神庙,就在巴比伦通天塔的旁边。

但巴比伦城最杰出的建筑成就,还是被称为世界七大奇观之一的"空中花园"。

传说尼布甲尼撒二世即位后就举行了婚礼,王后是米堤亚的公主赛米拉斯。双方的父亲在共同对付亚述人的战争中建立了浓厚的友谊,并定下了这门亲事。赛米拉斯对亲事本身并没有什么不满意的地方,但对巴比伦这个地方却没有好感。因为她的故乡在伊朗山区,那里山清水秀、鸟语花香、风景宜人、气候湿润,可巴比伦却遍地黄土、气候炎热。于是,王后思乡心切,茶饭不思,日夜愁苦,美丽丰腴的少女很快就变得面黄肌瘦、弱不禁风了。新国王为了排遣她的郁闷,便仿照她故乡的风光,建造了这座空前绝后、举世艳羡的"空中花园"。

巴别塔

(四)楔形文字与泥板书

楔形文字是古代两河流域的一种独特文字,是人们用制成的三角尖头的芦苇秆、木棒或骨棒当"笔",在软泥板上写成了"楔形"的文字。这种文字起源于象形文字。

公元前3500年左右,苏美尔人发明了象形文字。随着社会生活的发展,象形文字很难表达复杂而抽象的概念,于是象形文字发展为表意文字,即用各种字形的组合作为语言意义的记号。随后又出现了谐声文字,即同声的词往往用同一个符号表示。这样苏美尔人的图形符号就从早期的2000个左右减少到后来的500多个。苏美尔的文字最初刻在石头上,但因美索不达米亚的石头很少,同时又不生长纸草,于是他们把文字写在软泥板上,泥板在晒干或烘干之后可以长期保存。据说那时的官府和寺庙里都藏有很多这种泥板书,现在我们还能看到的约有 3 万多块。这种文字后来为巴比伦人、亚述人和波斯人所广泛采用,对科学文化的交流与传播起了重大的作用。

用泥板书写和保留文字,经济、简便而长久,这一发明中包含了精彩的实用智慧。

(五) 占星术推动天文学发展

古代美索不达米亚地区有着极为发达的天文学。公元前 2000 多年以前,该地域已有关于金星出没的准确记录。许多学者认为,这是因为当时的占星术十分盛行的缘故。当时的天象观测工作由祭司们负责,也是寺庙中的一种活动,寺庙中的塔台就是最早的天文台。人们认为天象的变化与人间的事情直接相关,可以从天文现象卜知人间的未来。占星活动促使人们去认真地观测天象。

另外,由于战争和自然灾害频繁发生,生命得不到保障,人们常常通过观测天象来占卜自己的命运,客观上也推动了天文学的发展。

(六) 阴历历法与默冬周期

苏美尔的历法以月亮的盈亏周期作为计时标准,属于太阴历。大约在公元前 2000 年苏美尔的历法中,一年被定为 354 天,12 个月,还分大小月,大月 30 天,小月 29 日,大小月相间。为了解决历法和实际的天文观测之间的误差,他们也使用置闰的方法。古代最合理的置闰方法是默冬周期,即 19 年 7 闰的规则,是由希腊天文学家默冬在公元前 432 年提出的。两河流域在很长一段时间里,没有固定的置闰规律,往往是国王根据情况随时决定,给安排生产带来了极大的不便。到公元前 6 世纪末,他们摸索出了固定的置闰规则,起先是 8 年 3 闰,以后是 27 年 10 闰,最后于公元前 383 年定为 19 年 7 闰,和默冬周期一致。

(七) 黄道十二宫

两河流域空气清朗,有利于观测天象。美索不达米亚人已经把行星和恒星区别开来，对行星运动的观察取得了相当精确的数据。公元前 2000 年，他们发现了金星运动的周期性。一件泥板记载了行星会合周期（即行星与太阳和地球的相对位置循环一次所需时间），相对误差都在 1% 以下，如他们测得土星的会合周期为 378.06 日，今测值为 378.09 日；他们测得木星的会合周期为 398.96 日，今测值为 398.88 日。

大家也许注意过，夏天天空的星星分布与冬夜是不同的。夏天我们可以观测到分居两处的牛郎星和织女星，以及隔在他们之间的银河；而天空最亮的恒星——天狼星以及猎户座只有在冬季的夜晚才可以看到。这是由于地球的公转的原因，我们永远只能在夜晚看到背对太阳那面天空的星星，但相同的季节，我们所看到的星空是一样的，从而可以知道太阳是周年运动的。天文学上把太阳在恒星背景下所走的路径，叫做黄道。古代两河流域的人已经知道了黄道，并把黄道划分为十二星座，每月对应一个星座，每个星座都按神话中的神或动物命名，并用一个特殊的符号来表示。这套符号一直沿用至今，形成了所谓的黄道十二宫，也就是现在我们常说的十二星座，它是占星术的常用术语。虽然现代天文学家证明春分点实际上是在双鱼座，但人们还是一直沿用古巴比伦人的做法，把春分点定在白羊宫。

美索不达米亚人很早就可以预测月食了。公元前 4 世纪，美索不达米亚人在从事天文观测中编制了日用运行表，用日用运行表计算月食极为方便。

另外，美索不达米亚人的计时方法对后世也产生了很大的影响，例如将圆周分成 360 度，1 小时分成 60 分，1 分为 60 秒，以 7 天为一星期等，一直沿用至今。

（八）首次把圆角分为 360 度

大约在公元前 1800 年，巴比伦人发明了独特的 60 进制的计数系统。古巴比伦人把圆角划分为 360 度，1 度分为 60 分，1 分为 60 秒，这种方法亘古未变，奠定了几何学的基础。他们同时也使用 10 进制，但没有表示零的记号，因此计数系统并不完善。他们通过将除数化成倒数来完成除法。为了计算方便，人们还编制了许多数学表，如乘平方表、平方根表、立方表、立方根表等。

（九）没有负根的一元二次方程

古巴比伦人不但能解一元一次方程、多元一次方程，还能解一些一元二次方程，甚至一些特殊的三次方程和四次方程。但是他们还没有负数的概念，只求正根（包括小数根）。

在几何学方面，巴比伦人知道四分之一圆的圆周角是直角，会利用边长计算正方形的对角线；他们有计算直角三角形、等腰三角形和梯形面积的正确公式；他们也有计算正圆柱体和平截正方锥体体积的正确公式，他们所用的圆周率为 $\pi=3$ 或 $\pi=3.125$；他们还会把许多几何问题灵活地化为代数问题处理。

（十）医学、动物学和化学的最早成就

《汉谟拉比法典》中有许多涉及医疗方面的条款，如规定施行手术成功时应付给施手术者多少钱，如果外科手术失败则砍掉医生的手等，被认为是最早的医疗立法，同时也表明医生已经从祭司中独立出来，成了一种专门的职业。古代两河流域留存下来的关于医学的泥板书有 800 余块。从这些医学泥块书中可以看到，那时的医生们用药物、按摩等各种方法治疗疾病，所用的植物药物已有 150 多种，一些动物的油脂也被制成药膏用于治疗。在他们的记载中有咳嗽、感冒、黄疸、中风、眼病等许多疾病的名称，表明两河流域的医学已经达到了一定的水平。

在两河流域的泥板书上还可以看到约 100 种动物和 250 种植物的名称，古巴比伦人并做了世界上最早的分类。而且他们在生产实践中摸索出当椰枣树开花时进行人工授粉可以增加椰枣的产量，虽然还不能据此认为他们已经能够分辨植物的性别，但从中可以看出他们已经有了一定的生物学知识。

古代两河流域留下的泥板中，有一块刻着那时的尼普尔城的地图，还有一块则是他们在公元前 700 年左右所绘制的世界地图，虽然这幅地图与实际情况相去甚远，但它们仍反映了那时的人们已经具备了一些地理方面的知识。另有一块约公元前 17 世纪的泥板记载了一种制造铜铅釉药的方法，被认为是世界上最早的化学文献。在公元前 2200 年时，美索不达米亚人就已经会制造玻璃了。

三、古印度

古印度是指整个南亚次大陆及其邻近岛屿,包括今天的巴基斯坦、印度、孟加拉、尼泊尔、锡金、不丹和斯里兰卡诸国。它位于亚洲的南部,北枕喜马拉雅山,南接印度洋,东临孟加拉湾,西濒阿拉伯海,北广南狭。这里三面都是浩瀚的海洋,高大、冷峻、绵长的喜马拉雅山脉把它和整个亚洲大陆分割开来,地理条件相对封闭。西北部的印度河发源于冈底斯山西麓,流入阿拉伯海,中北部的恒河发源于喜马拉雅山南坡,流入孟加拉湾。印度河和恒河所形成的冲积平原、土壤肥沃、广阔平坦,宜于农业生产,孕育了世界上另一个古老文明。

(一) 农业生产三要素——畜耕、施肥、灌溉

古印度幅员辽阔、人口众多,为了养活众多的人口,各个时期的统治阶级都把农业生产放在第一位,印度一直是一个农业大国,而印度河和恒河流域也正好为农业发展提供了优越的条件。

我国唐代著名僧人玄奘,公元 7 世纪西游印度,并居住多年。他归国后写的《大唐西域记》中就记载了古印度繁荣的农业经济。其实早在公元前 3500 年以前,印度次大陆北部的居民就已经开始了种植业。在哈拉巴文化时期,农牧业生产就很发达。考古发掘出的那个时期的城镇遗址中,发现了规模不小的谷仓。那时人们已经发明畜耕,人们饲养了水牛、耕牛、山羊、绵羊、猪、狗和象等动物,而且已经开始使用青铜制造的锄头和镰刀。农作物品种也非常丰富,有小麦、大麦、水稻、豌豆、甜瓜、枣椰、棉花和胡麻等。在吠陀时代,他们懂得了畜耕、人工灌溉和施肥。到了吠陀时代后期,铁器的使用使农业生产得到了进一步发展。在相对统一的孔雀王朝,政府设有高级官吏管理全国的水利事业,动用大量人力物力进行了较大规模的水利建设。到封建社会以后,即笈利沙帝国时期,古印度农业生产的水平更是有了很大的提高,但由于封建社会过于漫长,古印度虽然具有了成熟的自然农业经济,最终也没有孕育出资本主义经济,但是,古印度的农业仍然构成了国家的经

（二）千年铁柱屹立至今

在哈拉巴文化时期，人们已经广泛地使用铜或青铜制造的斧、锯、凿、锄、鱼钩、剑、矛头、匕首、箭镞等工具和兵器。大量出土的兵器和生产工具说明，当时的人们已经掌握了锻打、铸造和焊接等技术，而且可能已经应用了熔模铸法（一种精密铸造工艺）。到了吠陀时代，古印度人已经能炼钢了，大约在公元前4世纪，印度还向亚历山大出口过约3吨的钢材。

一根高7.2米、直径37厘米的铁柱孤零零矗立着，算起来它已经有1800多年的历史了。也不知道它是哪一年被搬到了德里南部的库图布塔建筑群内的。

铁柱上面刻着六行梵文，记录了它的来历。它原来立在一座毗湿奴庙外，大概是在现今的比哈尔邦境内。那梵文却没有道出它是如何铸造出来的，史书上也没有记载，这让当今的冶金专家大伤脑筋。它身上没有任何锈斑，在阳光下泛着结实的光泽，估计再在这里站立一两千年，依然没有生锈的意思。这根铁柱的浇筑也就成了一个谜。有冶金专家对这根铁柱的成分进行了检测，铁的纯度在98%以上，这更让冶金专家困惑，当年的人怎么会有那么高的冶炼技术。

在印度现存的古代立柱中，这根铁柱还是小字辈的，仅在德里地区，还有两根更老的石柱，它们经历了2300多年的风雨，上面字迹依然清晰可见。最早想起立石柱的人是孔雀王朝的大帝阿育王，那已经是公元前273年的事了，阿育王喜欢在人们聚集的地方矗立石柱，上面刻有敕令或公告，这在当时算是比较有创意的信息传播办法了。一石柱上就刻有如下内容："朕在路上植有菩提树，以供动物和臣民纳凉。朕广种香蕉、挖井建屋……朕四处建造水池，供动物和臣民使用。朕做这些是为了让臣民遵守达摩思想。"阿育王的"达摩"思想被解释为"道德、虔诚、德行、社会

千年铁柱

秩序"。随着帝王的逝去，达摩思想已经七零八落了，但是石柱和铁柱却留了下来。

（三）棉花的诞生地

根据目前的记载可知，世界上最早种植棉花的是古印度人。他们在很早的时候就掌握了棉花种植技术，并用棉花纺线织布。在哈拉巴文化遗址中发现的一些棉布残片，虽然做工还很粗糙，但从棉布上的各种颜色中可以看到当时的织染技术已经有所发展。古印度的棉纺织技术到孔雀王朝时已非常发达，大量的手工纺织者和纺织商人遍布各大城市，其产品远销世界各地，成为古印度最重要的出口货物之一。后来，古印度人从中国学到了养蚕和丝织技术，到芨多王朝时，他们已经可以织出薄如蝉翼的丝织品，并配有各种色彩和图案。

（四）最早的远洋航海

古印度的造船业也十分发达。从发现于哈拉巴文化遗址中的一座造船台来看，那时人们已经掌握了高超的造船和航海技术。到芨多王朝时，人们已经可以建造可容纳数百人的大海船，向东航行通过马六甲海峡直达我国，向西则经阿拉伯海直到红海沿岸。

（五）功能完备的大都市——摩亨约·达罗城

烧砖是古印度人发明的一项伟大的建筑材料制作技术。他们用烧制的砖建造房屋，使之牢固耐久。现在发掘出来的哈拉巴文化时期的建筑遗迹大多是砖木结构。哈拉巴和摩亨约·达罗是已知的那时最大的两座城市，尤其是摩亨约·达罗城，几乎可以和巴比伦城相媲美。

摩亨约·达罗城的建筑分卫城和下城。卫城城墙高大厚实，全部用大块的烧砖砌成。城墙上筑有塔楼，用于军事瞭望和召集居民。卫城里还建有一些大型公共设施。1800平方米的大浴室可供许多人同时洗浴，1200平方米的容谷仓可存储相当数量的谷物，政府的会议室达600平方米，最大的会议厅可容纳近千人。

该城的下城是居民区，居民住宅星罗棋布，风格各异，既有平房，也有高楼。城内的道路既平且直,这些道路把城市分割成不同的区域。特别是城内排水系统的设计独具匠心,可以有效地防止内涝。

但是,自从哈拉巴文化中断以后,随着佛教的盛行,建筑技术的应用和发展多转向了宗教色彩极浓的寺庙、佛塔等,及开山凿石而成的石窟。例如佛塔的"塔"字在印度文里的原意即"坟墓"的意思,原是人死后埋藏骨灰处所,后来又成为储藏"舍利"(僧人死后的遗骨火化出的结晶体)的地方。到了德苏央国时,当地伊斯兰教为国教,因此又出现了许多伊斯兰式建筑。古印度最具伊斯兰风格的华丽建筑物是建于公元17世纪莫卧尔帝国,埋葬着泰吉·玛哈尔的陵墓。当时有土耳其和波斯等许多国家及当地的建筑师和工匠共同设计建造了这座著名的陵墓,它位于今印度北方邦亚格拉附近,全部为白色大理石砌成,典雅肃穆,又镶嵌以各种宝石,以显示主人的尊贵,成为穆斯林建筑的代表之作。

(六)古印度的宇宙观与天文历法

神话产生于人们对自然的敬畏,古代神话有许多是关于宇宙结构的。古印度人的宇宙观同样带有浓重的神话色彩。吠陀时代,人们认为天地的中央是一座名为须弥山的大山,它支撑着像大锅一样的天空,日月均绕须弥山转动,日绕行一周即为一昼夜。大地由四只大象驮着,四只大象站在一只浮在水上的龟背上。公元前6世纪出现的天文学著作《太阳悉檀多》把大地视为球形,其北极称作墨路山的山顶,那里是神的住所,日月的运行归因于宇宙风所驱使。虽然古印度人对宇宙的有些看法比较落后,但他们的天文历法却已经比较成熟。古印度有许多天文历法著作,他们采用阴阳合历,极大地促进了农业生产的发展。

在吠陀时代,人们把一年定为360日,12个月,还有置闰的方法。为了观察日月的运动,他们把黄道附近的恒星划分为27宿。"宿"在梵文里是"月站"的意思,是为了区分月亮在天空中所处的位置。《太阳悉檀多》讲述了时间的测量、日月食、行星的运动和测量仪器等许多问题,芨多王朝时期天文学家圣使所著的《圣使集》讲述了日月和行星的运动以及推算日月食的方法。他认为天球的日运动其实是地球每天绕地轴旋转所致,这一猜测为后来的天文观测所证实。公元505年,天文学家彘日汇集了古印度五种最重要的天文历法著作，编成了《五大历数全书》。在我国唐代时，一位移居我国的古印度天文学家的后裔瞿昙悉达所著的《开元占经》一书里介绍了印度的"扫执历"，规定一恒星年为 365.2726 日（今测值为 365.25637 日），一朔望月为 29.530583 日（今测值为 29.530589 日），并采用 19 年 7 闰的置闰方法，是典型的阴阳合历，表明印度的天文历法已经达到了相当高的水平。

（七）起源于印度的阿拉伯记数法

现今世界上通用、每个人都知道的"阿拉伯记数法"，即 1、2、3、4……0，最初并不是由阿拉伯人所发明，而是起源于印度。

大约在哈拉巴文化时期，印度人采用了 10 进制记数法，到公元前 3 世纪左右，出现了数的记号，但还没有零，也没有进位记法。到公元 7 世纪以后才有位值记法，但还没有零的符号，用空一格来表示。在公元 876 年的一个古老碑文中，考古学家发现了"零"的符号，写作"0"，说明那时古印度的 10 进制位计法记数已完备起来。后来这种记数法为中亚地区许多民族所采用，又经阿拉伯人传到欧洲，成为著名的"阿拉伯记数法"。

（八）圆周率在 3.1416—3.1429 之间

成书于公元前 5 至 4 世纪的数学著作《准绳经》是一部讲述祭坛建筑的书，其中有许多几何学知识。从中我们可以了解到那时他们已经知道了勾股定理，使用的圆周率为 $\pi = 3.09$。《太阳番檀多》一书列出了最早的三角函数表。《圣使集》中有关数学的内容有 66 条，包括算术运算，乘方、开方以及一些代数学、几何学和三角学的规则。圣使还研究了两个无理数相加的问题，得到了正确的公式，而且研究了简单一元二次方程求解和简单代数恒等式的证明问题，算出了 $\pi = 3.1416$。

公元 6 世纪至 13 世纪，古印度的数学成就到了顶峰。出现了梵藏、大雄、室利驮罗和作明等著名的学者，他们已经会解一元一次方程和多种方程组。梵藏写的《梵明满檀多》中引进了负数的概念，并提出了负数的运算方法。他已经认识到零在计算中的重要性，能够求解一些二次方程和不定式方程。他还会正确地计算等差数列的通项（一般项）和数列之和。几何学方面，他证明了以四边形之边长求面积的正确公式，证明了圆周率为10，即3.1623。大雄认为零乘以一切数都等于零，但却错误地认为零除一个数仍然等于这个数，他发现了一个分数除另一个分数，等于把除数上分数的分子分母颠倒后与那个分数相乘。他还能解 $\left(\frac{X}{4}+2\sqrt{X}+15\right)=X$ 的方程。室利驮罗的数学著作是《算法概要》，专门讨论了二次方程的解法。作明的《因数算法章》反映了古印度数学的最高成就。他指出以零除一切数均为无限大。他知道一个数的平方根有两个数，一正一负，应该根据实际问题选取一元二次方程适当的根。而且指出负数的平方根没有意义。他还用许多巧妙的方法解决了许多不定方程求整数解的问题。他计算出了两个圆周率，即 $\pi=\frac{3927}{1250}=3.1416$ 和 $\pi=\frac{22}{7}\approx3.1429$。他还证明了球面面积和球体体积的正确公式。

（九）炼丹术与医药学

古印度的医学相当发达。因为古印度素有大慈大悲、普度众生的仁爱思想，看重救死扶伤的医学。在古印度历史上出现了许多著名的医学家和医学著作。

出现于公元前1世纪左右的《阿柔吠陀》，是目前已知的古印度最早的医学著作，记载有内科、外科、儿科等许多疾病的治疗方法。该书认为人体有躯干、体液、胆汁、气和体腔等五大要素，与自然界中的地、水、火、风和空五大要素相对应。躯干和体腔比较稳定，其余三者比较活泼，如果五者失调，人就会生病，这种看法成为古印度医学的基础之一。

妙闻是古印度最有名望的医生之一。在古印度宗教的教义中，禁止用刀子解剖人体，人们只能把尸体浸泡于水中然后用手撕裂进行观察，因此妙闻只好暗地里进行解剖研究，在经后人整理的《妙闻集》里记载了许多解剖学知识。《妙闻集》里还论述了生理学和病理学的许多问题，研究了内科、外科、妇产科和儿科等各类病症达1120种；此外还记载了摘白内障、除疝气、治疗膀胱结石、剖宫产等多种手术，以及120种外科手术器材和760种药物。

罗迦是古印度另一位著名的医生，他的《罗迦本集》是古印度的医学百科全书。书中进一步阐发了古印度的医学理论，它提出的摄生原则包括合理的营养、充足的睡眠和有节制的饮食，至今仍有参考价值。该书对病因、病理作了进一步研究，记叙了一系列相应的诊断和治疗的方法，阐述了 500 余种药物的用法。另外，公元 7 世纪的《八科提要》和 8 世纪的《八科精华录》也是古印度医学的重要典籍。

与成熟的药物学相联系，为了寻求"长生不老之药"，并使普通金属转变为金、银等贵重金属。古印度的炼丹术也十分发达。古印度人重视水银和硫黄，而且掌握了升华、焙烧、汽化等技术。虽然炼丹术有种种神秘色彩，但其中包含了某种科学的因素，在一定的程度上促进了化学的发展。

古印度的医学影响深远。妙闻和逻迦的著作在公元 5 世纪被译成波斯文和阿拉伯文。公元 8 至 9 世纪时阿拉伯人曾经邀请印度医师主持医院工作和担任教学工作。我国西藏、中原等地也曾经受到古印度医学的影响。

（十）佛教与哲学

宗教往往同自然哲学、人生哲学联系在一起。在吠陀时代，就有人认为世界万物的本原是"风"，也有人认为是"水"，或是水、地、火、风四元素，或是水、地、火、风、空五大元素。以此为基础，逐渐形成了独特的宇宙观、自然观和人生观。

印度是世界三大宗教之一的佛教的发源地。佛教在世界上有非常广泛的影响。公元前 6 世纪，恒河流域的迦毗罗卫国（今尼泊尔境内）的王子乔达摩·悉达多抛弃王室的荣华富贵，离家出走，远行求道。他游历了印度各个地方，各个寺庙，求教了许多学者和高僧，积累了大量的宗教知识和实践经历。经过多年苦苦修行，相传有一天他在恒河边的菩提树下静坐时终于大彻大悟，从此创立了世界三大宗教之一的佛教，他被信徒尊称为释迦牟尼，意为"释迦族的圣人"，著有《金刚经》作为后世传教凭证。佛教最基本的教义是四谛说。四谛即四种真理，包括苦谛、集谛、灭谛和道谛。认为人生一切皆苦，产生苦的原因在于人有各种欲望，因而便有行动（即造了"业"），也就是造了以后的"因"，于是因果不断，苦在生死轮回中不

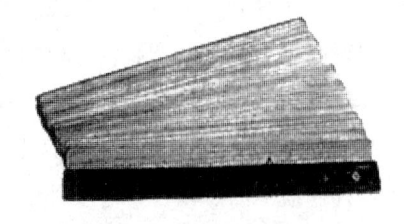

古印度人将经文记载在棕榈树叶子上，外面上颇似中国的竹简。

断反复。佛教认为灭苦的关键在于消灭欲望，消灭主观意识，通过修行使人解脱，进入佛教理想的最高境界即涅槃。佛教把自我和物质世界分别比喻为水流和"自生自灭的火焰"，认为一切事物和现象都是永无休止的变化，是无穷无尽的生生灭灭。这里面蕴含了一种对立面相互依赖、相互转化的辩证法思想。佛教在反对印度婆罗门教中起了重大作用，在客观上促进了印度的新兴奴隶主阶级和市民阶级为代表的奴隶制国家的发展。从公元前3世纪开始，佛教向印度境外传播，逐步发展为世界性宗教。

另外，古印度还有许多哲学派别，对世界的构造提出了许多不同看法。印度后来宗教极为盛行，到处笼罩着神秘的宗教气氛，神庙、佛塔等宗教场所鳞次栉比。而且绝大多数印度人都信奉某种宗教，同一宗教内部也有许多教派。印度人生活在宗教中，因此他们创造的许多科学技术也都打上了宗教的烙印，为宗教服务。垄断了科学文化的祭司和僧侣，热衷于纯粹的哲理思辨，对生产和生活中的各种问题却没有兴趣，在很大程度上限制了印度科学技术的进一步发展。

尽管如此，古印度仍然以其卓越的科学技术成就在世界科技发展史上占有重要地位。他们的科学技术向东经过中亚，远播到中国、日本、韩国和东南亚各地，向西经过西亚、小亚细亚传入希腊和欧洲，对这些地区的科技发展产生了深刻的影响。

四、上古时代的中国

中国是世界上最古老的文明发源地之一。与其他几大古老文明相比，中国文明有两个显著特点：一是它不仅源远流长，而且生生不息。其他古老的文明或日见衰微甚至销声匿迹，或同化于外来的文化，只有中国文化在五千多年的历史长河中虽遭遇种种磨难却始终保持了自己的特色，现在又因为正在进行伟大的复兴而备受世界的瞩目。二是先民的宗教意识比较淡薄。中国远古的神话传说中没有完全超越于人间的神的形象，不像希腊神话那样有一个凌驾于人间之上的神的世界。盘古开天辟地、女娲补天、后羿射日、燧人氏钻木取火、有巢氏构木为巢、神农氏遍尝百草等广为流传的神话，都和人们的日常生活息息相关。这些神话中的主人公来源于氏族部落的首领或为特定领域内的杰出人物，他们就生活在先民中间，而不是从天而降。他们在死后享受子孙的祭祀，在生前却是历经艰险。女娲补天的力量、后羿射日的勇气、构木为巢的智慧等要么反映了祖先的美好思想，要么歌颂了人自身的力量和智慧，非常贴近于早期人类艰辛创业的实践。燧人氏钻木取火的传说和普罗米修斯冒着生命危险从宙斯那里盗取火种的传说相比，更符合火种起源的实际情况。另外值得注意的是，考古学界迄今还未发现从商朝到战国时期有过大型的宗教建筑。这或许从一个角度表明，中国先祖的精神生活中神的概念并不是那样重要，人们更关注于现实生活中的旦夕祸福、生老病死。这样重人文、轻宗教的价值观念和思维方式在很大程度上有利于应用科技的发展。农学、医学、天文学在中国古代科学技术体系中处于核心地位，其独创性和发达程度都令人赞叹不已。

（一）炉火纯青的冶炼技术

中国素有发达的青铜铸造业，从原始社会末期的初创到商、周时代的成熟阶段，经历了一个由低级到高级的逐步发展过程。1939年河南安阳武官村出土的司母戊大方鼎是当今世上最大的青铜器，器高（带耳）133公分，横长110公分，宽78公分，重875公斤。根据铸痕分析，鼎身每边由八块外范拼成，鼎足由三块外范拼成，大鼎的耳是空心的，并且是与大鼎分别铸造后再铸接在一起的。采用这种分铸法来铸造体积庞大而结构复杂的器皿，在铸造工艺上是一个杰出的创造。

1. 先进的冶炼业与合金工艺

青铜是铜与锡或铅的合金。铜与锡，或者铜与铅按一定比例配合可以降低熔点，提高硬度，使合金具有较好的物理性能并且容易铸造。成书于战国时期的《考工记》保存了世界上最早的关于合金成分和其性质关系的记录和多种炼制青铜的配方。根据对司母戊鼎的化学分析，其合金成分是：铜占84.77%，锡占11.64%，铅占2.79%，锡、铅合计14.43%，与《考工记》所记述的炼制青铜的标准正好吻合，说明我们的祖先不仅在生产实践中达到了很高的水准，而且非常注意生产经验的总结。

近几十年来，在郑州、安阳和洛阳等地先后发现了青铜冶炼和铸造作坊的遗址，其中有"将军盔"和大口陶尊等冶炼设备。在商代晚期，还出现了直径达一米的冶炼炉具，据推算炉内的温度高达1200度。铸青铜的模具开始以陶制和泥制为主，以后还发现有石范和夯筑范。夯筑范的制作方法是将一定湿度的土一层层夯实，这不但要有模子，还要有框木的器具，与现在的翻砂原理相似。

2. 生铁冶炼的应用

生产工具是生产力发展的标志，由青铜器到铁器的使用是中国古代社会生产力的一次飞跃。我国铁的使用比一些国家要晚，迄今所发现的最早的铁器是在河北出土的一件约公元前14世纪的铁刃铜钺，它的铁刃是用陨铁锻成的。我国最早的人工冶铁可能出现在西周，目前考古发现的铁器多属春秋末期，时间大约在公元前6至5世纪。其中已有用白口生铁铸成的铁器，欧洲人一直到了公元14世纪才炼出生铁。说明我国冶铁技术虽然起步较晚，但发展速度快，而且在相当长一个时期内处于领先地位。生铁可以直接铸造，可以炼成钢材，也可以制成可锻铸铁，冶炼技术比较复杂，但对于改进生产工具和提高劳动生产率有很重要的意义。所以，生铁冶炼技术的发明及应用是我国冶金史上光辉的一页。

3. 最早的钢剑与热处理工艺

到战国时期，我国的冶铁业有了更大的发展，除采用铁范进行铸造外，还有了炼钢、淬火、脱碳热处理和多管鼓风等许多新技术。由于战事频繁，当时的冶炼业主要用于制造兵器。目前世界上发现的最早的钢制品是湖南长沙出土的战国时期的钢剑，它是以整块铁渗碳成钢然后锻制而成。河北易县出土的战国时期的钢制品大都经过淬火处理。战国中晚期，在农业和兵器的制造工艺中，生铁的柔化技术已被广泛采用。

随着铁器的逐渐使用，人们开垦荒地的能力大大增强，耕地面积迅速增加，私田大量出现，这一现象加速了我国奴隶社会井田制的崩溃，使新的生产关系在奴隶制社会内部逐渐发展起来。据《孟子》一书，把"铁耕"看做和做饭用的炊具一样平常，说明当时"铁耕"已相当普及。孟子是生活在公元前4世纪的人，这时封建制度已经初步确立。从中我们可以看出生产工具的改革对于社会发展所起的巨大推动作用。

（二）农业生产与二十四节气

早在 7000 年前的新石器时代末期，各地农业已相当发达。浙江余姚县河姆渡遗址发现了 7000 年前的水稻和葫芦籽等化石，陕西西安半坡村仰韶文化遗址中发现了 6000 年前的粟和菜化石等，表明古代人民早已从事植物的栽培和选育工作。神农尝百草的传说证明，祖先在很早的时候就开始了多种植物的分类并注意研究它们的特性。从原始社会过渡到奴隶社会，我国农业进入了相对发达的锄耕阶段。到了殷商和西周，石木农具有了明显的改进，并有相当数量的青铜镢用于生产，有的农业在锋刃边缘上镶包一层青铜。甲骨文中已有了"犁"字，因此可以推断商代已开始使用牛耕。人们在农业生产中总结出了撂荒和轮作的经验。从一些古代文献中可以发现，到了西周时期，马的饲养繁殖技术已经比较成熟。到了春秋战国时期，由于生产关系的巨大变革，再加上铁器的使用和推广，使牛耕普遍流行起来。畜耕的推广和铁农具的普遍使用，标志着农业的生产力达到了一个新的水平。

随着社会生产力的发展，经济较发达的地区如黄河中下游等地的人口开始稠密起来，使得人们更加注意改进农业生产技术以提高单位面积产量。因此，精耕细作就成为我国古代农业技术的突出特点。根据《荀子》一书的记载，人们通过充分利用气候条件，精耕细作，采用"多粪肥田"、"积地力于田畴，必且粪灌"等措施就可以"一岁而再获之"，也就是可以做到一年两熟甚至多熟。"春雨惊雷清谷天，夏满芒种夏暑连，秋处露秋寒霜降，冬雪雪冬小大寒。"这二十四节气是中国古代农民对农业生产时令的经验总结。二十四节气为我国所独有，黄河中下游地区的人民在长期的农业生产中总结出的时令规律，大约在战国时期就已完备，并沿用至今。

在此基础上，农业科学在那时也已成为专门的学问，在先秦时代的百家争鸣中，农家学派占有重要的地位，他们提出了"贵农"，即重视农业生产、以农为本的思想，还出现了专门的农学著作——《后稷农书》。此书虽早已失传，但是其他传世古籍中仍记载了一部分当时农学的生产实践和理论经验，例如前面提到的《荀子》。另一部先秦时期的重要著作《管子》的《地员》一篇把土地分成上、中、下三等，每等又分为若干级，什么土质应种什么作物，均有具体的记述。《吕氏春秋》中更有《上农》、《任地》、《辨土》、《审时》等专门讨论农业生产的篇章。从中可以看出，当时农学家们对农业生产的一些基本问题，如土质、施肥、播种、田间管理、气候时令等均有了一定的研究和概括。

（三）世界水利史杰作——都江堰

农业生产与水利灌溉有着密切的关系，甚至可以说水利是农业的命脉，中国人民早已认识到这一点。

为了适应不断发展的农业生产的需要和充分利用水资源。我国水利工程建设在春秋战国时期就进入了一个大发展的时期。公元前605年左右楚国的孙叔敖主持修建的思雩娄灌区，是我国最早的渠灌工程。前597年左右建成的芍陂（又叫安丰塘，今安徽寿县安丰城南）是见于记载的最早的大型蓄水灌溉工程，据说建后"陂径百里，灌田万顷"。据《史记·滑稽列传》记载，公元前422年，魏国的西门豹为邺令时，曾破除"河伯娶妇"的迷信，打击巫婆神汉，主持修建了漳水十二渠，不仅灌溉了农田，还改良了土壤。约在公元前256至251年间，秦国的李冰和他的儿子在四川成都平原主持兴建了世界水利史上的杰作——都江堰工程。该工程由分水鱼咀、飞沙堰和宝瓶口三个主体部分构成，充分利用了固有的地形，具有选址适当、布置合理、维修方便的特点。都江堰的规划设计达到了很高的水平，又有一套科学的维修和管理制度，两千多年来一直发挥着巨大的分洪与灌溉作用，是我国水利史上的一颗璀璨明珠。公元前246年，在泾水和渭水的交会处，由郑国主持兴建的水利工程，西引泾水，东注洛水，干渠东西长300余里，其间横穿了好几道天然河流，可能使用了"渡槽"技术，后来被命名为郑国渠。

社会生产的发展和军事、经济方面的需要，对水运也提出了更高要求，促进了人工运河的开通。春秋战国时期最著名的是邗沟和鸿沟的开凿。邗沟由吴国修建，沟通了长江和淮河；鸿沟由魏国修建，沟通黄河与淮河水系，他们都是我国人工运河的先导。

（四）精良的陶器和纺织品

我国古代除了发达的青铜铸造外，制陶业的发展也非常快。

1921年，河南渑池县挖掘出了属于仰韶文化时期的陶器，形状各异，质地较细，表面光滑，还有颜色和花纹，距今约有五六千年。其原料可能已经过陶洗并在陶坯上覆盖了陶衣。1931年在山东章丘县龙山文化遗址发掘出了距今约4000多年的陶器，其特点是质地细腻，造型优美，轻巧坚硬，胎薄色黑。据考古学家推测，人们在烧陶过程中已采用渗碳的方法，所以烧出了纯黑色的黑陶，这显然是彩陶的前身。近年来在陕西河南等地发现的商周两代的遗址中，发现了许多青釉器，青釉器要比陶器细腻坚硬得多，这说明窑的结构有重大改进，温度不断提高。青釉器的出现是由陶器发展到瓷器的关键一步。

我国古代纺织品早以制作精美、品种丰富闻名于世，尤以丝织物最突出。商代丝织物有了菱形花纹的暗花绸。河北藁城出土的商代青铜器上就可以辨认出至少5种线织品，可见当时的丝织物是比较丰富的。印染技术也相当发达，当时已有斜纹提花织物，表明当时出现了原始的提花机。春秋战国时期葛麻丝织已遍及各地，并出现了罗、纨、绵、绣等丝织新品种。

另外在我国古代还有不少机械发明。如春秋战国时期已广泛应用的"权衡"器具和用于提水的桔槔，分别应用了尖劈原理和杠杆原理。传说黄帝和蚩尤打仗时已使用了结构复杂、性能优良的长战车，商代出现了结构精良的车，周代还发明了用动物油作车轴的润滑剂。这里，我们就不能不提到木匠的开山祖师鲁班（约前507年—前444年），相传他发明了许多木工工具以及其他一些精巧的器械，甚至做成了一个木制的大鸟，在天山飞了三天三夜才落下来。鲁班于是成为一切技艺高超的工匠的化身，人们后来用"班门弄斧"来形容一些人在行家里手面前献丑。

（五）精确的历法

中国是世界上古代天文立法最早、成果最丰硕的国家之一。

1. 古代天文历法的发展

华夏先民很早就注重天象观测，为农业生产、用兵打仗和日常生活服务。考古发现以及文献记载表明，尧的时代就有了专职的官员，负责观象授时。当时人们已知道一年有366天，懂得用黄昏时南方天空所看到的不同恒星来划分春夏秋冬四季，那时据现在已有4400多年。公元前13世纪的甲骨卜辞中已记载了月食、新星的爆发。我国进入奴隶制社会以后，随着农业生产的发展，对历法也提出了进一步的要求。早在夏代，就出现了天干记日法，把10天作为一旬。殷商时代用干支记日，把10个天干和12个地支相互配合组成甲子、乙丑、丙寅等六十干支记日，用数字记月，月份大小，大月30日，小月29日，闰月置于年终。西周时期，天文学有了进一步发展，当时设有专门的天文台，用土圭来观测日影，以确定冬至和夏至的日期，这样就能准确地划分四季，这为春秋战国时较为科学的历法的产生准备了必要的条件。

春秋前期，天文观测的方法和精度有了很大的完善和提高，到了春秋中期，已经能够准确预报朔月。特别是将土圭用于观测日影以确定季节的方法直接应用于历法后，确定了19年7闰这样比较精确的法则。公元前5世纪中期，我国的四分历就已形成，并且知道了一回归年的长度大致为 $365\frac{1}{4}$。《春秋》一书中有鲁文公14年（公元前613年）"慧孛入于北斗"的说法，这是世界上最早的关于彗星划过北斗七星这一天文现象的记载。《春秋》明确记录了37次日食，现在已证明其中33次是可靠的。

2. 甘德、石申与《甘石星经》

进入战国时期，中国天文学开始由一般观察发展到数量化观测。战国时期出现了专门的天文学著作，齐国甘德著有《天文星占》八卷，魏国石申著《天文》八卷。他们从事天文观测的时间大约在公元前400年左右，后人将他们的著作合编成《甘石星经》，其中记载有128颗恒星，描述了行星顺行和逆行的现象，有世界上最古老的星表，是当时天文观测成果的集大成之作。

（六）10进制与筹算

天文学的发展与数学是紧密相连的。我国是世界上采用10进制记数法最早的国家之一，商代甲骨文中就发现了十进制的记数法，在甲骨文以后的金文中，都是用一、二、三、四、五、六、七、八、九、十、百、千、万等字的组合来记十万以内的自然数。10进制记数法是当时世界上最先进的记数法，是中国人民对世界文明的重要贡献。

1. 勾股定理与《周髀算经》

夏、商、周时期，从当时的陶器和甲骨上的数学符号来看，人们已能做一些简单的自然数运算，并掌握了以10进制的方式记录从一到万的数字。在世界上享有盛名的英国著名科技史专家李约瑟博士认为，中国商代的数字系统比同时代的古巴比伦、古埃及都要先进和科学一些。有专家考证，在西周或者更早的时候就出现了简单的四则运算。春秋战国时期，10进制和四则运算进一步完善，20世纪50年代初在长沙挖掘出的一个战国楚墓中不仅有毛笔，还有天平砝码和40根算筹。春秋末期成书的《孙子兵法》里有关于分数的记载，战国时的《管子·地员》、《荀子·大略》等著作中都有九九诀的记载。春秋战国之际，由于井田制被逐渐打破，加之大量开荒和兴修水利，需要丈量土地面积，在很大程度上促进了几何学的发展。几何学的知识在兵器制造和用兵打仗上也发挥着重要作用，例如不同身份的人使用的弓的长短、轻重、样式等规格也不一样，这就要求事先做好计算，如箭头的角度与弧度的大小以及它们之间的比例关系则直接影响到弓箭的杀伤力。我国现存最早的天文、数学著作是成书于公元前1世纪的《周髀算经》，它反映了先秦时期的主要数学成就，其中载有勾股定理和比较复杂的分数计算。

2. 筹算与代数的发展

我国古代数学的另一重要成就，就是创造了一种重要的计算方法——筹算，其时间不迟于春秋末年。筹算就是拿小竹棍作"算筹"来计算。把算筹一根一根摆在桌面上，5以下（包括5的数），是几就用几根竖排的算筹表示；6、7、8、9四个数是在表示1、2、3、4的算筹上再加一根横放的算筹来表示。如果先用横放的算筹表示1、2、3、4，那么再加一根竖排的算筹，同样可以表示6、7、8、9这四个数。以此类推，按纵横相间的原则可以表示任何自然数，遇零用空位表示。负数出现后，算筹又分成黑红两种，黑筹表示负数，红筹表示正数。还可以用算筹表示各种代数式，进行代数运算，方法类似于现在分离系数法。可见，我国古代数学计算中有符号，有算筹，还有歌诀，更有定理，方法比较完备，能满足多方面的要求。我国后来在代数方面取得的成就，可是说是在此基础上发展起来的。用可随意拆分组合的竹棍计数和运算，在没有书写纸的时代确实是一种很实用的发明。

（七）神奇的古代医学

中国传统医学即中医学，理论朴素、方法简便、疗效可靠，在两千多年前就达到很高的水平，并且持续使用至今。在西洋医学的冲击下，不但没有消亡，反而以更顽强的生命力走向世界。

中国医学历史悠久。在原始社会中，巫医不分，甲骨卜辞中有大量关于疾病的记载，治病方法主要是通过巫术活动，但也用一些药物。西周时巫医分开，出现了专职的医生和医事制度。商代时，人们已经认识到某些植物的汤液对疾病的治疗作用，汤液便成为中药的主要剂型。此后，随着冶金术的开展，各种金属的医疗器具开始出现，为针灸疗法的发展提供了优良的工具。

针灸疗法即针法和灸法，针法是用针刺激人体的穴位；灸法是用艾条等燃烧后的暗火熏烧穴位。针灸疗法是我国古代人民创造的一种独特的医疗方法，历史悠久。针法的前身是砭石疗法，产生于新石器时代。周代以后开始出现了金属的针灸用针。到春秋战国时期，针灸疗法不仅相当普及，而且在理论上已相当系统完整。

1. 扁鹊的"起死回生术"

齐国名医扁鹊被誉为中国的"医学祖师"，是那个时代医学最高成就的代表。他所采用的切脉、望色、闻声、问病四诊法一直沿用至今。他熟练掌握了当时广为流行的砭石、针灸、按摩、汤液、熨帖、手术、吹耳、导引等方法，创造了不少为人传颂的"起死回生"的奇迹。

有一次他经过虢国，听说该国太子在凌晨死去，还不到半日。扁鹊问清太子的死因，认为自己能令太子复活，并断言，太子鼻孔张开，大腿根部还有温热感。虢国君主听了禀报后立召扁鹊给太子治疗，扁鹊针刺了几个穴位，不一会儿，太子就苏醒过来，再以两剂药贴于太子胁下，稍后太子竟然坐了起来。这些说明扁鹊在诊断疾病和用针灸治疗急性病方面，具有很高的水平。

2. 《黄帝内经》

经过几千年的积累，中国的医学体系在春秋战国时期得以初步建立。战国晚期出现的《黄帝内经》是当时医学的集大成著作，它包括《素问》和《灵枢》两部分，共18卷，62篇，70多万字，广泛论述了人体解剖结构、生理功能、发病机制和治疗方法。它采用阴阳五行学说，作为处理医学中各种问题的总原理，提出了系统的脏腑理论、经络理论等，成为日后中医理论进一步发展的基础。《黄帝内经》是中国医学的奠基之作和经典之作，两千多年来，一直指导着中医临床实践，是一个特殊的生命科学体系。

《黄帝内经》的"经络之谜"被称为千古之谜。经络到底是什么？直到近年来，这个谜底才逐渐揭开。经络原名是经脉和络脉，作为脉，首先指体内的血液循环通道，即血管系统。其中关于血液循环的理论，西方直到18世纪才认识到。其次，是指主要位于皮肤中的内气（古称卫气）传递通道，即皮肤中我们尚不知的信息传递通路，气功中的内气流动就是沿着这样的通路进行的。

此外，《黄帝内经》还广泛论述了天文、地理、哲学等多方面的问题，堪称中国上古科学成就之集大成。史重要的是，其中的许多内容至今尚难于理解，蕴藏着深邃的科学秘密，等待着炎黄子孙继续探索。

可以说，中华民族持续稳定的繁荣离不开中医学，而中医学那些朴素的理论使病人和医生都非常容易理解和沟通，比如，湿热病症、风寒病症、阳虚病症等。中医学的汤药疗法取材的自然环境中的植物以及矿物、动物，是取之不尽的可再生自然资源；针灸疗法更为简单方便，"一棵银针治百病"。这些简洁而实用的医疗法不仅过去的落后年代需要，现在和未来仍然需要。

（八）争鸣中的繁荣——诸子百家与科学发展

春秋战国时期是思想活跃、哲人辈出的时代。"百花齐放，百家争鸣"，诸子百家在各个领域的自由争鸣带来了学术上的空前繁荣。

1. 关于物质无限分割的问题

春秋战国时期，不仅实用科技有了极大的发展，哲学家们也对世界的有限与无限、可分与不可分、物体运动与静止的关系等根本问题进行了深入思考，展开了激烈争论。先秦的一部哲学著作《尸子》中说："四方上下曰宇，古往今来曰宙"，"宇"就是空间，"宙"就是时间，宇宙一词沿用至今。《庄子·天下篇》引过一位辩者提出的命题："一尺之棰，日取其半，万世不竭。"这个命题揭示了物质的无限可分割性。但《墨经》中记载了截然不同的观点，对此予以反驳。其主要观点是，物体总有一个不能再分下去的点，叫做"端"。《墨经》所说的"端"相当于几何中的"点"，但在物理学中，曾经被视为不可分的分子、原子等后来证明都是可分的，当然也不是一分两半了事。

百家之中最有影响的是儒、道两家。儒家思想侧重于道德修养，后来成为官方认可的正统哲学，其中很少谈及自然科学。道家认为宇宙万物的生成，都是两种对立因素互相作用的结果，这种矛盾统一观，对以后科学思想的发展有一定影响。另外还出现了专门研究"名"、"实"问题的学派,其代表人物惠施、公孙龙等人通晓自然科学知识,辩证法的思想非常丰富,开创了中国古代的逻辑学。他们辩论的好多问题在今天仍有启发意义。

2. 阴阳五行说与阴阳八卦说

关于世界的本原问题,古代中外哲学家都非常关心。老子提出"道"乃万物的本源,《管子》中提出水是万物根源,但影响最大的乃是"阴阳五行说"。阴阳五行说是整个中国文化的骨架,"阴阳"二字最初只是指有阳光的白天和黑暗的夜晚,以后逐步演化为一对哲学范畴,阴、阳二性之间的相互依赖、相互蕴涵、相互作用和相互转化,是万物运动变化的根源。"五行说"的基本内容首见于《尚书·洪范》,在《国语·郑语》中也有"土与金、木、水、火杂之,以成万物"的记载,其基本思想即认为金、木、水、火、土是世界的五种本原物质,由它们衍生出宇宙的万事万物。阴阳和五行的概念发展到战国时代,成为一个完整的体系,发展出了"五行相生"和"五行相克"的学说。经过不断的总结,独具特色的阴阳五行说后来几乎成为中国古代一切学科的理论基础。

作为阴阳理论的另一个分支是阴阳八卦学说,该学说以《周易》为典型代表,《周易》简称《易》,《易》是变化的意思。阴阳的周期性变化成为一切运动和变化的原动力,古人首先把每个阴阳变化周期分为八种状态即八卦,震、离、兑、乾为阳逐渐增长的四个状态,巽、坎、艮、坤为阴逐渐增长的四个状态,总共八个状态构成阳长阴消和阳消阴长的周期过程。后来,又将一个周期分为六十四种状态,即《易》的六十四卦。阴阳五行学说和阴阳八卦学说共同构成了中国传统自然思想体系的核心。

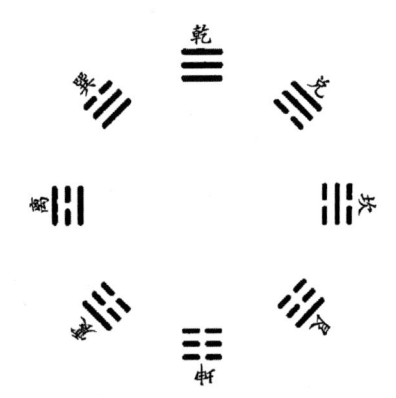

反映阴阳理论和天地间周期性变化规律的八卦图

3. 墨翟与《墨子》

先秦诸子百家中对自然科学建树较多的要数墨子及其由他创立的墨家学派。墨子名翟,出身低微,曾经当过制造器具的工匠。他领导的墨家学派,参加者多来自社会底层，是一个有严格纪律的带有宗教性的团体，这些人吃苦耐劳、勤于实践、重视知识。墨家著作后来被汇编为《墨子》，分为"经"和"说"（说是对经的解释）。该书除涉及认识论、逻辑学、经济学等内容外，还包含有物理学中时空观念、物质结构、力学、声学、光学以及几何学等多方面的知识，不仅有理论阐述，还记载有大量珍贵的科学实践。《墨经》把力定义为使运动发生转移和变化的动因，把机械运动解释为物体的位置移动，并进一步阐述了平动、转动、滚动等不同形式的机械运动，都非常合理。书中对于浮力问题、轮轴和斜面的受力，以及用于战争侦探的声学效应等也都有论述，特别是对于几何光学有比较深入的研究。他们懂得小孔成像的原理，进行了平面镜、凹面镜、凸面镜成像的观察和实验。《墨子》是研究中国古代科技史的关键材料，它反映中国古代多方面的科学发展水平，一直受到人们的极端重视。

中国古代的科学技术萌发于夏商周三代，在春秋战国时期获得了长足发展，到秦汉时期就走到了世界前列。中国古代许多重要的发明创造传播到了世界广大地区，对世界文明产生了深远的影响。

（九）四大文明古国成就对比

四大文明古国创造的科学技术成就，在人类文明发展史上作出了重大的贡献。它们有着众多的相同点和差异。它们都起源于大河流域，这些地方自然地理条件都比较优越，尤其是河流提供了肥沃的冲积平原和有利的灌溉条件，极大地促进了农业的发展，从而在此基础上发展了其他科学技术，创造出伟大的古老文明。同时，它们的科学技术都产生于社会实践，属于同一类型，即青铜时代的农业实践模式。这使它们的科学技术在许多方面都有着共同的地方。但由于生产实践的差异，科学技术也有许多差异。埃及由于尼罗河泛滥后重新丈量土地的需要，对几何学比较重视，同时人们为了保存尸体，其医学也比较发达，金字塔也体现出了其工程学的伟大成就；巴比伦则因为农业生产依靠天文历法，因此其天文历法比较发达，算术成就也非常突出；印度则受宗教影响较大，其医学比较发达，而且人们重视纯粹的思辨，使佛教成为世界上哲学水平最高的宗教。我们中国人的祖先在实践基础上，创造了发达的手工业，积累了丰富的理论成果，却没有或者很少受宗教思想的支配和渗透。从下表我们可以看出四大文明古国科学技术成就的对比情况。

国家	比较重要的科学技术	主要代表性成就
古埃及	几何学、医学、化学工程学等	金字塔、木乃伊、纸草、太阳历、折分法
古巴比伦	天文学、建筑学、算术等	巴比伦城、楔形文字、太阳历、《汉谟拉比法典》①
古印度	哲学②、医学等	摩亨约·达罗城、阴阳合历、阿拉伯数学、医学成就与哲学成就等
古中国	手工业、医学等	青铜、古陶、丝绸、阴阳合历、甘石星经、针灸术
共同点	都是发源于大河流域农业文明，都取得了一定的科技成就，而且都受到宗教的影响，最后逐渐衰落	

① 《汉谟拉比法典》中有许多关于科技的论述，是古代巴比伦科技成就的体现。
② 哲学虽是社会科学，但建立在自然科学基础之上，对科学技术影响很大。

　　四大文明古国的科技成就远播世界各地，为人类进步作出了不可磨灭的巨大贡献。尤其是传到了希腊和地中海沿岸以后，在那里又创造出了更加辉煌的科技文明，不仅如此，它们的许多科技成就到今天还为世人所熟悉，并影响着人们的生活，如埃及的金字塔、巴比伦的星期制、印度的佛教，以及中国的陶器、丝绸和针灸术等。因此可以说，现代科技文明是建立在四大文明古国的科技文明的基础之上的。

　　但它们毕竟都建立在农业自然经济的基础上，是农业文明的代表，随着社会经济的逐步发展，欧洲的资本主义生产方式和商品经济迅速出现，而四大文明古国的农业文明却经历了一个非常漫长的过程，在18世纪以后不约而同落后于西方的资本主义文明。当然，四大文明古国的衰落还有许多历史原因，如宗教的影响、外族的入侵，等等。了解祖先所创造出的伟大科技成就，反思世界科技发展的历程，认识发明创造的规律，从而更加自觉地学习科学文化知识，为民族和人类的进步与发展作出应有的贡献，是我们今天义不容辞的责任。

第二章 科学思想的摇篮

科学的发展，依赖于思想的进步，当崭新的思想诞生后，必将以巨大的能量反作用于科学技术，使其飞速发展。古希腊不但给后人留下了宙斯、阿波罗、普罗米修斯等动人的神话，更大的贡献是给人类留下了科学的态度和科学的理念，成为现代科技大厦的思想基石。

四大文明古国都是在亚非两州，然而自18世纪以来，欧洲文明一直处于强势地位，当然，欧洲的现代科学技术并非从天而降，它也有自己的基础和发源。欧洲的科学技术起源于古希腊，古希腊指欧洲巴尔干半岛南部，地中海和爱琴海之间的希腊半岛及其附近岛屿。在人类的科学技术史上，希腊文明是一朵绚丽的奇葩，它吸收了古代埃及和古代巴比伦科技文明的遗产，并发扬光大，创造出了辉煌的科技成就。

古希腊文明可以按时期和区域分为三个阶段：第一个阶段是公元前5世纪之前，由自然哲学家泰勒斯开始直到阿那克萨哥拉的爱奥尼亚阶段；第二阶段是南意大利阶段，从毕达哥拉斯直到恩培多克勒；第三阶段是雅典阶段，著名学者苏格拉底、柏拉图、亚里士多德等相继登上雅典的学术讲坛，创造出希腊文明的辉煌时期。

（一）第一个哲学家和科学家泰勒斯

泰勒斯是西方历史上第一个哲学家和第一个科学家。公元前6世纪，爱奥尼亚人的贸易中心米利都成为古希腊最早的学术中心，泰勒斯是这个学术中心的开创者。

泰勒斯约公元前640年生于米利都一个名门望族，是希腊的著名人物，在西方被列为古希腊的"七仙"之首。他是古希腊第一个天文学家、几何学家。他的墓碑上刻着:"这里长眠的泰勒斯是最聪明的天文学家,是米利都和爱奥尼亚的骄傲。"泰勒斯和他的学生阿那克西曼德和阿克西米尼等人一起,形成了西方哲学史上第一个哲学学派——米利都学派。

据记载,泰勒斯访问过埃及,他把埃及的土地测量术引入希腊,并发展为演绎几何学,奠定了古希腊几何学的发展方向。有一次他成功地在圆内画出了直角三角形,宰牛庆贺。

泰勒斯

他运用三角形相似原理,设计出了在海上测量两条舰船之间距离的方法。他还提出了圆周被直径等分、等腰三角形两底角相等、两直线相交时对顶角相等等定理。

泰勒斯留下了一句自然哲学上的名言:"水是万物的本原。"这句话追究了万物的共同本源,是哲学思维的开始,也是以科学态度对待自然界的第一个原则——科学就是从具体、复杂、多样的现象背后找出共同的原理,再以原理解释、说明、预言更多的现象。他力求从自然界本身说明自然界,而不求助于超越自然界的事物。这也是自然科学的优良传统之一。泰勒斯认为,大地浮在水上,是静止的,地震是由水的运动造成的,就像船在水面上随水晃动那样。天空是由稀薄的水汽形成的盖子。这种看法与希腊半岛的位置很有关系,希腊半岛只有一小部分与大陆相连,其余都是一望无际的海水。

泰勒斯的学生阿那克西曼德认为世界的基本元素是无定形的,用水很难解释某些具体物质的变化。他认为地球不是一个浮在水上的圆盘,而是一个被水围着的圆球,日月星辰围着地球旋转,最高的是太阳。阿那克西曼德的学生阿那克西米尼改进了他的模型,认为空气是"一切物体的最单纯的始基"。宇宙是个半球,像毡帽一样罩在大地上面,大地则像一个盘子浮在空气上面。

爱奥尼亚的另一个哲学家赫拉克里特提出了更具有深远历史影响的自然

哲学观念——自然界的辩证法原理，他说："一切产生于一，而一产生于一切。"这个产生一切又从一切中产生出来的"一"就是"火"，世界的统一性就在于火。他还提出了他那句辩证法的名言："人不能两次踏进同一条河流。"

位于希腊东部的爱奥尼亚被波斯帝国征服后，科学和哲学逐渐衰落，但西部的毕拉哥拉斯学派又崛起了。

（二）毕达哥拉斯及其学派

毕达哥拉斯是西方历史上著名的数学家和哲学家。约公元前530年，毕达哥拉斯为了躲避希波战争，来到了希腊的一个殖民城市，位于意大利南部的面罗屯。他在那里建立了一个学术团体，进行教学和研究。这个团体纪律严明，实行男女平等，任何成员发现的知识都是公共财产，学术成就属于整个团体。

毕达哥拉斯学派的主要贡献在数学方面。他们发现了毕达哥拉斯定理，也就是我们说的勾股定理，即任何一个直角三角形的两直角边的平方和等于其斜边的平方，这个定理很快成为几何中的一个最基本的原理之一。他们发现并证明了三角形内角之和等于180度，还研究了相似形的性质，发现任何平面都可以用等边三角形、正方形和六边形填满。

毕达哥拉斯学派认为，规定着感性世界的超感性世界，是数的世界，"数是世界的本原"。这是他们在音乐研究的基础上得出的。据记载，一次毕达哥拉斯路过铁匠铺，听到里面打铁的声音时高时低，有的难听，有的悦耳，进去一看，原来是不同重量的铁发出不同的谐音。回家后，他继续以琴弦做试验，发现了同一琴弦中不同张力与发音之间的数学关系。他因此认为导致万物之差异的不是其物质组成，而是其包含的数量关系，于是提出了数即万物之本的哲学理念。他们把数分为奇数和偶数，认为数字的关系中包含了世界结构的全部秘密。毕达哥拉斯学派还发现了无理数。

在天文学方面，毕达哥拉斯学派奠定了希腊数理天文学的基础。他们提出了地球是一个圆球的概念，并提出整个宇宙也是一个

毕达哥拉斯

球体，它由一系列半径越来越小的同心球构成，每个球都是一个行星的运行轨道。他们提出的宇宙结构图中，由里到外天体排列为：中心火、土地、地球、月亮、太阳、金星、水星、火星、木星、土星、恒星天。在此基础上，希腊天文学家运用几何学方法整理天文观测的结果，构造宇宙模型，这些宇宙模型反过来又促进了天文观测的发展，使希腊数理天文学达到了世界古代科学的高峰。

（三）芝诺的运动悖论

芝诺的四个运动悖论几千年来一直困扰着人们。

1. 阿喀琉斯追乌龟的悖论

我们都知道"龟兔赛跑"的故事，但是芝诺论证记希腊传说中的善跑者"阿喀琉斯"永远也追不上乌龟：阿喀琉斯若想追上乌龟，首先必须到达乌龟开始跑的位置，因为乌龟起跑时，在阿喀琉斯的前面，总有一定的距离。当阿喀琉斯到达乌龟开始跑的位置时，乌龟已经跑到前面去了，虽然乌龟跑得慢但它毕竟在跑。等阿喀琉斯到达乌龟起跑的位置时，他若想追上乌龟又面临同样一个问题。这样的难题是无限的，虽然阿喀琉斯跑得快，他也只能一步一步地逼近乌龟，但却永远也追不上它。因为乌龟总在他前面，在他与乌龟之间总有一段距离，虽然这个距离越来越短，但永远存在。

2. "二分法"的悖论

他说，在有限时间内从甲点运动到乙点是不可能的，即使甲和乙相隔咫尺。因为从甲到乙，必须先走完全程的1/2，而要走完这1/2，又必须先走完全程的1/4，如此1/8、1/16……可以无限分割下去，而在有限的时间内经过这无限个分割点，是不可能的。这个悖论和我国的《庄子·天下》篇中记载的"一尺之棰，日取其半，万世不竭"的命题是一致的，只不过《庄子·天下》篇并不认为这是一个悖论。

3. "飞矢不动"的悖论

芝诺说，任何一个东西始终在一个地方那不叫运动，可是飞动着的箭在任何一个时刻都待在一个地方，因此飞矢不动。因为运动是位置的运动，而在任何一个时刻飞矢的位置并不变化，所以任一时刻飞矢是不动的。既然任一时刻的飞矢不动，那么飞矢当然就不动了，因此运动是不可能的。

4. "运动场"的悖论

这是说运动场上三列物体的相对运动所造成的谬误。芝诺悖论意在表明,无论时空是连续的还是间断的,运动都是不可能的,都会出现逻辑上的荒谬。

芝诺的四个悖论非常深奥,我们观念中的时间和空间都是连续的,而实际上,我们使用的时间和空间却是断续的。

芝诺代表了南意大利爱利亚学派的观点,这个学派主张存在是"一",而"杂多"的现象世界是不真实的,世界本质上是静止的,运动只是假象。它触及了科学概念中的一些根本性问题,使数学家和哲学家们为此苦恼了几千年。

5. 恩培多克勒和四元素说

恩培多克勒(约公元前 440 年)是西西里岛的一个王子,但他不愿接受王位而向往简朴的生活。他流落异乡,到处游学,专心于科学和哲学,在自然、哲学、物理学和生物学等方面也建树颇多。

恩培多克勒是毕达哥拉斯和巴门尼德的门徒,原子论者留基伯的同时代人,但他又回到了爱奥尼亚学派用感性元素作为世界本原的传说。他同时又吸收了唯物论的一些思想,提出了著名的四元素说。

恩培多克勒认为"水、气、火、土"是最基本的四元素。土、水、气实际代表了物质的固、液、气三态,而火则代表了颜色和温度等。他深信这些元素或本质自身是永恒不变的,只是它们的不同组合才形成了变动不停、丰富多样的世界,而使元素间结合起来的动力是"爱",使它们相互分离的动力则是"恨"。他用恨和爱交互占优势来解释世界变化的原因,并在此基础上建立了一套循环论哲学。

恩培多克勒第一个用实验证明了空气是实际存在的物质。他用手捂住管子的一端,然后把管子的另一端置于水中,在移开手让空气跑掉之前,因为空气的压力,水不能跑进管子里。他还认为光的速度是有限的,然而,这种可贵的思想犹如黑夜中的一声枪响,没有引起多少人的注意就无声无息了。

他还提出了原始的、带有幻想性的"最适者生存"的动物进化论。他说,最初四方散布着各种生物,有的有头无颈,有的有背无肩,还有许多孤零零的肢体和器官,偶然的汇合使它们形成了千奇百怪的兽类:有无数只手的、有许多头的、有牛身人面的、有牛面人身的、有不男不女的阴阳人等,最后只有那些碰巧搭配得比较合适的动物才能存活下来。

（四）德谟克利特与原子论思想

德谟克利特是古希腊原子论的集大成者。他把毕达哥拉斯派和爱奥尼亚派的理论巧妙地结合在一起，主张世界是统一的，自然现象可以得到统一的解释，但统一不是在宏观层面上，而是在微观层面上，这些微观的东西就是原子。把一个物体一分为二，它变得更小，但仍然是一个物体，它还可以被一分为二，这个过程可以无限地进行下去吗？原子论认为这不可能，分割过程进行到最后，必然会有一个极限，即原子，也就是《墨子》中所说的"端"。原子在希腊文中原意就是不可再分割的东西。我们虽然看不见小到极点的原子，但世界万物都是由原子构成的，原子是世界的共同基础。由于原子在形状、大小、数量组成上的不一致，因而形成了世界上形态各异、丰富多彩的事物，因此统一的自然界就被数的科学描述出来了。

虽然原子论在当时还只是一种哲学理论，是思辨的产物，而不是科学的理论。但在公元前5世纪，在当时落后的实践水平上，在简陋的条件下，他们凭自己的理性构想出了感性的物质世界背后的原子世界，想到了类似于近代原子论的理论，想到了实物和虚空的概念，想到了惯性定律。这些思想为近代原子论的诞生提供了启发。

从此之后，雅典进入了科学发展的黄金时期，涌现出了苏格拉底、柏拉图、亚里士多德等一批科学巨人。

（五）"诡辩家"苏格拉底

苏格拉底（公元前468年—前399年）以雄辩闻名于古今中外，但他也最终为此付出了自己的生命。

苏格拉底一生都未离开过雅典。他没有留下任何著述，但他的活动和学说都由他的学生柏拉图记了下来。他当过石匠和军人，他奔走于雅典的大街小巷，逢人便谈，尤其对那些自命不凡者予以巧妙的讽刺和挖苦。他最富传奇色彩的两套对话方法是"助产术"和"苏格拉底讽刺"。"助产术"是用来对待年轻好学的人的方法，苏格拉底从具体事例出发，逐步引导对方弄懂本来不知道的一般概念。据说苏格拉底的母亲是一个助产婆，这启发他发明了这套谈论方法。"苏格拉底讽刺"则是对待自以为有知而实则无知的人的方法。他佯装自己无知，从对方已经认定的概念出发，沿着对方的思路提出一系列问题，结果使对方陷入自相矛盾的境地。即现在所说的"归谬法"。"我只知道自己的无知"，这是苏格拉底的名言。

　　苏格拉底在数学上也有很深的造诣，除了雄辩之外，他把一生的主要精力献给了教学，他的学生除柏拉图之外还有欧几里得、第欧根尼等著名学者。

　　苏格拉底看到了当时的民主体制存在种种弊端，提出了非常尖锐的批评，因此被雅典的民主执政官起诉过好几次，他每次都在法庭上以自己雄辩的口才使自己最终无罪释放，但最后一次他终于没能为自己开脱罪名，被雅典的民主政权判处死刑。本来他可以从监狱逃走，但他轻松地放弃了，因为他认为死刑不可能处死他的精神。

（六）柏拉图的"理想国"

　　我们知道，作为哲学家的柏拉图以他的"理想国"和"理念"而闻名。在科学史上，柏拉图所提出的"理想国"也很重要。

　　柏拉图（公元前 427 年—前 347 年）出生于雅典的名门世家。他接受了当时最好的教育。年轻时他立志从政，参加过伯罗奔尼撒战争。传说苏格拉底曾梦见一只小天鹅落在他的膝上，很快就羽翼丰满，唱着动听的歌儿飞走了，第二天柏拉图就来求见，并成为苏格拉底最杰出的学生。柏拉图留下的众多对话，保存了苏格拉底的很多思想。苏格拉底被判处死刑后，柏拉图决定远离政治，开始了游历讲学的生活。

哲学家柏拉图

　　柏拉图在雅典西北郊的阿卡德米圣城的别墅里开设学园，招收门徒，研习学问。他以讲授哲学为主，旁及几何学、天文学、音乐学、算术等多种学科。

　　柏拉图认为真正的实在是理念，人们的感觉千变万化，转瞬即逝，都是靠不住的。理念是超越性的存在，它先于一切感性经验。感性世界只是摹写了理念世界一部分，很不完善。任何一张桌子都有这样或那样的缺陷，不足以代表真实的桌子，只有桌子的理念才是完美无缺的。哲学的目的就在于把握理念。在柏拉图的理想国里，人们按照掌握知识的程度担任不同的职务，最高统治者就是知识最完备的"哲学王"。

柏拉图轻视科学试验，他认为在诸多自然事物中，只有数学更具有理念的色彩，虽然它还不是理念本身，却是通向理念世界最可靠的工具。例如我们所见到的任何一个圆都称不上真正的圆，谁也不能确证自己画的圆完美无缺；我们所见的任何一条直线也不是真正的直线，因为直线本身没有宽度，而且没有弯曲。但是，相比之下，研究直线和圆这些几何对象更容易使人进入理念世界。柏拉图对数学演绎方法也有许多贡献，认为线是从一点"流出"来的。他重视对立体几何的研究，发现了圆锥曲线等。在他的影响之下，数学成为雅典的热门学科之一。

柏拉图把道德科学放在第一位，并在数学基础上构造了自己的"理想圆"，认为球形是最完美的。上帝规定了一切天体和他们的运行轨道都是球形或圆形的，这种观点极大地影响了后来天文学的发展。

柏拉图的理念思想产生了极为深远的影响，以至于有人认为此后的西方哲学史不过是柏拉图理念论的注脚。

（七）百科全书式的大学者——亚里士多德

亚里士多德（公元前384—前322年）是古希腊最伟大、最富传奇色彩的人物。他是柏拉图的学生，曾做过马其顿国王亚历山大大帝的老师。在师从柏拉图多年之后，他创立了自己的学派，在雅典的吕克昂著书讲学，他常和学生一起去花园或树林里一边散步，一边讨论问题，因此被称为逍遥派。

亚里士多德在哲学、政治学、美学、教育学、逻辑学、生物学、生理学、医学、天文学、化学、物理学等方面都有卓越贡献；他的著作内容丰富、体系庞大，堪称古代的百科全书。

亚里士多德勤于思索，提出了许多创造性的理论。在逻辑学方面，他创立了以三段论为核心的严整的形式逻辑体系。他还创造了从理论上探索问题的"分析方法"，即先把研究对象分解为各种可能具有的情形和方面，然后一一加以评判，最后求得正确结论的方法。他还大大丰富和发展了归纳法思想，

亚里士多德

指出"归纳法是从特殊到一般",并研究了归纳法的逻辑形式。

亚里士多德的哲学思想,主要体现在阐述"第一哲学"即名为《形而上学》的著作里。还提出了哲学自身的独立对象和范畴。他还提出了"四因说",认为所有事物都有四方面的因素构成,即"质料因"、"形式因"、"动力因"和"目的因"。以建造一座房子为例,砖瓦土石这些建筑材料是它的质料因,但只有材料没有构成房子的形式还不能动工,因此还要有形式因;动力因把建筑材料搭成房子;目的因即房子满足人们某种需要的功能。把四因弄清楚了,也就全面地认识了事物。他认为天体都是物质的实体,大地是球形的;地球和其他天体由不同的物质构成,地球上的物质由水、气、火、土四种"元素"组成,天体由第五种元素——"以太"组成。但他同时认为地球是宇宙的中心,"世界上没有虚空,不存在原子";"重的物体比轻的物体下落得快"。这些建立在猜测基础上的结论影响很大,在一定程度上成为科学发展的桎梏。

在生物学方面,亚里士多德喜欢亲自动手做实验,他具有敏锐的观察力,并善于进行总结和归纳。他对500种不同动植物进行了分类,生物分类是生物学得以建立和发展的基础,我们今天研究生物学,也是从生物分类开始的。而将事物进行分类则是基本的自然科学方法。亚里士多德还对至少50种动物进行了解剖,以直接了解他们的生理结构。他在担任亚历山大大帝的老师时,亚历山大在远征中经常给他捎回各种稀罕的动植物标本,给他的生物学研究提供了很大的帮助。根据解剖观察,亚里士多德指出"鲸鱼是胎生的,不像产卵的鱼类"。他总结出:"没有一个动物同时具有长牙和角",因为野兽有了长牙保护自己后,不必再利用角作武器了。他还注意到了遗传学上的一个问题:"一个白种妇人嫁给一个黑种男人,他们的子女的肤色是白的,但到了孙儿那一代,肤色又变成了黑的,那么他们白肤色的子女中,是如何藏着黑色血统的呢?"这个问题,直到两千多年后人们才通过隐性基因的存在给以了解答。而这只是亚里士多德所提出的伟大问题中的一个。

亚里士多德还提出了系统思想的基本原理，即整体大于部分的总和。他是古希腊文明的集大成者，在哲学、社会科学和自然科学诸方面都达到了前所未有的高度，奠定了后世各学科的基础，亚里士多德的出现标志着古希腊文明的空前繁荣。

由于亚里士多德在欧洲思想界一千多年的时间里一直是至高无上的权威，他的一些谬误和过时的观点也一直处于统治地位，很多还成为以后宗教神学的理论依据，阻碍了中世纪科学技术的发展。但是，又正是亚里士多德的错误思想激发了近代西方科学工作者走上探索真理的正确道路。

（八）西方医学之父——希波克拉底

希波克拉底（公元前460—前377）是西方医学之父，他的医学理论奠定了西医学的理论基础。

希波克拉底出生于一个医生世家，他从小就到处求学。成年之后，他在希腊各地行医治病，救死扶伤，赢得了广泛的尊敬，是古希腊最负盛名的医生。雅典当局特别授予他这个外邦人以"荣誉公民"的称号。希波克拉底的最大贡献在于使医学摆脱了巫术的支配，以理性的态度对待生病，采取科学的方法治病。他从临床实践出发，创立了体液理论，他认为，人身上有四种体液，即血液、黄胆汁、黑胆汁和黏液。它们共同维系着人的生命，相互调和，在平衡的状态下，人体就健康；如果平衡被破坏，人就会生病。这个理论成为西医学的理论基础。

以希波克拉底为名的医学著作非常多，现在流传的《希氏医学著作集成》是由法国人李特尔整理的，收录了70篇医学著作。《集成》的主要特点是：第一，记录着丰富的临床经验；第二，注意预诊，即在病症还没有完全显现出来时及时发现病情，采取早期治疗的措施；第三，对发烧比较注意，知道从皮肤、舌、眼、汗、尿和大便的变化来诊断各种有发烧症状的疾病；第四，积累了用草药治疗疾病的经验，但更强调"自然疗法"；第五，注意对病例的分析研究，用理性的态度对疾病做具体分析；第六，注意对病人进行心理治疗。现在看来，该书对人体解剖了解不够多，也不注意脉的变化与病理的关系，但它对后世的影响是其他任何一部古代医学著作都不能比拟的。

希波克拉底医术高超，医德高尚，以他为中心形成了一个医学学派，在医学理论和实践方面都取得了杰出成就。他首创了希波克拉底誓词，医生要宣誓处处为病人着想，为自己的神圣使命付出最大的努力。因此希波克拉底被尊为"西方医学之父"，现在西方国家的医生从业前都要以希波克拉底誓言宣誓。

（九）欧几里得和《几何原本》

欧几里得的《几何原本》是世界上印数最多的科学著作之一，我们所学的平面几何学基础知识大多来源于这本书。

《几何原本》写作于2000多年以前，这本书影响了哥白尼、伽利略、牛顿等伟大的科学家。印刷术发明以后，它被翻译成各国文字，版次数以千计。

欧几里得于公元前330年生于雅典，他曾在柏拉图学院求学，后来应埃及托勒密国王的盛情邀请，到亚历山大城主持数学教育，取得了辉煌的数学成就。托勒密国王对数学非常有兴趣，但是几何的公理和习题并不认识这位尊贵的国王，托勒密国王常被弄得头昏脑涨，很不耐烦，经常求教于欧几里得。有一次他问欧几里得："学习几何学，有没有便当一点的途径，一学就会？"欧几里得毫不客气地回答："陛下，很抱歉，几何学里可没有专门为您开辟的大道！"

由于欧几里得学识渊博、声名远播，人们都以向他学习几何学为荣，尽管其中有许多人是为了赶时髦。一位学生就曾经问他："老师，学习几何会使我得到什么好处？"欧几里得没有作正面的回答，却让仆人拿点钱给这位学生，然后冷冷地说："看来你拿不到钱，是不肯学习几何学的。"

欧几里得的《几何原本》把前人的数学成果加以系统的整理和总结，以缜密的演绎逻辑把建立在一些公理之上的初等几何学知识整合成一个严密的体系。到了2000多年后，即使是爱因斯坦也对他严密的体系惊叹不已。

欧几里得还成功地建立了一个关于自然的空间关系的体系。数量和空间乃是构成世界上一切事物的基础，这一关系也成为近代科学发展的基础。这些成就是令人震惊和值得崇拜的。

（十）阿基米得与浮力定律

阿基米得（公元前287—前212年）是古希腊最具有现代精神的伟大物理学家，他对科学真理孜孜以求，在自己的生命安全受到严重威胁的时候仍然专心于科学研究，置生死于度外，他的这种精神一直为后人所敬仰。

浮力定律现在又称为阿基米得定律，这一定律的发现和一个有趣的故事有关。

有一次阿基米得在众目睽睽之下光着身子从澡堂里飞奔而出，欢呼雀跃，周围的人都不知究竟发生了什么事使这位大学者忘乎所以。

阿基米得

原来叙拉古国王曾命令金银匠做了一顶纯金的王冠。新王冠做得十分精巧，纤细的金线密密地织成了各种花样，而且戴起来也非常合适，国王十分高兴。但是转念一想：我给了工匠15两黄金，会不会被他们私吞几两呢？于是马上叫人拿称来称，不多不少，正好是15两。但这时一个大臣站出来说："重量一样并不等于黄金没有少，万一金银匠在黄金中掺进了银子或其他的东西，重量可以不变，但王冠已不是纯金的了。"国王一听觉得很有道理，但有什么办法既不损坏王冠又能知道其中是否掺了银呢？国王把这个难题交给了阿基米得。

阿基米得好几天想不出什么好主意，废寝忘食，近乎痴迷。这时朋友劝他去洗个澡，放松放松。阿基米得在洗澡时突然注意到，当他坐到满满一盆水里去时，水从盆边溢到了盆外，他脑子里灵光一闪，猛地从澡盆里跳出，来不及穿上衣服就狂奔回家。

他在家里做好了实验，于是来到国王面前，把盛满水的一个大盆放在一只大盘子里，又叫国王拿出一块15两重的黄金和两只一样大小的杯子。然后，阿基米得取过王冠，放在盆子里，水溢出来，阿基米得把溢出来的水都装进一只杯子里。然后用同样的方法把15两黄金溢出来的水装进另一只杯子里。最后他拿着两只杯子走到国王面前，说道："陛下，请您比较一下，这两只杯子里的水一样多吗？"国王一眼就看到一只多一只少。于是阿基米得肯定地说："王冠里一定掺了银或者其他的金属，它不是纯金的。"

阿基米得发现浮力定律

原来阿基米得利用了物质的密度、体积和重量的相互关系，同一物质的密度是固定的，即重量与体积之比是一个确定的数。这样，如果王冠是纯金的，它所排出的水应该与15两纯金所排出的水一样多，如果不一样，那么王冠里肯定掺了其他金属。这就是著名的浮力定律。为了纪念这位伟大的科学家，人们把浮力定律命名为阿基米得定律。

阿基米得把一生都献给了科学，他把数学推理和科学实验结合在一起，不仅发现了浮力定律，还完善了杠杆原理。他发明的许多作战机械将敌人阻挡在城外达数年之久。公元前212年，罗马人攻陷了叙拉古王国，罗马士兵到处烧杀抢掠，他们闯进阿基米得家里时，阿基米得正沉迷于一道数学题的演算，他请求罗马士兵再给他几分钟时间把题算出来，但罗马士兵不予理睬，杀害了这位科学史上的巨人。

（十一）以雅典娜神庙为代表的古希腊建筑艺术

古希腊人在建筑方面的成就也相当杰出，其建筑造型、艺术风格和艺术原则，影响了欧洲2000多年的建筑史。

古希腊的神话非常发达，这些神话直接影响了人们的日常生活，所以古希腊早期的建筑多以庙宇为主，形成了一种完美的建筑形式。庙宇建筑的主体大多是长方形，四周用石制的梁柱形成一圈连续的围廊。建筑的基座、柱子和屋檐等各部分的组合都有一定的格式，叫"柱式"。古希腊有三种柱式，即陶立克柱式、爱奥尼克柱式和科林新柱式。陶立克柱式造型粗壮浑厚有力；爱奥尼克柱式造型优美典雅；科林新柱式造型纤巧华丽。

古希腊人认为人体是最美的东西，很多人体雕塑充分展示了人自身的力与美，是不朽的艺术品。雅典的民歌中唱道："世间有许多奇迹，人比所有的奇迹更神奇。"因此他们的建筑艺术从人体之美中汲取灵感。据记载，古希腊建筑的陶立克柱式反映了男性体质，爱奥尼克柱式则体现了女性特征。西西里岛的奥体匹克宙斯神庙，在陶立克廊柱之间放置了一排高达8米的男像，体态雄伟；雅典卫城的伊端克先神庙用6个女神像支撑檐部，体态轻盈，形象优美。

雅典卫城是古希腊的建筑杰作。它顺应地势的高低起伏，全部用白色大理石砌成，在蓝天白云的衬托下显得分外雄伟壮丽。城中的一堵墙上挂满了波希战争中的战利品，巍然屹立的胜利之神的庙宇表明雅典卫城是为了纪念波希战争的胜利而建的。雅典的守护神雅典娜的镀金铜像在阳光下熠熠生辉，她身披戎装，手持长矛，坚定地守卫着雅典城，成为雅典卫城的中心。

雅典卫城又叫雅典娜神庙，其中也有许多浮雕和柱廊，都是建筑和雕塑艺术的杰作。每年人们都在这里杀牛宰羊，举行盛大的祭祀活动或者庆典，

古希腊雅典剧场

欢度节日。虽然雅典卫城早已成为一片废墟，但它代表的雅典乃至古希腊的建筑艺术和辉煌文明，却永久地留了下来。

希腊在伯罗奔尼撒战争以后逐渐衰落，希腊半岛北部马其顿王国崛起，公元前334年，马其顿国王亚历山大东征，所向无敌，并在尼罗河口建立了亚历山大城，逐渐吸收了古希腊的文明成就，后来罗马大帝恺撒攻陷亚历山大城，古希腊文明随之衰落。

第三章 古罗马的科学技术

恺撒大帝带领着罗马铁骑，横扫了欧亚非大陆。战争是对人类文明的摧残，但在某种意义上，战争又促进了科技的交流和发展。战争要求尽量缩短发明创造的周期，使科学具有更强的实用性。

欧洲古代文化的另一个重要组成部分是罗马文化，罗马文化深受希腊文化的影响，但它同时也形成了自己的特色。第一，在政治上，施行共和政体与法律制度。古罗马采取由选举产生国家官吏的共和政体，设有元老院和平民大会两级议会机构，而且还形成了法律诉讼制度。古罗马把这些制度推广到自己的领地，奠定了西方民主共和制的基础。民主体制对促进杰出的人物轻松而正派地显露出来起到了决定性的作用。第二，在语言上，罗马人借用和修改了希腊字母来拼写自己的语言，形成了对世界语言影响最大的字母系统——拉丁字母，后来成为法语、意大利语和西班牙语的基础。拉丁语后来被推广到世界各地，成为古代的国际语言。第三，在科技上，注重实用工程，形成了崇尚实用的精神。他们的建筑技术非常发达，但理性思辨的成果却比较少。古罗马的这些文化特色同古希腊文化相互补充，形成了希腊—罗马文化结构，产生了许多科学家，取得了相当的科学技术成就。

（一）现行公历的基础——儒略历

制订准确的日历是古代文明的重要标志，因为它对人类赖以生存的农业来说生死攸关。要得到准确的日历，必须把空间和时间结合起来进行长久的考察。儒略历是以罗马统帅恺撒之名命名的一种历法，是现行公历的基础。

古埃及实行太阳历，古希腊实行太阴历，它们都不太精确和方便。罗马人结合它们各自的特点,制定了儒略历。它规定每千年中头3年为平年,每年365天,第四年为闰年,1年366天,1年12个月,分6个大月和6个小月,由于7月是恺撒大帝的生日,为了体现他至高无上的地位,要求这个月是大月,于是其他单数月份也规定为大月,每月31天;双数月份为小月,每月30天。6个大月、6个小月使平年多出一天。由于当时罗马的死刑在2月执行,人们认为2月是不吉利的月份,因此减去一天,屋大维继位后,他的生日在8月,因此8月也被定为大月。这样一年就有了8个大月,再从2月里减去一天,成为28天,平年还是365天;每逢闰年,2月加一天,成为29天。这种历法就是我们现行公历的主体。

儒略历比较精确,也更符合地球上节气的变化,对农业生产非常有利。但它与实际的回归年仍有一点差距,时间久了就会产生误差。到公元16世纪,医学教授李利厄斯改进了这一历法,并被教皇格里高利十三世所推广,成为现行的公历。

(二) 托勒密与"地球中心说"

托勒密(约90—168年)是古罗马天文学的集大成者,他的天文学理论深刻影响了近代天文学发展。

托勒密系统地总结了希腊天文学的优秀成果,写出了著名的《天文学大成》,即被阿拉伯称为"伟大之至"的《至大论》。该书阐述了"地心说"的基本理论,绘出了地心体系的基本构造,并用一系列观测事实论证这个模型。它描述地球是球形的,是宇宙的中心,离地球由近及远的天体是月亮、水星、金星、太阳、火星、木星和土星等,这些天体都绕着地球旋转。书中提供了用以计算这个体系各天体之间距离的数学工具,如球面几何和球面三角。还描述了太阳、月球的运动,给出了月地、日地距离以及日食和月食的计算公式。托勒密的著作在综合前人成果的基础上,建构了一个较为严密的体系,成为望远镜发现之前最好的天文学

托勒密地球中心理论统治
西方天文学界一千多年

体系。因此统治西方天文学界一千多年，到现代还有一定的影响。

托勒密的地球中心学是科学的地球中心说，是天体观察的总结和描述，与后来的宗教地球中心说具有不同的意义。

（三）卢克莱修与古代原子论

卢克莱修（公元前99—前55年）是古罗马的原子论者，他系统地阐明和发挥了古希腊后期原子论学说的代表人物伊壁鸠鲁（公元前341年—前270年）的学说。

他写的长诗《物性论》是古代原子论哲学的顶峰。

卢克莱修认真研究了物体的下落，认为平常物体下落速度的不同，并非如亚里士多德所说的那样是由于构成该物体的元素不同或重量不同，而是由于空气和水对它们的阻力不同。重的物体所受阻力小，所以下落快点，而轻的物体所受阻力大，所以下落速度慢些。如果在真空中，所有物体都将以同等速度下落。这种观点成为以后伽利略落体实验和落体定律的基础。卢克莱修提出世界是由原子组成的，是无限的，处于不断的发展变化之中。他还提出了生物进化方面的一些观点，认为人也是随着自然的发展而不断进步的。

卢克莱修所探讨的问题是纯粹的科学问题，没有任何政治、经济、军事或宗教目的。尽管卢克莱修的原子学说来自猜测，但对后代物质来源的研究，起到了一定的指导作用。

（四）医学百科全书

塞尔苏斯生活于1世纪左右，他用拉丁文写作，向罗马人介绍了许多希腊的科学知识，尤其是医学知识，被人们称为"医学上的西塞罗"（西塞罗是罗马著名的著作家）。塞尔苏斯自成体系的医学著作推动了西方医学的发展。尤其是在外科学和解剖方面，他谈到了扁桃体摘除术、白内障和甲状腺手术以及外科整形手术。文艺复兴时期，他的著作在医学界备受推崇，西方医学的许多解剖学术语都来自于他的著作。

塞尔苏斯之后，罗马出现了另一位医学的集大成者——盖伦（129—200年）。他建立了系统的解剖学、生理学、病理学理论。盖伦的医学尽管有很多错误，但在中世纪居于统治性地位，历时千年之久。他的权威和错误严重阻碍了医学的发展，直到18世纪的哈维，用实验推翻了他的错误理论。

（五）普林尼与《自然史》

普林尼（23—70年）是罗马的一位博物学家，生于意大利北部的新科莫。他少年时赴罗马学习文学、辩论术和法律；青年时参军，后来周游欧洲各地，曾经担任西班牙行政长官和罗马海军司令。他学识渊博，勤于著作，积累了大量的自然科学知识。他撰写的《自然史》成为古代自然科学的百科全书。

长达37卷的《自然史》对古代自然知识进行了全面总结，涉及天文、地理、动物、植物、医学等众多科目。他以古代世界近500位作者的两千多本著作为基础，分34704个条目汇编自然知识，成为古代自然科学的百科全书。《自然史》为后人研究古代人的自然科学知识提供了珍贵的依据，他所阐述的人类中心论的观点贯穿始终，被后来的基督教所认同，产生了很大的影响。他复述了前人的许多神话鬼怪故事，把美人鱼、独角兽等都作为真实的生物，虽然他对这些观点没有加以批判，却使我们了解到了古人的真实想法。公元79年，意大利那不勒斯附近的维苏威火山爆发，附近的古城庞培被猛烈的火山灰全部淹没。普林尼率领罗马舰队当时正驻留在那里，为了记录和考察火山爆发的实况，普林尼独自一人直奔现场，由于逗留时间太久，火山灰和有毒气体使他窒息而死。普林尼为探索自然的奥秘献出了自己的生命，为后世所敬仰。

（六）万神庙和大罗马竞技场

维特鲁维是恺撒大帝的军事工程师，他写的《论建筑》一书广为流传，成为建筑学上的奠基性著作。

《论建筑》共十卷：第一卷讲建筑原理；第二卷讲建筑史和建筑材料；第三、四卷分析了希腊式神庙包括爱奥尼亚式神庙、多里亚神庙和科林斯神庙的建筑结构，讨论了其中的工程技术问题；第五卷谈及城市整体规划，包括公共建筑、剧院、音乐厅、公共浴场、港口等；第六卷谈民居；第七卷谈居室设计；第八卷谈供水技术；第九卷讨论计时器；第十卷讨论一般工程技术问题，包括建筑工具如吊车的使用等。这本书内容广泛，材料丰富，成为最早的建筑学百科全书，千古流传。

在维特鲁特、赫伦等的影响下，同时也为了政治、军事上的需要，罗马帝国大兴建筑，留下了许多建筑杰作。首先以罗马城为中心，建立了通往各省的公路网。公路网上遇河架桥，逢山凿洞，表现了高超的工程技术水平。人们今天还在说"条条大路通罗马"。

罗马的引水工程建设也是很先进的，它的引水道工程尤其著名。罗马附近的引水道长约 200 千米，进入低洼地位采用架桥方法，还采用了虹吸技术，所引之水供应了罗马城近 100 万人所需。

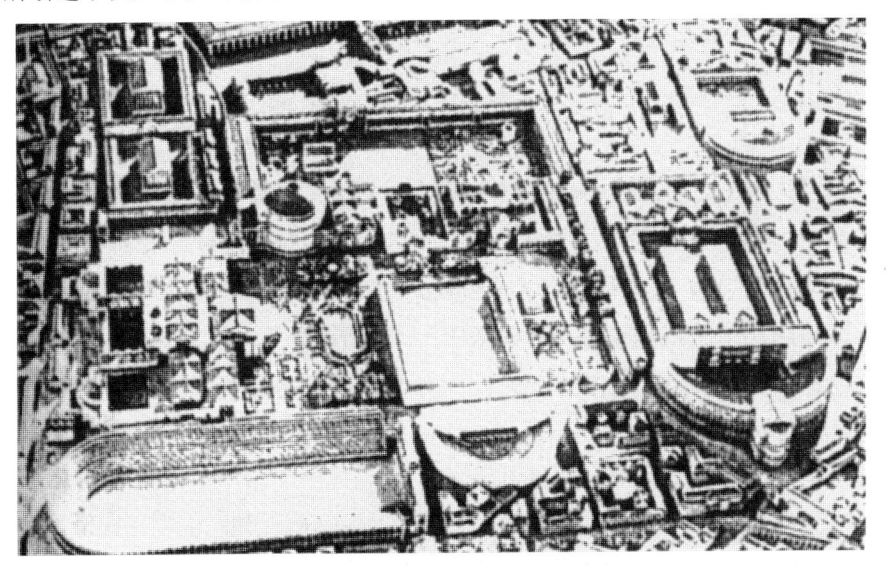

罗马帝国的城市景观——几何与艺术的结晶

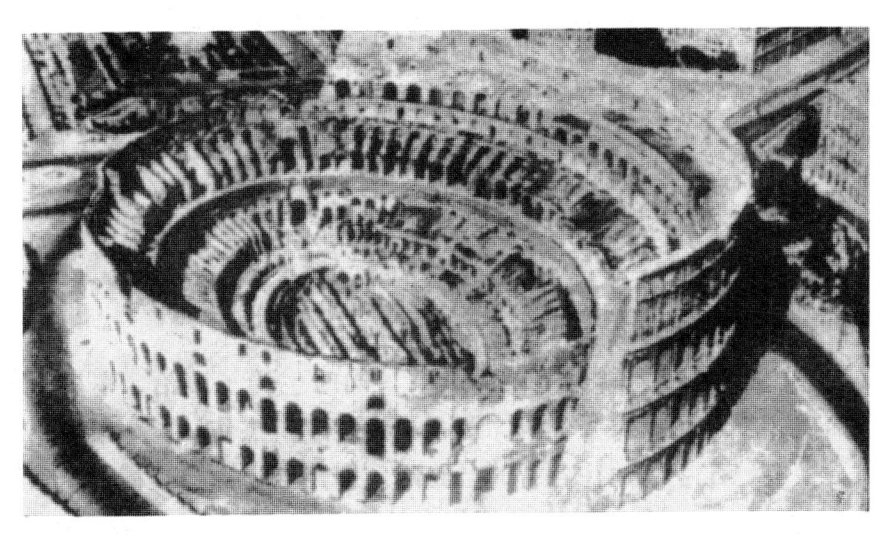

大罗马竞技场

罗马城是用大理石和速凝混凝土建筑的。城内最著名的建筑是万神庙和椭圆形大罗马竞技场。万神庙是罗马皇帝哈德良于公元120年至124年建造的，保存完好。它的屋顶是圆的，直径长达42米，前门由两排16根立柱支撑，带有希腊式神庙的建筑风格，气势宏伟，撼人心魄。公元72年至80年间建成的椭圆形竞技场，长轴直径达180多米，短轴也有150多米，周围是四层高的看台，据说可容纳5万名观众。除此以外，罗马的公共建筑还有凯旋门、纪功柱和公共浴场等，都体现出罗马人高超的建筑艺术。

（七）罗马的农业科学

古罗马以农业立国，农业科学技术有了很大的发展，许多行政长官和学者都写过有关农学的著作。最著名的要属公元前180年罗马监察官卡图（公元前234—前149年）发表的《论农业》一书。公元前37年，大法官瓦罗（公元前116—前27年）在卡图的基础上，重新撰写了《论农业》。瓦罗还是一位著名的拉丁语作家，他开创了罗马时代百科全书式的写作传统。他把学问分为九科，即文法、修辞、逻辑、几何、算术、天文、音乐及医学、建筑，从而成为后来著名的"学问七科"。

（八）现代蒸汽机的雏形

赫伦是公元前古罗马的一位杰出的技术发明家。他效仿阿基米得，把科学知识付诸技术应用。他发明了一个能围绕水平轴旋转的空心球，球周安装着一根根沿切线方向伸出的弯管。通过中空的轴杆把蒸汽输入球内，蒸汽沿着那些弯管顺切线方向冲击，蒸汽的反作用力迫使球旋转。这是历史上把热能转变为机械能的第一个装置，是近代工业革命时期蒸汽轮机的雏形。这棵在古罗马大地中萌发出的动力机械的小芽虽历经千年之久才长大成才，但种子已经播下，成长壮大势在必行。这里再一次展示了科学技术发展的历史根基和文化源流。

人类第一个将热能转化为机械能的装置——赫伦的杰出发明

（九）绝妙的构思——六棱柱蜂巢

帕普斯生活在公元 3 世纪末，他写了八卷本的《数学汇编》。其中提出的"圆面积大于任何同周长的正多边形面积"、"球体积大于任何同表面积的立体的体积"的著名命题。帕普斯提出了属于射影几何的概念，给 17 世纪射影几何的诞生提供了思想萌芽。他还研究了极值问题，其中最值得注意的是他第一次指出了生物的智慧——六棱柱的蜂巢是一种最节省材料的形式。

另一位数学家弟奥放达斯重新对古巴比伦和埃及的代数学进行了系统的研究，写成了《算术》一书，因此被称为代数学的创始人。他第一次专门研究了不定方程问题，即求得整数解的问题。人们把这类方程称为"弟奥放达斯方程"。他还第一次提出了有别于日常语言的代数语言系统，成为今天代数演算系统的祖先。

罗马人崇尚军事武力，注重眼前效益，对纯理论科学研究不多，因此其成就远逊于希腊。在屋大维统一了地中海地区后，自由思想逐渐让位于宗教专制，哲学逐渐成为宗教的婢女。古希腊—罗马科学体系也最终随着罗马帝国的灭亡而最终衰落。欧洲开始了由宗教统治科学，科学为宗教服务的黑暗时代。

第四章　中世纪的漫漫长夜

随着基督教的兴起，欧洲的科技之光被漫漫的长夜笼罩。文明出现倒退，科学开始徘徊。人们的精神被宗教信仰禁锢，探索科学的勇士只能在黑暗中摸索，寻找通向光明的窗口。

中世纪是欧洲封建社会的代名词，一般是指公元476年西罗马帝国灭亡到1640年英国资产阶级革命的一千多年时间，在文化史上这一时期介于古希腊古罗马文明和文艺复兴之间。中世纪最显著的特点便是基督教神学统治着整个社会生活和人们的思想。基督教起源于中东，最初是这一地区受压迫人民用以反对罗马帝国奴役和寻求精神安慰的思想武器，后来随着罗马帝国的衰亡传入欧洲，逐渐成为统治人民的工具。它在维持社会稳定方面一度起到了积极作用，但它那空前严密的思想控制同时也窒息了社会的活力，阻碍了科技的发展。人们提起这段历史，都无不感慨地说："黑暗的中世纪！"

因此，欧洲科技的发展在中世纪几乎是一片空白，但是依然有人在黑暗中不断摸索，寻找通向光明的窗口。正是这些人不懈的努力和为真理而牺牲的精神，才使人们得以走出中世纪的囚笼。

一、思想的禁锢——主宰精神的基督教

基督教神学统治着人们的思想和整个社会生活。这是欧洲中世纪最明显的特点，任何违背宗教教义的言行都被视为异端邪说而遭到残酷镇压。

（一）救世主的诞生与基督教的创立

基督教起源于中东地区，最初在犹太人中创立。犹太人又称以色列人或希

伯来人。他们的祖先大概在公元前 1200 年从幼发拉底河迁到埃及尼罗河三角洲，后来因为不堪忍受埃及人的奴役，在传说中犹太人的领袖摩西的带领下来到今巴勒斯坦的南部，此后在这里建立了自己的国家，并定都耶路撒冷。公元前 930 年，希伯来国家分裂成了北部的以色列王国和南部的犹太王国。公元前 1 世纪，两个希伯来王国均被并入罗马帝国的版图。在罗马人统治下，犹太人中出现了一位影响世界历史几千年的重要人物，他的生日被定为公元元年，他被信徒尊称为耶稣基督（"基督"即希伯来文"救世主"的希腊文译音）。

作为被压迫、被剥削的犹太民族的代言人，耶稣宣传说上帝派救世主来解救苦难深重的人类，反对罗马帝国的奴隶制度和民族压迫。最初他所倡导的不是偶像崇拜，而是禁欲、忏悔和对唯一的主——上帝的颂扬。耶稣言传身教，所以很有影响力。犹太教的教士们对耶稣的离经叛道思想大为不满，又害怕他的布道会激怒罗马人。由于他的弟子犹大的出卖，耶稣被抓了起来，公元 30 年，罗马地方长官把他钉死在十字架上。文艺复兴时期著名画家达·芬奇的名画——《最后的晚餐》描绘的就是耶稣被犹大出卖，在被捕前与最亲近的 13 位信徒共进晚餐的情景。

最后的晚餐

耶稣死后，在他的门徒中有各种传言，有人说亲眼看见耶稣又复活了，他就是真正的救世主。二十多年后，基督教的另一位创始人圣保罗继承了耶稣的事业。他强调耶稣受难是为人类赎罪，强调耶稣不仅是犹太人的救世主，还是全人类的救世主。圣保罗还强化了信仰的作用，他认为一切都掌握在上帝的手中，只有上帝的意志才能决定人的命运，唯有对上帝诚惶诚恐地信仰，此外没有别的办法能使人类得救。

早期的基督教抨击社会上一切不平等的现象，反对贫富不均，主张人人平等，财产公有。然而耶稣所创导和宣传的教义并没有给人们带来思想的自由。禁欲主义的盛行，对上帝的敬畏和不断的忏悔，使人们陷入了一种新的思想禁锢中。到公元4世纪，经过改造的基督教已经成为一股十分强大的社会势力，同时成为统治者用来压制奴役广大劳动人民的有效工具。

钉在十字架上的耶稣

1054年，由于教会内部的激烈斗争，基督教分裂为天主教（罗马公教）和东正教（希腊正教）两大派。11—14世纪，天主教的势力发展非常迅速。教会不仅在政治上享有至高无上的权力，还在经济上取得了统治地位，它甚至拥有独立的法庭、监狱和武装力量。13世纪，教会建立了镇压"异端"和控制教徒的"宗教裁判所"，进一步压制先进的科学思想、迫害进步科学家。教会垄断了哲学、政治、法律和自然科学，迫使它们扮演神学奴仆的角色。任何人试图揭示自然奥秘，探索科学真理，只要他思想不符合宗教教义，都会被斥为"异端"，轻则被逐出教会，流放异地；重则被审判和监禁，甚至动不动就被处以绞刑或火刑。据不完全统计，各种类型的宗教裁判所先后残害了至少50万名主张思想自由的人士及科学家，严重阻碍了科学的发展和文化的繁荣。

（二）基督教的精神武器——教父学

早期基督教的理论基础是教父学，也就是神学，它是以后的经院哲学的前身。教父学的基本观点是一种（上帝是唯一的神）、一主（上帝是唯一的造物主）、一信（信仰上帝才是唯一正确的信仰），上帝是三位（圣父、圣子、圣灵）一体的。全知全能的上帝从虚无中创造了世界，也创造了人。基督教的教义认为偷吃智慧果的亚当和夏娃犯了"原罪"，作为他们后代的整个人类，世世代代都要为之赎罪。而要赎罪就要信仰上帝，忍受苦难，接受上帝安排的命运，按照教义的要求拒绝物质生活的引诱，过禁欲生活，多做善事，随时忏悔，以求死后升入天国，否则就会被打入地狱，永远受苦。

教父学宣扬的伦理思想有些有一定的合理性，但它要求人们的理性认识要服从信仰，一切真理并不是对事物进行认真研究之后得来的，而是被视为上帝启示的结果，《圣经》就是上帝启示的记录，因此，一切言行都要以《圣经》为准绳，对《圣经》不能有丝毫怀疑。教父学的这些主张在后来更是甚嚣尘上，科学研究和科学认识的道路被严重堵塞了。教父学的代表人物有德尔图良和奥古斯丁。

德尔图良（约160—230年）生于北非的迦太基，他撰写的神学著作有《辨惑篇》、《论异端无权存在》，他被后世称为"拉丁教父的创始人"。

德尔图良认为，上帝早在宇宙形成以前就存在了，上帝有一种叫"逻各斯"的东西，上帝就是借"逻各斯"创造了世界和万物。后来上帝的"逻各斯"借给了童贞女玛利亚，玛利亚感受了圣灵而怀胎，于是"逻各斯"就转成肉体的耶稣出世，玛利亚也就成了圣母，而圣父、圣子、圣灵是统一的，即三位一体。

教父学稍晚一些的代表奥古斯丁（354—430年），把教父学进一步系统化了。他曾担任北非的希波主教，潜心研究基督教，著作有《忏悔录》、《教义手册》、《上帝之城》、《三位一体》等，特别是《忏悔录》和《上帝之城》被基督教会奉为最重要的经典，他本人也成了教父学的最高权威。

奥古斯丁认为，只有上帝是永恒的，完美的。上帝创造了除自己以外的一切。圣父、圣子、圣灵这三者不是三体而是一体，不是三个神，而是一个神，这个神就是全知全能的上帝。奥古斯丁继续宣扬原罪说，主张人们听天由命，逆来顺受。他极力主张所谓知识就是关于上帝的学问，一切与上帝无关的知识都是无用的。因为无论是天堂还是凡间，一切都是全知全能的上帝所赐予的，上帝主宰着一切，安排着一切，人们只要信仰和崇敬上帝就行了。他还进一步认为信仰先于理性、高于理性，理性要为信仰服务，这种信仰就是对上帝的信仰。而研究自然会使人陷入理智的傲慢，导致对上帝的亵渎。

因此，即使不懂得自然知识，只要做一个虔诚的教徒，也比有一些自然知识却不信上帝的人要好得多。这样，奥古斯丁就从理论上把科学完全视为神学的婢女了。

教父学把信仰凌驾于科学之上，贬低理性，反对探索自然规律，钳制思想自由，不仅使古希腊和古罗马的自然科学知识遭受冷落，后继乏人，更严重地阻碍了自然科学和思想文化的发展，使人们陷入了盲目信仰的深渊。

（三）经院哲学

教父学后来逐步发展成为体系庞大、著作繁多的经院哲学。经院哲学名称源于希腊语 δχολη，经院哲学和教父学一样，主要研究基督教的教义，把《圣经》视为神圣不可侵犯的经典，但它比教父学更加系统，更注重命题的哲学论证。经院哲学家们把主要精力用于论证《圣经》的教义和解释亚里士多德等权威的著作，他们所研究的问题大都完全脱离实际，用概念游戏代替认真而具体的研究，显得十分荒谬，方法也极为繁琐。例如，他们连篇累牍地考证天堂里的玫瑰花有没有刺，一个针尖上能站几个天使等问题，争得不可开交。

经院哲学宣扬上帝就是真理，真理就是上帝，真正有价值的科学研究在这种环境下举步维艰。进步人士一旦被宗教裁判所起诉，辩护权也随之被剥夺，还可能面临财产没收、投入监狱、流放异地，甚至被烧死的残酷迫害。

经院哲学是中世纪占统治地位的指导思想，但是，经院哲学也不是铁板一块的，其内部也存在着复杂的斗争，最有代表性的是唯名论与唯实论的斗争。它们的分歧，是因为对亚里士多德著作的不同解释而产生的。当年亚里士多德提出了个别和一般的关系，但没有彻底解决。他认为个别的可以感知的事物是"第一实体"，个别事物的一般属性（种或属的共性）是"第二实体"，上帝是"第三实体"。他有时认为具体的个别事物比一般概念更实在，有时又说一般比个别更实在，经院哲学把亚里士多德看成是绝对权威的，这种争论也就不可避免。

唯名论把一般概念只看成是个别事物的总的名称而不是实体，实在论则认为反映个别事物共同属性的一般概念才是实在的，一般可以脱离个别、先于个别而存在。唯名论与唯实论斗争的焦点是一般与个别的关系问题，实质上都属于宗教神学。

二、古典文化衰落的黄昏

经院哲学的盛行,以及西罗马帝国的灭亡,都可以看做古典文化衰落的标志,但是,象征古典文化被摧残的灾难性事件,应该是柏拉图学园被封闭以及亚历山大图书馆被烧毁。

(一) 封闭柏拉图学园

柏拉图的学园自创建以来一直是古希腊传统文明的继承者和传播者,亚里士多德之后,以柏拉图学园为阵地的新柏拉图主义成为当时希腊文化界中广泛流行的思想,这个学派在发展柏拉图的学说,批判亚里士多德主义方面做出了重要的贡献,在思想史上有突出的地位,是近代自然哲学的先驱。普罗克罗(410—485年)生于君士坦丁堡,接受的是希腊教育。他后来游历到了雅典,执教于柏拉图学园,并成了那里的学术领袖。普罗克罗留下了几部对托勒密和欧几里得著作的注释,这些注释有着重大的科学意义。普罗克罗后来在雅典去世,他是古代世界最后一位直接继承希腊传统的科学家。

西罗马帝国于公元476年瓦解后,东罗马皇帝查士丁尼统一了古罗马帝国。这位武功显赫的拜占庭皇帝为了打击异教哲学、垄断神学教育,于公元529年下令封闭了雅典的所有学校,包括著名的柏拉图学园,这一由柏拉图亲手创建,维持了900多年的希腊学术殿堂被政治的暴力毁灭了。

(二) 烈火中的亚历山大图书馆

埃及亚历山大城是一座希腊化的城市,它的图书馆和塞拉皮斯神庙藏书极为丰富,是古典学术的象征。先是公元前47年,时任罗马大将军的恺撒纵火烧毁了亚历山大图书馆,近3个世纪来收集的70万卷图书被付之一炬。自从公元380年基督教成为罗马国教以来,已被罗马帝国占领的埃及亚历山大又开始遭受基督教文化的侵袭。罗马皇帝狄奥多修于392年下令拆毁希腊神庙,以德奥菲罗勒主教为首的基督徒纵火焚烧了塞拉皮斯神庙,大约有30多万件的希腊文手稿毁于一旦,这是亚历山大图书馆遭受的第二次大劫难。

三、科学与宗教的碰撞

中世纪后期，基督教的宗教理论达到了顶峰；与此同时，宗教神学也受到了越来越多的怀疑，人们探索自然和向往科学的愿望也越来越强烈，科学与宗教的对立越来越明显了。宗教势力为了维护自己的统治，除了加紧镇压进步思想，还力图使自己的理论趋于成熟，以便更有说服力和迷惑性，托马斯·阿奎那是这一时期最为著名的神学权威。自然科学在这种条件下显然还不敢公开批判神学、宣布脱离教会，但已悄悄地开始了独立研究，并取得了一些成果，罗吉尔·培根是这一时期科学领域最为突出的代表人物。

（一）神学权威阿奎那

托马斯·阿奎那（1225—1274 年）出身贵族，受过良好的教育，终生致力于系统地研究神学、宣扬神学，他著有《神学大全》、《反异教大全》等。阿奎那借用亚里士多德的逻辑学论证上帝存在的理由，认为上帝一方面是创造世界，另一方面是统治世界。自然和社会的历史都是上帝安排的。他对经院哲学做了系统的发挥和改良，建构了一个新的神学体系。阿奎那不再激烈地否定理性，而是试图把神学与哲学、神学与科学、一般与个别、理念与感觉等一系列的矛盾都在他的体系中统一起来，他认为信仰与理性都是知识的源泉，都是神赐予的能力，二者并不矛盾。他的体系与观点在他死后不久，就全部被教会接受了。1323 年，他被教皇约翰 22 世封为"圣徒"。1567 年，他又被教会命名为"天使博士"。

阿奎那是后期经院哲学的代表人物，他把基督理论发展到了一个新的阶段。尽

宗教"科学化"的
"天使博士"——阿奎那

管他对人的理性和自然科学研究表示了某种程度的肯定，也提出了一些具有启发意义的思想，但这并不能说明他对科学的重视，而是证明他为论证神学体系找到了更隐蔽、更巧妙的方法。阿奎那的体系也是对来自科学和理性的挑战所做出的一种回答，所以成为以后宗教神学反对科学进步的思想法宝。

（二）自然科学先驱——培根

在科学研究中，没有实验，就不能确切地了解自然的奥妙，科学真理来自于实验，首先要接受实验的检验。

近代实验科学的倡导者英国人罗吉尔·培根和托马斯·阿奎那是同时代的人，大约于1210年出生在伊尔彻斯特。他虽研究过神学和哲学，但对经院哲学并不感兴趣，他最喜爱的是数学、天文学、物理学、化学、医学等自然科学。他研究过中国的火药，学习了许多阿拉伯的数学和其他科技知识，试制过镜片、望远镜等。由于他反对正统的经院哲学，不止一次地指出了教父学和经院哲学删除和篡改亚里士多德原文的错误，曾先后三次被教会监禁。他的主要著作有《大著作》、《小著作》、《第三著作》、《神学概要》等。

培根把"实验科学"定义为：这是前人不知道的科学，这种科学比其他科学更完善、更有利。他认为，不论科学理论在逻辑上多么合理，总不能直接提供确定性，只有实验科学才能证明它们的结论正确与否。培根从方法论的角度指出了实验科学的重要性，这一思想具有划时代的意义，近代自然科学的真正起点就是对实验科学的极端重视和对实验结果的充分归纳，这一思想也沉重打击了烦琐空想的经院哲学。实验科学与理论科学的相互促进和密切结合，是科学发展的内在动力。没有先进的实验科学，就不可能有真正意义上的现代科学。

培根之后，许多唯名论者和经院哲学的"异教徒"如邓斯·司各脱（约1270—1308年）、威廉·奥卡姆（1300—1349年）等，也不断从内部对当时教会的权威提出挑战，对流行的经院哲学发起冲击，进行了切中要害的批判，经院哲学也就逐步衰落了。

四、黑暗中的星星之火

中世纪的漫漫长夜在人类文明史中是空前的,然而,假如我们客观深入地研究这段历史,就会发现:在这一千多年中,在极其艰难的条件下,欧洲在科学思想的吸收、普及、教育和实用技术的发明等方面,仍然有一定的建树。尤其在农业技术、冶炼和铸造方面有长足进步,这一时期欧洲还通过阿拉伯引进了不少科学成果。早在9世纪,有些基督教的"异教徒"就翻译和注释阿拉伯的科学著作,在欧洲的侵略者占领君士坦丁堡后,翻译了大量希腊人和罗马人的著作。另有一大批科学的殉道者不怕高压、不畏艰险,用他们的汗水和鲜血为近代学的诞生奠定了基础。

(一)农业发展与技术进步

科学在黑暗的统治下不可能得到发展,但技术的进步却是任何势力也不可阻挡的,因为少数的科学家可以控制,但广大的劳动人民却会坚定地为更好的生活而奋斗。

欧洲中世纪发展比较迅速的是农业技术。他们首先普及使用了铁犁,用畜力代替人力;还懂得了二圃和三圃的休耕制和轮作制,以恢复地力,提高产量。十字军东征以后,他们把东方的水稻、棉花、甘蔗都引种到了欧洲。围海造田、改良土壤、农产品加工等方面的技术也都有了较大的进步;有了水力磨房、风力磨房;对家畜的饲养和使用,也有了较快的发展。

欧洲中世纪玻璃制造业有了明显的发展,眼镜片、油灯等都先后研制出来了。在冶炼和铸造方面,他们从阿拉伯引进风箱,掌握了熔铁和铸铁技术,还引进了中国的四大发明。总之,欧洲中世纪虽然被宗教神学所统治,但是欧洲人还是学会和掌握了当时世界上的许多先进技术,从而逐步改变了长期的落后封闭状态,发展了生产。

(二)异教徒与科技翻译

欧洲中世纪科学发展的一个方面是翻译了大量的希腊、罗马和阿拉伯的科学著作。早在9世纪，有些基督教的异教徒就翻译和注释阿拉伯的科学著作，在欧洲的侵略者占领君士坦丁堡后，翻译了大量希腊人的著作。另外，十字军东征时，也召集了一大批穆斯林学者、基督教徒和犹太学者，翻译科技名著，翻译的代表作有托勒密的《天文学大成》等80多种。在11—13世纪，这种翻译工作达到了高潮。

值得一提的是，欧洲中世纪的科学成果，大部分是在宗教的圣地——修道院中完成的。

（三）大学的创立与新世纪的曙光

经院哲学从11—12世纪开始日趋混乱，一些老牌的修道院威信扫地。在这种情况下，出现了各种类型的世俗性学校，这些学校有的是公立的，有的是私立的。早期的这类大学更像是从事科技活动的学会或协会。后来，随着学生的增多和教学制度的正规化，才有了作为高等教育机构的大学。世界著名的大学如法国的巴黎大学、英国的牛津大学、剑桥大学都是在这一时期建立的，这些学校的兴起，标志着欧洲中世纪科技教育的发展。欧洲各大学的创立和发展经历了很多的艰难曲折，主要的还是教会势力的干预——他们想方设法控制大学，大肆迫害大学中传授真正知识的学者。但是，进步潮流不可阻挡。世俗大学克服了重重困难，顽强地生存下来，在与神学修道院的斗争中不断地发展壮大，培养出了一批又一批反对宗教神学和封建势力，献身于科学技术革命的精英，为文艺复兴准备了中坚力量。

第五章 独领风骚的中国科技

当欧洲在中世纪的漫漫长夜中艰难跋涉时，独领风骚的中国古代科技呈现出蓬勃生机。具有极强实用性的四大发明，为欧洲近代科技勃兴提供了条件。然而中国封建社会自给自足的经济形式，束缚了科技发展的质的突破，这是中国科技落后于西方的重要原因。

中国东临浩瀚的太平洋，三面都是绵延高峻的山脉，形成了相对封闭的地理环境。然而，境内黄河流域、长江流域的肥田沃土，广博大地的丰富资源，养育了独立自主的中华民族。

中国古代的科技文明在先秦时代就达到了令人称奇的高度。公元前221年，秦国完全征服了齐、楚、燕、韩、赵、魏等六国，结束了春秋战国时代诸侯争霸的战乱局面，建立了高度中央集权制的统一帝国。这种封建政治统治在各朝各代延续下来，不断完善，促进了政治格局的相对稳定，并保证了中国版图的完整统一。长时期稳定的政治局面，为中国科技迅猛发展提供了良好的条件。当欧洲大陆正在中世纪的漫漫长夜中艰难跋涉时，中国古代的科技文明却已发展到鼎盛阶段。

中国古代的农学、药学、天文学、数学自成体系；陶瓷、丝织珠联璧合；各类建筑独具特色；造纸、印刷术、火药、指南针四大发明有口皆碑……这一切对世界历史的发展产生了深远的影响。

一、造福世界的四大发明

中国古代的四大发明是指造纸术、指南针、火药和印刷术。

指南针为探索者指引方向，跨越高山大海的交流促进了人类共享文明成果和共同发展。火药人类掌握了改造自然的巨大力量，开山辟地不再是遥远的神话。造纸术的普及和印刷术的推广，使知识不再成为少数人的专利，使人类共享精神财富成为可能。

在公元前 2 世纪的西汉时，中国已能制造植物纤维纸；公元 105 年，蔡伦制成了辘褛纸，使造纸工艺完善起来。春秋战国时，人们已经知道磁石吸引铁的性质，后来人们用磁石制成了司南，到了宋代已用于航海。宋人还掌握了多种装配指南针的方法，认识到了磁偏角。唐代炼丹家在做硝石点火时发现了黑火药，五代与北宋期间开始用于战争，又发展成各种火药武器。隋朝时，我国人民从刊章、拓印中受到启发，发明了雕刻印刷术，起初用于印刷佛经、佛像、历纸等民间常用物，五代时开始刻印五经。北宋仁宗庆历年间，毕昇发明了活字印刷术，以后不断改进，出现了锡活字、钢活字、铅活字等。

蔡 伦

四大发明是中国人民对世界文明作出的巨大贡献，对近代资本主义的产生起了推进作用。马克思就曾经把印刷术、火药和指南针，看做"预告资产阶级社会到来的三大发明"。

（一）纸——文明的载体

在纸出现以前，由于缺乏合适的载体，书写极不方便。这在很大程度上制约了古代科学技术的发展，限制了学术的交流和文化成果的积累。有了纸以后，人们才能大量抄书、藏书，才需要发明印刷术，以更大规模地印书。书籍的增多，使人类的文化知识得以较完整地保存下来，更广泛地传播，从而促进整个社化文化水平的提高。甚至可以说，没有汉代纸的发明，就没有灿烂的唐宋文化。在欧洲，人们评价说，纸是发生文艺复兴和宗教改进的重要因素。因此，纸的出现大大推动了整个世界文化的发展，促进了人类社会的全面进步。

那么，纸是怎样发明出来的呢？

早在四千多年以前，我们的祖先把文字用刀刻在乌龟壳和牛骨头上，称为"甲骨文"。随着社会的发展，记录文字的材料有了改进，大约在3000年前，人们在青铜器和石头上刻字，后来古人又在竹片或木片上用刀刻或用漆、墨写字，那些竹片或木片叫做"简"。写一部书，要用许多的简，这些简必须用绳子连起来才能阅读，所以我们现在称书的量词为"册"。我们可以想象得出，用简写成的书必定非常笨重，不便于携带。据《庄子》记载，战国时代的学者惠施，藏书比较多，出门旅行时装满五辆大车。为此，现在人们还用"学富五车"来形容一个人书读得多，学问渊博。其实，这五大车的竹片、木片上写的东西，在数量上大概还比不上现在一书包的书。

后来，有人开始用丝织成的"帛"来写字。用帛写字，要比简方便得多，而且帛又轻又软，还可以卷起来，所以今天我们还说"开卷有益"。帛书虽然方便，但丝织品的价钱很贵，普通人用不起，因此，直到汉代，这样的"帛书"和"简"（多是容易保存的竹简）还同时被人们应用着。

我们在前面介绍过，古埃及人在一种叫纸草的植物的草茎薄皮上写字，古印度人在一种叫做贝多罗的植物的叶片上写字，巴比伦人则在泥板上记载天时，欧洲人直到五六百年前，还在使用"羊皮纸"，就是去了毛的光滑的羊皮。据说抄一部圣经要用300多只羊的皮，价钱当然很贵，所以，那时欧洲的图书馆，竟要用铁链条把书锁在桌子上，以免丢失。

不管是竹简、丝织品、草叶，还是羊

上图：蔡伦向皇帝介绍他发明的纸
下图：《天工开物》中的造纸插图

皮，这些五花八门的书写用品都有严重的缺陷。人类急需发明理想的书写载体。

据推测，最早的纸大约发明在秦汉之际，那时蚕丝业已经很发达了。人们常利用质量较次的茧，煮了以后铺在席子上，浸到河水中去，用棍子敲烂做成丝棉。取下丝棉后，在席子上就会留下薄薄的一层纤维，晾干后就成了很薄的一片纸。后来，人们就有意识地把废丝棉放在水中捣烂，再用席子把它捞起来滤掉水分，干后就成了纸。这样的纸就叫"絮纸"。直到现在，造纸还是利用了这个基本原理。有人认为，"纸"字的偏旁是"纟"，最早的纸一定是和蚕丝有关系的。这种看法是有道理的。

从事这项手工业的妇女，人们称之为"漂母"。据说汉代开国功臣韩信发迹之前曾穷困潦倒，全仗一位漂母资助才得以活命，最终成就了一番事业。可见当时有不少妇女在从事"漂母"这个职业。

蔡伦对造纸技术的发展做出了重大贡献。蔡伦是东汉来阳（今属湖南）人，当时在皇宫里做太监，曾监制过各种皇室用的物体，对工艺制造十分内行。他在总结了西汉以来造纸经验的基础上，进行了大胆的试验和革新。在原料上，除了采用破布、旧渔网等废旧麻类材料外，同时还采用了树皮；在工艺上，采用泡沤与石灰共煮的方法。公元 105 年，他试验成功，造出了质量却较高、成本却低的"褴褛纸"，并奏请皇帝推广了他的方法。这种纸很快受到了人们的热烈欢迎，大家称之为"蔡侯纸"。

中国的纸很快就传到了国外，但造纸方法比较难于传播。公元 750 年，当时住在天山一带的突厥人起了内乱，一部分请求阿拉伯援助，另一部分请求中国援助。第二年，唐朝大将高仙芝率领的唐军和阿拉伯军队交战失利，许多士兵被阿拉伯军俘获，其中就有造纸工人在内。不久，阿拉伯人便请这些造纸工人在巴格达等地建立了纸厂。此后，造纸技术从阿拉伯向西传播到埃及、西班牙、土耳其等地，而后才传入其他国家，德国在 14 世纪末才会造纸，英国更是迟至 15 世纪才有了自己的造纸工厂。从这以后，西方文明迅速崛起并超过了东方，在世界上居于主导地位，这恐怕在很大程度上依赖于纸的广泛应用。

（二）火药与炼丹术

火药是方士在炼丹过程中发明的。

炼丹术就是炼制能使人长生不老的丹药。炼丹术在中国一直很兴盛，甚至得到历代皇帝的支持。方士在炼丹中，常要用到硫黄、硝石、木炭三种物品。大约在西汉年间，我国湖南发现了丰富的硫黄矿。此后，在山西、河南等地，也陆续发现了硫黄矿。因为硫黄可以和多种金属发生反应，还能和方士眼中神奇的水银（汞）发生反应，所以成为方士炼丹的必需品。

硝石也是一种矿物，出产于四川、甘肃一带。它是一种强氧化剂，在加热时能放出氧，容易发烟发火，所以也被人称为烟硝或火硝。由于硝石的化学性质活泼，能和许多物质发生作用，所以方士在炼丹中，常用硝石来改变其他药品的性质。

方士在炼丹的实践中，渐渐发现硫黄、硝石、木炭三种东西混在一起，弄得不好，就要引起燃烧甚至爆炸。这种情况发生得多了，自然会引起方士的注意。于是就有人专门进行这类试验，不断积累经验，改进配方。由于硫黄和硝石都是能治病的药，又因为它们和木炭混在一起会发火，因此人们就把这三样东西的混合物叫做火药，意思就是"发火的药"。由于这种混合物颜色接近黑色，所以通常又被人称为黑火药。通过炼丹，人们终于认识了火药燃烧爆炸的性能，掌握了火药的配制方法。火药发明后，立即得到了广泛的应用，在北宋晚期，它就被民间用来制造烟花爆竹，给人们的生活带来了很多乐趣。火药的更大用途是在军事上。1259年，南宋制成了突火枪，宣告了我国古代管形射火器的正式诞生。

不容置疑，中国人的烟花爆竹确实五彩缤纷，独具匠心，但在军事上的应用却少得可怜。清朝军队在抵抗英法联军的入侵中，以弓箭和大刀迎战敌人的火药枪，数以万计的军人还没有看清敌人是什么样子就倒在血泊中。

火药的发明是我国人民的重大贡献，于13世纪传入阿拉伯国家，13世纪末14世纪初传到了欧洲，在世界上产生了重大的影响。欧洲在引入中国的火药后，发明了枪炮，为他们野蛮的殖民掠夺找到了最有效的武器。

火药的发明和蒸汽机的发明一样重大，它使人类掌握了无比巨大的力量，大大增强了改造自然的能力。

（三）"慈"石与指南针

传说四千多年前，黄帝联合炎帝激战蚩尤时，由于发生了大雾，炎、黄一方的士兵认不清方向,因而吃了败仗。后来,黄帝造出了一种指南车,能在雾中认清方向,最终打败了蚩尤领导的九黎族。此后,炎黄二族才能在中部地区过上安稳日子,繁衍不息。这个传说不见得可靠,但是反映了我们的祖先很早就希望能够准确地辨别方向。

指南针的发明是从人们对磁现象的认识开始的,我国古代对磁现象的研究早于世界其他国家。秦始皇统一中国后,为自己在京城咸阳建造了一座"五步一楼,十步一阁"、富丽堂皇的宫殿——阿房宫。相传为了防备刺客进入皇宫,特意叫人用磁石做成宫门,叫做"慈石门"。一旦有刺客身怀利刃企图进宫行刺,立刻就会被吸向大门,然后束手就擒。"慈石"是古代人们对磁石的称呼,因为磁石能牢牢地吸住铁器,但慈石毕竟是没有感情的石头,所以后来人们就把"慈"字底下的"心"字去掉,换上个"石"字旁,这样,慈石就写做磁石了。

秦始皇用磁石来防刺客,可在他之前几百年的战国时,已有人发现磁石能辨别方向的性能。战国时代的《韩非子》这本书里,就记载了人们利用磁石的这种特性,制成了最早的指南针——司南。司南,就是指示南方的意思。它的样子很像我们现在用的汤勺,有一个长长的把柄,底部溜圆,易于转动。它是用磁石制作成的,使用的时候,把它放在一个分成 24 个方向的光滑铜盘上,用手轻轻一拨转动起来,等到它停下来时,长柄指着的方向就是南方。

中国的指南车

司南发明后,并没有得到广泛的应用,因为它还是比较笨重,不便携带,使用时还必须有平滑的铜盘,加之司南的磁性比较弱,在和铜盘的接触中摩擦较大,所以指向效果并不十分理想。例如司南发明以后,它很快就在航海中被试用了,但应用受到了限制,因为运用司南时一定要把铜盘放平,这在船身颠簸的海洋上是难以办到的。

据史书记载,东汉时杰出的科学家张衡发明过指南车,可是他的制造方法不久就失传了。到了三国的时候,又重新造出了指南车,不过造法还是没有流传下来。直到北宋中期,有个叫燕肃的人造了一辆指南车献给皇帝,并特地写了一篇说明,详细介绍了指南车的形状和内部结构,我们才知道了指南车的造法,不过,这种指南车比较笨重,携带和使用多有不便,而且制造方法复杂,因而实用价值不高。

大约在11世纪的宋朝时,指南针有了重大改进。人们发现钢铁在磁石上摩擦也会产生磁性,于是就有了人造磁铁,指南的仪器又前进了一大步。当时的人们把有磁性的薄铁片做成鱼的形状,鱼肚子是空的,能轻巧地浮在水面上。这条小铁鱼放在盛水的碗里可以自由转动,当它停下来的时候,鱼头会灵敏地指向南方,所以人们称之为指南鱼。它比司南轻便、灵敏、准确多了。人们后来又进一步改进了指南鱼的形状,做成了细针状,这就是指南针了。宋朝沈括在《梦溪笔谈》里谈了好几种固定指南针的方法大约到11世纪时,指南针已经应用在航海上了。我国明代著名的航海家郑和,曾七下西洋(即今天的南洋)。他率领庞大的船队航行于无垠的大海中,水天一色,长时间看不到陆地,怎样才能辨别正确的方向呢?郑和的船队掌握了当时世界上最先进的航海技术,其中就包括航海罗盘。罗盘是由指南针和一个刻有方向的盘组成,用以确定航向,它可以指引着船队沿着正确的方向前进而不至于迷失方向。没有指南针的发明,郑和的船队不可能顺利到达目

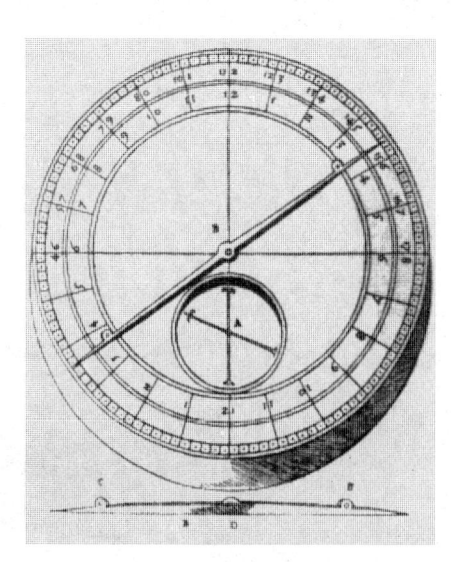

15世纪欧洲的指南针

的地，更不可能在历史上首次开辟出横渡印度洋的航线。郑和谱写了世界航海史上辉煌的一页，指南针在其中扮演了关键性的角色。

也是由于指南针的帮助，12世纪时，我国和阿拉伯之间的海上交通频繁起来，指南针就是那时传到阿拉伯的。远距离的航运极大地促进了世界经济文化的交流。

（四）《金刚经》与印刷术

自从有了活字印刷术，人类文明的发展进入一个新的阶段，而其发明者毕昇，则是人类文明史上永远熠熠生辉的一颗明星。

1900年，甘肃敦煌莫高窟发现了5万多件唐代的文物，其中最珍贵的是一卷雕版印制的《金刚经》，因为它是迄今为止人们发现的世界上最早的印刷品，其末尾有"咸通九年四月十五日"等字样。咸通九年，就是公元868年，距今已有1130多年了。这一卷《金刚经》是我国古代发明印刷术的一个重要见证。

雕版印刷的金刚经

前面我们曾经讲到，乌龟壳、兽骨、青铜器、竹筒都曾被用来书写文字。东汉末年，蔡伦发明的纸开始普遍使用，但书籍的流传还是靠手工互相传抄，容易出现错误。

汉灵帝熹平四年，大臣蔡邕向汉灵帝建议把一些经典著作如《诗经》、《尚书》、《春秋》、《周易》等，校正出标准版本刻在石碑上，作为核对经书文字的依据。石碑刻成后，立在洛阳的太学门口处，每天都有许多人赶来抄写石碑上的文章，或者拿着已有的抄本进行核对。高峰的时候，1000多辆大大小小的车辆满载着四面八方的读书人来到这里，可谓车水马龙，热闹非凡。这些刻在石碑上的经文，被称为"熹平石经"，现在还有一些残块保存在西安的碑林里。聪明的读者或许已经联想到了，制作"熹平石经"的方法，往前再走一步，就是雕版印刷了。事实的确如此。

制作雕版的方法，和刻印章的方法基本一致。但是为了移动的方便，绝大多数雕版起初都选用木材，而且一般选适于雕刻的枣木或梨木。先把字写在薄而透明的纸上，字面朝下贴到板上，按照字形，用刀一笔一画地雕刻出文字（一般刻成阳文，即凸出的文字）；然后在刻成的版上加墨，把纸张盖在版上，用刷子在纸背上均匀揩拭，文字印到纸上就成为正字了，揭下来就成了印刷品。

在敦煌莫高窟藏经洞里发现的那部《金刚经》，雕刻精美，刀法纯熟，图文凝重，墨色匀称，文字清晰，雕刻技术已达到了高度熟练的程度，是我国也是世界上最早的有明确日期的印刷品，这说明雕版印刷术的出现比公元868年还要早。而欧洲现存最早的有确切日期的雕刻印刷品，是德国南部的《圣克利勘斯托菲尔》画像，日期是1423年，晚于我国约600年。

雕刻印刷比起手工手写来是一个巨大的进步。一部书只要一次制版，就可以印刷很多部，极大地提高了效率。可是，雕版印刷在人力和材料等方面的浪费很大，一副版刻好之后，这副版就成了"死版"，它只能印刷一种书，有了错误也不好改正。公元971年，宋朝政府主持在成都刻印《大藏经》化了数年时间，雕版达13万块之多。这部书的刻版一方面反映了当时雕版技术的发达，同时也暴露了雕版工作量太大的缺点。最可恶的缺点莫过于一个字刻错，整个版都作废了。在这种情况下，活字印刷便是雕版印刷发展的必然趋势了。

活字的发明，借用了烧瓷的方法。1041—1048年间，宋朝的一个普通平民毕昇用胶泥做成字胚,再放在窑里烧成瓷一样硬的字块,便成了一个"活"的字。印书的时候,把字一个一个排好,按需要放在一块洒了松香和蜡的铁板上面,用一个铁框把这些字框起来;再用火在铁板底下烤,使松香和蜡等熔解,同时把排好的活字压平,冷却以后,一排排整齐的字就凝结得很牢固了,然后同雕版一样进行印刷。印完后把铁板烧热,使松香和蜡熔解,把活字拆下来,下次还能再用,这样节省了很多的人力,效率较高。

北宋时期的著名科学家沈括在他所著的《梦溪笔谈》里,详细记载了这一印刷技术,并大加赞扬。新中国成立后,曾在北京图书馆里发现了好几种用泥活字印的书,证明了《梦溪笔谈》里关于毕昇泥活字的记载是真实可靠的。

一个新的发现在诞生的时候常常不是十全十美的。毕昇的泥活字容易破碎,耐久性比较差,所以活字印刷推广比较慢。但是,毕昇的发明使"死板"变成了"活字",这是一个根本性的革新。直到电脑出现,印刷术的改进并没有脱离毕昇的基本思路。

元朝的时候,有人试验用锡做活字,这是世界上最早的金属活字,可是锡不沾墨,印出的字不清楚,所以并没有流行。元代著名学者王祯用木活字印书以后,使活字印刷得到迅速发展。根据沈括《梦溪笔谈》的记载,毕昇也试制过木活字。但是,毕昇发现木材有伸缩性,沾水以后就膨胀起来,排版时凹凸不平,所以才用胶泥做活字。王祯创造了一套木活字印刷的工艺解决了这些问题。他把字样糊在木板上雕刻,用细齿锯子把字一个个锯开,再加以修饰,使每个活字都符合标准,大小高低相同。排版的时候,把木活字一个个排到木盘里去,排满一行,就用削好的竹片隔开,把有空隙的地方用削好的小木片塞紧,使木活字不能移动。这样,就可以印书了。

王祯还是个有名的农业科学家,写过一部《农书》。他把制造木活字的方法及排版、印刷的经验详细地记载了下来,命名为《造活字印书法》,附载在《农书》中,这是世界上最早的讲活字印刷的著作。

自王祯以后,木活字印书一直在我国流行。清乾隆38年,即1773年,由清政府组织,专门学者负责,曾经用枣木刻了约253500个大小活字,印行《武英殿聚珍版丛书》,该《丛书》包含了历代古籍138种,总计2300多卷,这是我国历史上规模最大的一次木活字印书。

后来,我国的活字印刷经由新疆到波斯、埃及,传入欧洲。活字印刷技术的最后一次重大革新发生在欧洲,大约在 1450 年前后,德国人谷登堡在中国活字印刷的基础上,用铅、锡、锑的合金制成了欧洲字母文字的活字,发明了铅活字印刷。这种铅字冷却凝固后笔画清晰,印刷时又能"吃牢"油墨,是一种理想的活字。直到 20 世纪 70 年代,我们看到的大多数书籍,都还是用这种铅活字印刷的。

活版印刷术的发明和不断改进,给人类文化的传播开辟了极其广阔的道路,对于推动世界文明的发展起了难以估量的作用。四大发明是中国古人对全世界最重大的贡献,在人类文明发展史上,有着不可替代的重要地位。

二、时间的学科——天文学

中国古代天文学包括阴阳历法的制定、天象观测、天文仪器的制造和使用以及宇宙构造理论。大概到了汉代,中国即已形成了自己独特的天文和历法体系,特别是在天象观测记录的丰富性、完整性方面,中国一直走在世界各文明古国的前列。中国古代天文学事业的发达,和历朝皇帝的重视是分不开的。首先,准确的历法是农业生产的基本保障,"民以食为天",因此,历法是皇朝的头等大事。此外,古人认为天象往往与人事有关,注意天象的变化关系到朝代盛衰,天灾人祸,天文学也就受到了特殊的重视。天文学家一般都是政府高层官员,他们不仅"敬授人时",而且揭示"天"行之道,不仅为农业生产服务,而且为"天子"服务,这种特殊的地位可能是中国天文学比较发达的重要原因。

(一) 浑天仪与地动仪

张衡(78—139 年),东汉时期著名的天文学家和文学家。他的《东京赋》和《西京赋》奠定了他在中国文学史上的地位,而他在科学上最为突出的成就是浑天理论以及他所制造的候风地动仪和漏水转浑天仪。张衡的浑天学说以及据此发明的浑天仪与地仪,被英国科技史家李约瑟称为"地震仪的鼻祖"。

张衡的浑天理论记载于他的著作《灵宪》中,在该书中,他提出了阴阳辩证的宇宙起源理论，指出虽有天球但宇宙无界，他还用距离的大小解释行星运动的快慢。张衡根据其浑天学说，创造性地研制了世界上第一架自动的天文仪器——流水转动的浑天仪，以流水为动力推动仪器转动。这个"浑天仪"做得十分巧妙，人坐屋子里看着仪器，就能知道星星在天空的位置，而且实际情况和仪器显示的基本上一样。

张衡曾任东汉的太史令，他除了观察天象以外，还要记录各种灾害。为了记录地

张衡发明的地动仪

震，张衡又开创性地研制了世界上第一架测地震的仪器——候风地动仪，这个地动仪更是驰名中外。这架仪器是铜铸的，形状像个酒坛，四周附着八条龙，龙头对着东、南、西、北、东南、西南、西北、东北八个方向。龙嘴是活动的，里面衔着一颗小铜球。在龙头的下面，都放了一个张大了嘴的铜蛤蟆。要是哪个方向发生了地震，正处这个方向的龙嘴就会自动张开，铜球"当"的一声恰好落在铜蛤蟆的嘴里。公元 138 年，这个地球仪才造好不久，有一天，正对西方的龙嘴突然张开了，铜球落了下来，说明洛阳的西方发生了地震。可是洛阳的人都没有震感，学者和官僚们议论纷纷，有的人还讥笑张衡的地动仪不灵。但没过几天，陇西有人来禀报，那一天当地发生了地震，大家这才相信地动仪确实灵敏。

（二）《大明历》与祖冲之

祖冲之在《大明历》中引入"岁差"，对已经使用上千年的旧历法做了修改，这在当时是异常重要的建树。

祖冲之（429—500 年）在数学和天文学上具有重大的成就。最著名的数学成就是他求出了精确到小数点后 7 位有效数字的圆周率：$3.1415926 < \pi < 3.1415927$，这一数字在世界上处于领先地位长达一千多年。为了计算方便，祖冲之还求出了用分数表示的圆周率 355/113 和 22/7。圆周率就是圆的周长和直径的关系，做一个圆，在平地上滚动一周，测出滚过的距离，与圆的直径相除就得到圆周率了。为了使这个比数精确，在工艺上需要把圆做得足够

圆，测量时可以滚动许多圈。当然，也可以用一软尺直接测量圆周长。关键就在于如何达到一个很高的精度，在这方面，祖冲之花了许多功夫，使用了许多技巧。

在天文学上，祖冲之的主要贡献是制定了相当准确的历法。他的《大明历》弥补了前人天文历学的缺陷。

首先，他把前人发现的"岁差"现象（地球每绕太阳一周，冬至点就要稍稍后退一点，也就是向西移一点，这就叫"岁差"）纳入历法编制中，使历法更加准确；其次，他制定了每391年设144个闰月的置闰周期；第三，他推算出回归年长度为365.2428148日，与现在的推算值只差46秒，他还明确提出交点月的长度为27.21223日，与今日测算比较只差1秒左右。祖冲之所用的一些基本天文常数普遍达到了相当精确的程度，其《大明历》也长期被后世历法制定者沿用。

公元462年，祖冲之请求宋孝武帝刘骏颁行《大明历》。刘骏有个宠臣叫戴法兴他出来反对。祖冲之凭着渊博学识和实践经验，批驳了戴法兴的种种刁难。戴法兴最后蛮横地说："历法是古代传下来的，不能改动，改动了就是亵渎上天，叛祖离道。"祖冲之毫不畏惧，义正词严地说："你如果有事实根据，尽管摆出来，空话是吓不倒我的。"戴法兴被驳得理屈词穷。但大臣们怕得罪戴法兴，都附和他，只有巢尚之一个人站在祖冲之这边，巢尚之核对过去几年发生的四次月食，证明用祖冲之的方法来计算，都是准确的，而用戴法兴的方法来计算，出入都很大。他坚决主张采用祖冲之的《大明历》。争论继续了将近两年，孝武帝才决定下一年颁行《大明历》，不料这一年他死了，事情就又被搁置起来。后来朝代更换，祖冲之也去世了，经他的儿子祖日恒一再上书请求，直到公元510年，梁武帝尚衍才正式颁布采用《大明历》。这时候，祖冲之已经去世10年了。

祖冲之不仅是一位杰出的天文学家，而且还是一位多才多艺的机械发明家。他制造了一辆铜铸的指南车，随便车子怎么拐弯，车上的铜人总是指向南方。为减轻农民舂米磨谷的负担，他还发明了一种利用水力转动石磨来舂米磨谷的水碓磨。这种水碓磨，现在在我国农村中还广泛使用。

（三）僧人天文学家一行

在中国历法史上，唐代僧人一行（683—727年）所主持编制的《大衍历》具有特殊的意义。

一行俗名张遂,早年住在京城长安,潜心研究学问,尤其喜欢数学和天文。有一回,张遂向长安城外元都观很有学问的道士尹崇借了一部哲学著作《太玄经》,过了几天张遂就去还书了。尹崇发现,书中的一些道理他研究了好些年还没有弄明白,张遂却已经弄清楚了,因此得到尹崇的称赞。张遂的名声,很快就在长安城传开了。由于不愿和当时女皇武则天的侄子武三思这种飞扬跋扈的人来往,但又怕遭到迫害,张遂就到嵩山少林寺去当了和尚,取法名为"一行",继续潜心研究学问。公元717年,唐玄宗即位,为了整理和编纂国家藏书,派人硬把一行请到了长安,后来又让他主持修改历法,制定新历。为此,他组织了一大批朝野天文学家系统地进行天象观测,特别是直接观测太阳在黄道上的运动,作为改历的基础。首先,一行运用梁令瓒设计的黄道游仪,系统观测记录了日月星辰运动的资料,废除了过时的数据,采用新的更加符合天象的数据;其次,为了使新历法在全国各地均能通用,一行领导对全国的大地测量,结果之一是否定了长期以来为人信奉的"南北地隔千里,影长相差一寸"的说法,得出地球子午线一度相隔129.22千米(今日测量111.2千米)。从725年开始着手编制,直到727年一行死前不久方完成的《大衍历》,是当时最好的历法,它形成了我国成熟的历法体系,为后世所仿效。

(四)"中国的第谷"——郭守敬

元代天文学家郭守敬(1231—1316年),多才多艺、心灵手巧,以其在天文仪器制造以及天文观测上的重要成就,把古代天文学推向了顶峰。

高质量的科学观察需要高质量的科学仪器,天文观察的准确度和精确度首先在于能否制出良好的天文仪器。元代天文学家郭守敬制造的天文仪器,其精巧和准确的程度都超过了前人,使我国的天文仪器在元代发展到一个新高度。在圭表制造方面,郭守敬创造性地运用"高表"及"景符",使测影精度大大提高。在浑仪制造方面,郭守敬发明了简仪,改变了过去旋环过多,不利于观测的状况。他把浑仪分解为两个独立的装置(赤道装置和地平装置),并且在窥孔上加线,提高了观测精度。除此之外,郭守敬还设计制造了仰仪(观测太阳)、七宝灯漏(自动报时)、星晷定时仪(以恒星位置定时刻)、水运浑象、日用食仪等天文仪器。

清朝初年，西方的传教士汤若望来到中国，看到郭守敬创造的天文仪器，表示非常敬佩。他尊称郭守敬为"中国的第谷"。第谷是16世纪欧洲著名的天文学家，也制造了许多天文学仪器并进行了大量翔实的天文观测。

郭守敬不仅是一位杰出的仪器制造专家，还是著名的天文观测家，他所参与创制的《授时历》是我国历法的最佳典范。它定回

黄道经纬仪

归年长度为365.2425日（与今天世界通用的格里高利历即公历一样），和地球公转周期只差26秒，并正确地认识到回归年长度古大今小。《授时历》对旧历法作了七项重要的改正，还有五项重要的创新，因而成为我国古代最好的一部历法。而郭守敬所首创的推算日月星的运动的"创法五事"，则将天象预测科学推向了高峰。

科学成果与科学手段是紧密相连的，只有新的手段才能揭示新现象，把握新规律。郭守敬的成就直接得益于他对观测设备的改造。

但中国的天文学到此就趋于停滞了，而西方的第谷将毕生所学传给了开普勒，开普勒进一步深入发掘天体运行规律，提出了行星运动三定律。牛顿再进一步，揭示出行星运动的万有引力定律。

三、生存的学科——农学

中国长期处于农业社会，历代统治者都非常重视农业，把农业看做是立国之本。中央和地方的各级政府都设有专职官员管理农业，学者、官员经常深入农业生产实践中去考察、研究，总结劳动人民所积累的农业生产经验，使之知识化、科学化、系统化，从而建立了发达的农学体系。中国农学认为

对农业生产起决定性作用的有天、地、人三大要素，包括时令气候、土质水文、田间管理等环节，历代农学家在劳动人民生产实践的基础上，对影响农业的相关因素都做过十分细致深入的研究，使得土地越种越肥，产量越种越高，农业始终处于良性循环的发展之中。在这个过程中，创作出了大量的农

车 水 图

学典籍，涉及农业生产的各个方面，其中最著名的要属《齐民要术》和《农政全书》。

（一）《齐民要术》与良种杂交

　　《齐民要术》是我国现存最早的一部大型农学著作，其作者是南北朝时期北魏的贾思勰，大约成书于公元533—544年间，全书共92篇，正文及注释合计11万多字，分成10卷，内容包括农作物栽培、土壤肥料、果树蔬菜、畜牧兽医、养鱼育蚕、农副产品加工等各个方面，几乎是一部农学百科全书，不仅在当时起过重要作用，而且对后世农业生产及农业科学的发展也有着深远的影响。贾思勰在长期实践中发现通过选择良种，进行杂交，可以培育出新的高产品种，进而指出植物退化的原因是种子的问题。贾思勰在著述中解释了人工选择良种，人工杂交研究及定向培养良种的育种原理。1300多年之后，生物进化论的创始人、19世纪英国伟大的生物学家达尔文说他的人工选择理论是从"一部中国古代的百科全书"中得到启发的，从达尔文所引过的内容来看，这部书就是《齐民要术》。可见，《齐民要术》在世界农学史和生物学史上都占有相当重要的地位。

（二）集古代农业之大成的《农政全书》

　　《农政全书》成书于明末，由杰出的科学家徐光启编写而成，是我国传统农学的集大成之作。全书共60卷50多万字，分农本、田利、蚕桑、种植、牧养、制造、荒政等十二项，书中阐述了进行农业生产的基本指导思想，记录了已有的农学研究成果，系统总结了我国古代农学所取得的杰出成就，并提出了许多新的思想，具有十分重要的价值。徐光启幼时从事过农业生产劳动，对农业技术问题一直很有兴趣，后来考取进士，长期供职于明代翰林院。他阅读并留心收集了大量的农书，认真总结各种农作物的种植经验。

　　1617年，由于受到政敌攻击，徐光启离开北京来到天津，在海河边组织农民做种植水稻的试验，当时人们普遍认为北方不宜种稻，即使勉强种植，收成也一定不好。徐光启不为所动，专门从江南聘来种稻能手，共同潜心研究种植技术，反复摸索，最后获得丰收。徐光启晚年辞官回家，编写《农政全书》，殚精竭虑，至死不休，为后人留下了宝贵的学术遗产，为农业科学的发展作出了巨大的贡献。《农政全书》在明崇祯十二年（公元 1639 年）印行，半个世纪以后流传到了日本，日本第一部重要的"百姓"农书《农业全书》中大量引用了《农政全书》和其他中国农书，由此可见此书影响之大，这也从一个侧面说明了中国农学对于世界农学的贡献。

我们必须看到，尽管中国农业技术一直都比较先进，但人口的增加始终超过了土地供给的粮食，始终面临着食物问题。因此，绝大部分的建筑师、医生、教师等都是半专业半农业。在农忙时节，更是全力以赴从事农业生产。

（三）隋炀帝与京杭大运河

农学的发展，是以农业生产的发展为基础的，但同时也对农业生产的发展起着巨大的指导和促进作用。秦汉以来的一千多年间，中国的农业技术就一直处于世界领先地位。在这中间，历代的水利工程对农业生产和社会生活的巨大影响是不可忽视的，除了前面介绍过的都江堰水利工程之外，京杭大运河尤为突出。

贯穿南北的京杭大运河，起初是隋炀帝杨广为了更自由地欣赏南北不同的风情和更方便地享用各地的物产，而动用百万民工挖掘的。这是世界上修建时间最早、跨度最长的一条人工河，也是世界工程史上的一个奇迹。这条大运河，以洛阳为中心，南抵余杭（今杭州），北到涿郡（今河北涿州）。当时隋朝的统治中心就在东都洛阳，大运河的开凿，不仅加强了政府对南方的政治军事控制，并能将南方的粮食和丝绸运来，促进了国家的统一和南北两地的文化交流。

大运河沟通了海河、黄河、淮河、长江和钱塘江五大水系，是世界水利史上的伟大工程。即使从现代的眼光看，这样巨大的工程，无论是设计、施工还是管理使用，都需要综合应用测量、计算、机械、流体力学等众多学科的知识，需要解决一系列科学技术的难关，还要考虑复杂多变的地理环境，确实是一项非常了不起的科技成就。

唐宋以后，大运河主要用于运输粮食。此外，南方生产的丝绸、茶叶和北方出产的豆、梨、枣等，也从大运河南调北运。大运河沿岸的德州、临清、东昌、淮安、扬州、镇江、杭州等，都因为有了运河而发展成为当时著名的工商业城市。

元朝建都"大都"（现在的北京）时，江南运来的粮食还是要依靠隋朝建造的这条运河输送，绕道洛阳，很费周折。为了改变这种情况，提高运输效率，1283年，元世祖忽必烈下令在山东挖通一段运河，直接连接起江苏和河北原有的运河，又从涿郡把运河延伸到北京，形成了全长1700千米的京杭大运河，目前仍是世界上最长的运河。

在运河与黄河的交叉处，修建时选择了这段运河上的最高点，然后设法把运河连通的水系全部汇集到这里，使它们向南北分流，这样不仅增加了运河的水量，还由于采用水流由运河注入黄河的办法，从而使运河在穿过黄河时，避免了黄河泥沙进入运河，堵塞河道这个大问题。运河两岸，利用有利地形建筑了蓄水的"水柜"，解决了运河的水源问题。此外，还修建了30多座水闸，节节控制水量，分段平缓水势，以利航行。这样的创造，充分反映了我国古代农业水利科技的杰出成就。

四、健康的学科——医学

疾病甚至比饥饿对人类的威胁更大，医药就像粮食一样不可缺少。中国古人向来重视健康和养生，并形成了独特的中医体系。

秦汉以来，我国名医和名著层出不穷，体现了中医药学发展的繁荣景象。在中医学中以东汉张仲景的《伤寒杂病论》影响最为深远。在中药学方面，现存最早的是汉代的《神农本草经》，后有陶弘景的《神农本草经集注》、唐代的《新修本草》以及最为著名的明代李时珍的《本草纲目》。在针灸学方面，有西晋皇甫谧的《针灸甲乙经》、宋代王惟一的《铜人腧穴针灸图经》、元代滑寿的《十四经发挥》等。在其他方面，晋代王叔和的《脉经》是中医传统的切脉诊断术的一部经典之作，葛洪的《肘后方》、巢元方的《诸病源候论》、孙思邈的《千金方》、王寿的《外台秘要》等，都是我国医学宝库中的珍品，是中医学理论体系的有机组成部分。

（一）华佗与关云长刮骨疗毒

华佗的医学成就是多种多样的，但主要是在外科方面，他被称为"外科之祖"，是中医发展史上光辉的一页。

《三国演义》里有这么一段故事：关羽在一次战斗中胳膊上中了一支毒箭，一位医生将他胳膊上的皮肉剖开后，用刀刮去骨头上的箭毒，嘎嘎发声，旁边的人听了牙齿都发冷了，关羽却镇定自若。刮完箭毒，敷上药膏，不久，关羽痊愈。这位"神医"便是当时鼎鼎有名的外科医生华佗，他与内科医生张仲景、名医扁鹊一起被称为中医三大祖师。

华佗一生致力于医学实践，精通外科、内科、小儿科、妇科，是我国后汉时杰出的医学家。华佗一生坚持在民间

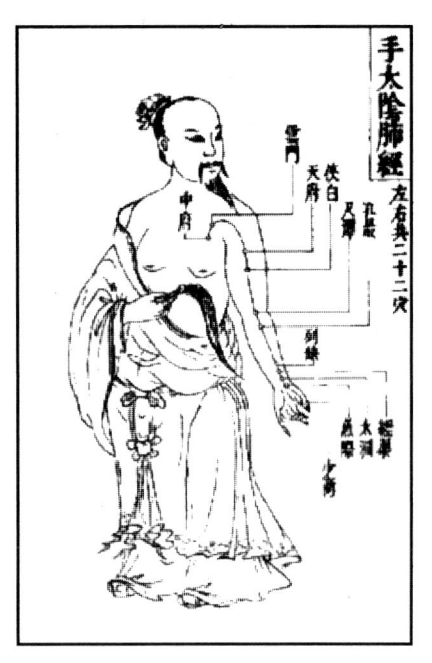

明朝张介宾绘制的《黄帝内经》手太阴肺经循行路线图，但上臂部分与《黄帝内经》不符。

行医，足迹遍布江苏、山东、河南等地。他利用"麻沸散"实行全身麻醉进行腹腔手术这一创举，把我国古代的医疗技术推到了一个崭新的水平，而西医使用这类方法进行外科手术比华佗大概要晚1600年左右。其中美国人莫尔顿要算最早，但也到1848年才开始成功地使用乙醚做麻醉剂。作为一代名医，华佗不仅有高超的外科医术，而且懂脉象，会针灸，善处方。

华佗在医学上的另一建树是提倡体育锻炼，以预防疾病，强身健体。他继承先秦以来的导引术传统，编创了模仿虎、鹿、熊、猿、鹤五种禽兽自然动作的"五禽戏"，他的弟子吴普一直练习"五禽戏"，直到90岁还"耳目聪明，齿牙完坚"。早在1700多年前，华佗就能提出体育疗法，对于促进人类的健康，也作出了重大的贡献。

据说曹操患有"头风眩"的老毛病，华佗建议开颅祛风，曹操认为华佗是借机杀他，将华佗投入大牢，处以死刑。华佗在狱中曾将其一生的医术总

结成《青囊经》，交与狱卒以便传于后人。可惜狱卒怕连累自己不敢保留这份稀世珍宝，将其烧掉，这真是千古遗憾。

（二）张仲景与辨证论治

张仲景（约150—219年）有"医圣"之称，所著《伤寒杂病论》及其倡导的"辨证论治"法，极大地推动了中医医学的发展。

张仲景与华佗大体同时，他生于南阳一个地主家庭，自幼饱读诗书，官拜长沙太守，但官场上的黑暗使他不愿混迹其中，不久即辞官专心研究医学。张仲景广泛阅读我国历代医学著作，于3世纪初写成了《伤寒杂病论》，这部书后来被晋人王叔和整理成《伤寒论》和《金匮要略方论》两部分，前者主要论述伤寒等急性传染病，后者主要论述内科病及某些妇科病和外科病。该书创造性地提出了"六经辨证"（病分太阳、阳明、少阳、太阴、厥阴、少阴六类）和"八纲辨证"（阴、阳、表、里、虚、实、寒、热），奠定了中医诊断学的基础。不仅如此，《伤寒杂病论》中还选收了三百多个药方，说明了配药、煎药和服药所应遵循的原则，非常具有实用价值，确立了中医治疗学的基础。在中医药史上，《伤寒杂病论》可以说是一部里程碑式的著作，极大地推动了中医理论和实践的发展。

在实践上，张仲景采用辨证论治的原则。有一年夏天，湖南一带瘟疫大流行，正好张仲景游历到这里。有个病人已经病了三四天，头痛发烧，解不出大便，肚子胀得难受，连吃了两帖发汗药也没好。张仲景问清病情，摸了摸脉，发现脉跳得快而有力，看看舌苔，又黄又厚，摸摸他肚子，肚子也比较硬，在下腹部还隐隐约约摸到一颗一颗的小硬块。张仲景沉思了片刻，就对病人的母亲说："老大娘，您儿子得的是伤寒症，这种病是由病邪侵入体内引起的。起初病邪还在皮肤的表层，及时用点发汗药就可以治好。现在病邪已经深入到肠胃里去了，再用发汗药，就不对症了。我想，用凉药通通大便，倒可能把病邪给泻出去。"果然，病人吃了两帖凉药之后，病就基本上好了。张仲景运用这种"辨证论治"的方法，治好了无数病情很严重的病人。

（三）药王孙思邈与《千金方》

中医学整体上的进步体现在理论与实践两方面水平的提高，唐代名医孙

· 92 ·

思邈正是在这两方面均极其重要的人物。孙思邈精通医典，博览群书，其著作《千金方》享有盛名，他本人也被称誉为"药王"。

孙思邈大约生于公元581年，自幼钻研医术，又善谈老庄哲学，使中医理论更富思辨性质。在孙思邈的著作中，不仅有如何治病的临床手段和方法，而且贯穿着医德养生和医术理论。他唯一幸存的著作《千金方》的第一卷讨论医德问题，他指出一个好医生必须涉猎群书，读五经三史，诸子百家等。他主张医生必须有高尚的品德，对病人无论贵贱一视同仁。《千金方》还谈到了系统的养生问题，提出去"五难"（名利、喜怒、声色、滋味、神虑）、"十二少"（思、念、欲、事、语、笑、愁、荣、喜、怒、好、恶），以及按摩、调气、适时饮食等。此外，该书收集了八百多种药物的使用方法，并对其中三百多种的采集和炮制都作了详细的论述。这些内容既是孙思邈对前人药学知识的继承，更是他多年实地采药丰富经验的总结，在中药学上有很高的价值，他被后世尊称为"药王"是当之无愧的。孙思邈的医学思想是全面而深刻的，文化修养、道德修养和医术修养三位一体，既是学好中医本身的需要，也是医疗活动的需要。

孙思邈很善于理论联系实际，不少知识是从实践中总结出来的。他发现当时山区的穷人容易得"雀盲眼"（学名叫夜盲症），到了晚上就看不清东西，而有钱人常常得脚气病，病人身上发肿，肌肉疼痛，浑身没劲。孙思邈想："为什么穷人得的是夜盲症，富人得的是脚气病呢？这可能和饮食有关系。"他比较了穷人和富人的饮食，富人多吃荤腥油腻、精米细粮，而穷人吃的是素食粗粮。他反复考虑，认为夜盲症是因为很少吃荤的缘故，他试用动物的肝脏来治夜盲症（中医理论中肝能开窍开目），果然很见效。现代医学已经证明，夜盲症是因为体内缺少维生素A引起的，动物肝脏里含有很多维生素A，所以能治这种病。同时，他发现富人吃的全是精米细粮，把米糠麦子全去掉了，说不定脚气病就是因为缺少米糠和麸子这类东西引起的。他就试用米糠和麸子来治脚气病，果然非常灵验。后来他发现杏仁、吴茱萸等几味药也能治脚气。现代医学已经证明，脚气病是因为身体里缺少维生素B引起的，糠、麸子、杏仁里都含有丰富的维生素B，所以治脚气病特别有效。孙思邈是世界上第一个记录脚气病的人，比国外早一千年左右。

（四）李时珍与《本草纲目》

《本草纲目》被称为"中国古代的医学百科全书"，已被译为多国文字，流传于全世界。

明朝大医学家、药学家李时珍（1518—1593年）生于医生世家。《本草纲目》就是李时珍用智慧和汗水写成的不朽著作。为了寻找和研究药物，远历大江南北、跋山涉水、采集标本、遍访民间、收集经验，花了近30年时间，终于完成了《本草纲目》这部52卷、190多万字的药物巨著。《本草纲目》共记载了1892种药物，收入药方11096个，附图1160幅。书中将1094种植物性药物按自然属性分成了五部三十类，这是世界上最早最详细的科学分类法，其分类原则和现代植物学基本符合，瑞典著名的博物学家林奈的植物分类学于1704年才提出来，比李时珍晚了163年。《本草纲目》中关于动植物、矿物、地质等方面的许多材料，直到现在，人们还常引来参考。该书于1606年传到了日本、朝鲜，尔后又相继被译成拉丁、法、俄、德、英等多种文字，西方人士称之为"东方医学巨典"，从这点就可以说明它是世界上伟大的医学著作之一。达尔文的《物种起源》就引用过《本草纲目》以说明动物的人工选择问题，其影响之大，可见一斑。

李时珍在研究药物的过程中，广泛收集民间医药经验，但他从不轻信那些听来的说法，总要搞清其真实性。有一次，他听说均州的太和山上有一种很稀罕的果子叫榔梅，人吃了可以长寿。李时珍决定亲自去看看。这一天他来到太和山，在半山腰一座庙里休息。看庙的老头听他说要上山采榔梅，吐了吐舌头，对他说："可不能去啊，当今皇上有命令，榔梅只能由皇家来采，谁要是采了，就要问罪哩！"李时珍心想："榔梅是天生的果树，又不是皇上自己种的，为什么不能碰？我一定要弄几个回去，看看到底是什么果实，有多大功效。"这天夜里，李时珍趁着月色偷偷从小路溜到山上，终于采到了几颗榔梅，还连枝带叶折了几枝，连夜下山。回家仔细一研究，原来榔梅是一种榆树类的果实，根本不是什么"仙果"，说吃了能长生，完全是骗人的鬼话。有时，为了取得第一手的资料，李时珍还冒着生命危险，吞服一些作用剧烈的药物，其严谨的科学态度使他的著作真实可靠，广为流传。

显然，在中国自然科学中，李时珍是非常具有现代科学精神的，观察和实践是他成功的正确指导思想，分类和命名则是其科学成果的直接体现。但另一方面，李时珍所依赖的眼观、鼻嗅、口尝等方法具有很大的主观性，这是现代科学需极力避免的。

五、计算的学科——数学

数学在中国古代被称为"算学"，其与以希腊数学为代表的西方数学相比，更侧重于实际应用，而缺乏成熟的理论和系统性的逻辑论述。但中国算学传入西方后，仍然对西方数学发展产生了一定的影响。

（一）古老的算学专著

我国现存最古老的两部算学专著——《周髀算经》和《九章算术》，在我国数学史上占有极重要的地位。

毕达哥达斯定理在中国叫做勾股定理，汉代出现的古老的算学著作《周髀算经》对此有明确叙述："故折矩以为勾广三，股修四，经隅五。"

汉代出现的另一本著作《九章算术》标志着我国古代数学体系的初步形成，这本书是对战国、秦、汉时期我国人民所取得了数学知识的系统总结，其作者并非一人，而是经历代学者修改、补充而成。《九章算术》共分九章，主要是解决应用问题，有时先举个别的问题，再谈解法，有时先谈一般解法，再举例说明。书中广泛涉及分数、比例、面积体积计算法,以及开方和方程中正负数的计算等,是那个时代世界上最先进的算术。

与希腊数学相比,《九章算术》所代表的数学体系注重实际的计算问题,而不考虑抽象的理论和纯粹的逻辑。对于中国数学的发展,《九章算术》也有着奠基式的重要意义,它所开创的体例和风格一直为后世沿用,中国数学家很多都是在对它的注释中推动了中国数学的发展。中国的数学经过印度和阿拉伯人传入欧洲,对欧洲代数学的复兴作出了贡献。

(二)神奇的"割圆术"

三国时代魏国人刘徽是著名的数学家,他自幼熟读《九章算术》,后来又进行了更深入的钻研,对书中的问题有了透彻的了解。在钻研过程中,他发现该书中有一些错误,而且有些题目的解法过于简单,有些答案则是近似的估计,一些很巧妙的解法却没有给出理论根据,这些都给进一步的学习与研究带来了一定的困难,于是,刘徽决定对《九章算术》进行校对和注释。经过艰苦的劳动,他终于完成了这一工作,从理论上完善了中国古代的数学体系。从此以后,《九章算术》才成为比较规范的数学教科书。

如何计算圆的面积,是各国数学家共同关心的问题。刘徽在校注《九章算术》时,创立了一种新的数学方法——"割圆术",用来进行有关圆的计算。《九章算术》中已有圆面积的计算公式,但没有说明是怎么来的,刘徽为此苦苦思索,有一次他看见石匠在加工石料,石匠把一块方石砍去四角,就变成八角形的石头,再去掉八个角又变成了十六角形,这样一凿一斧地干下去,一块方形石料就被加工成一根光滑的圆柱了。刘徽因此得到启发:原来圆与直线是可以相互转化的。他认为一个圆的内接正多边形的边数越多,其周长就会越接近于圆的周长。同时,通过求圆内接正多边形的边长和圆的直径之比,可以越来越精确地求得圆周率(即圆周与直径之比),这就是所谓"割圆术"。"割之弥细,所失弥少,割之又割,以至于不可割,则与圆周合体而无所失矣。"这句话简明扼要地概括了刘徽割圆术的实质。同时,刘徽还用了"极限"这个数学概念,今天我们知道"极限"是高等数学的基础。后来,祖冲之和他的儿子祖日恒,利用割圆术,得出了 $3.1415926 < \pi < 3.1415927$。没有前人如此艰苦的努力,我们现在就不可能精确地计算出圆的

面积和周长，一切与圆有关的计算无疑也要大打折扣了。

刘徽的另一项重要贡献是几何测量方面的。茫茫大海中耸立着一座孤岛，如何知道小岛有多高有多远？最笨的法子是准备一只小船，船上带着足够长的绳子，用绳子的长度量出小岛的距离。这样费时费力不说，小岛的高度也不能用绳子测量。刘徽的办法是：在岸边垂直地立起两根一样长的杆子 EF 和 GH，使他们与小岛 AB 位于同一方向上，然后分别在与两杆顶 E、G 与岛尖 A 成一直线的地面 C 和 D 点作记号，量出 EF、DH、HF 以及杆 EF 的长度，即可知道岛高 AB 和岛心到第一根杆子的水平距离 BEF，刘徽的公式是：

$$BF = \frac{CF - HF}{DF - CF}$$

$$AB = \frac{EF(DH + HF - CF)}{DH - CF}$$

学过几何的朋友可以试着证明一下这两个公式。

这一方法被刘徽写进了《海岛算经》。刘徽和祖冲之一样是中国古代数学家最优秀的代表，他们的工作引起了海内外众多学者的注意。刘徽、祖冲之和其他魏晋南北朝时期重要数学家的著作，后来被辑入《算经十书》。其中刘徽的《九章算术注》和《海岛算经》被翻译成多国文字，向世界展示中华民族灿烂的古代文明。

（三）古代数学的高峰

到了唐代，随着社会经济的高度发达，对解决实际计算问题的算术也提出了更高的要求，也促进了算术的发展。为了加快计算速度，出现了不用纸和笔的珠算，算盘在宋代以后逐渐推广应用，成为当时世界上最先进的计算工具。

宋元两代，古代中国数学达到了一个新的水平，涌现出了以秦九韶、李冶、杨辉和朱世杰等人为代表的一批数学大家和数量可观的数学著作，这些成果在当时都处于世界领先的水平。

1. 秦九韶与《数学九章》

秦九韶（1202—1261 年），南宋末年出生于四川安岳，曾在湖北、江苏等地做官，其代表著作是《数学九章》，秦九韶在这本书中提出了"大衍求一术"和"正负开方术"（即以增乘开方法求高次方程正根的方法），这是非凡的数学创造。

19世纪20年代初，英国人霍纳和意大利数学界为"霍纳方法"——一种解任意高次方程的巧妙方法的发明权而争得不可开交，直到他们了解到有个叫秦九韶的中国人，早在570多年前就发现了这种方法时，这场争论才显得毫无意义了。

秦九韶还有许多数学创造。他是世界上最早提出"十进小数"概念和表示法的人，这一成果比荷兰人斯蒂文要早3个世纪。他还独立地推导出已知三边求三角形面积的公式，此与古希腊有名的海伦公式暗合。秦九韶是中世纪世界上最伟大的数学家之一，而《数学九章》则标志着中国古代数学的一个高峰。

2. 李冶与"天元术"

李冶（1192—1279年），河北正定人，是生活在金元之际的数学家，一生淡泊名利，长期过着隐居生活，潜心研究讲学。1248年他完成了《测圆海镜》，主要讲述根据给定直角三角形的边长求内切圆和旁切圆的直径的问题，他在此书中提出了"天元术"。所谓天元术就是根据问题的已知条件列出方程和解方程的方法。"天元"相当于未知数X。天元术的出现标志着我国传统数字中符号代数学的诞生。传说有个叫"洞渊老人"的世外高人教给他9个公式，都是关于直角三角形和圆的关系的。回到住处后，李冶反复地琢磨这些公式，觉得还可以大大发挥，于是他借助"天元术"这个刚刚发现的数学工具，推演出了500多个公式，后来都写进了《测圆海镜》这部不朽的数学著作中。1259年李冶又写成《益古演段》，力图向读者通俗地解释天元术。

蒙古灭宋之后，由于一位故友的大力举荐，李冶推脱不过，出山为官，被任命为翰林学士；但他就职还不到一年就以年老多病坚决告退了。关于此事，他曾在笔记中写道："翰林学士要看皇帝的眼色写书，史馆的工作人员也要受宰相监督，他们都不能根据自己的见解去评判历史。有人以为进翰林院和史馆是件光宗耀祖的事，我想有见地的人是不会这样看的。"

李冶晚年一直在封龙山下过着隐居生活，虽然没有高头大马、山珍海味，但却淡泊充实、悠然自得，许多人慕名前来向他学习"天元术"。1279年，李冶逝世，享年87年。后来，李冶被人们称为宋元数学四大家之一，他刻苦治学的精神和鄙薄名利的品德一直为后人所称颂。

3. 杨辉与《杨辉算法》

杨辉是南宋末年著名的数学家，留下了十分丰富的数学著作，其中有《详解九章算法》、《日用算法》、《乘除通变本末》、《田亩比类乘除捷法》、《续古摘奇算法》，其中后三种统称《杨辉算法》，他的主要贡献在于改进计算技术，提高乘除法的运算速度。他主张以加减代替乘除和以归除代商除，并创造了一套乘除演算的便捷方法。杨辉发明了用"垛积术"为高阶等差级数求和的方法，他还首创了"纵横图"的研究。

"纵横图"又叫"九宫图"，记载于《大戴礼记》（西汉学者戴德编纂的一部记载古代各种礼仪制度的文集），南北朝时期北周的数学家甄鸾在《数术记遗》一书中对这种图做过解释："九宫者，二、四为肩，六、八为足，左三右七，戴九履一，五居中央。"但没有进一步地研究"2、9、4；7、5、3；6、1、8"这九个数字依次写成纵横三行，每一纵行、每一横行和两条对角线上的三个数字的和都等于15。据说杨辉在台州府任地方官时，有一天听见学童边走念"二、九、四；七、五、三；六、一、八"这些数字而受到了启发。杨辉发现了这些数字排列的规律，但对于这个九宫图是如何造出来的也百思不得其解，所以九宫图一直被视为神秘的东西，实际上这种图还可以做出很多，有兴趣的读者不妨试一试。

4. 朱世杰与《四元宝鉴》

朱世杰，河北人，元代数学家，其生平不详。在宋元对峙的时候，由于南北交通阻绝，学术交流十分困难。元朝统一中国之后，朱世杰周游各地，以教授数学为主，同时也注意学习当地的数学知识。朱世杰在长期的游历和讲学生活中，对南北两派的数学成果兼收并蓄，成为当时最有名的数学家。杨辉的著作在民间也广为流传，他所写的《算学启蒙》和《四元玉鉴》分别于公元13世纪末和14世纪初期在扬州刊印。

《算学启蒙》从四则运算开始一直讲到高次开方、天元术等内容，由浅入深，是一部很好的数学启蒙教材。这本书出版以后，不但在国内受到欢迎，还传到朝鲜、日本等国。17世纪中后期，这本书的国内刻本已经失传，幸亏清代学者罗士琳在北京的旧书店中找到了这本书的一个朝鲜刻本，才使它流传下来，这可以说是中外文化交流史上的一段佳话。

朱世杰更重要的著作是《四元宝鉴》，全书共分24卷，288门，书中特别讨论了很多高深的问题，如高次方程组、高阶等差级数的求和等，给出的解决方法如三次内插法等也十分精彩。欧洲到了17世纪才由英国数学家格里高利和牛顿首先研究了内插方法，他们的工作要比朱世杰的《四元宝鉴》晚得多。正因为如此，朱世杰和他的著作《四元宝鉴》享有巨大的国际声誉。近代日、法、英、美、比等国都有学者向本国介绍《四元宝鉴》。美国已故著名科学史家萨顿说朱世杰"是中华民族的，他所生活的时代的，同时也是贯穿古今的一位最杰出的数学家……《四元宝鉴》是中国数学著作中最重要的，同时也是中世纪最杰出的数学著作之一"。这个评价是恰如其分的。宋元时期中国的数学成就举世瞩目，但是自明代以后，中国传统数学只是在计算技术的普及与数学应用的广泛性上有所进步，在符号化、形式化等方面发展缓慢，整体水平开始落后于欧洲。

六、建筑业——宏伟壮观的长城

中国古代建筑技术的发展，经历了一个很长的历史阶段。从早期的半穴居形式的房屋，发展到地面建筑，逐渐形成了以土木结构为特征，融绘画、雕刻为一体具有东方特色的古典建筑形式，在世界建筑史上独树一帜。

（一）人类文明的纪念碑——长城

秦朝统一中国以后，利用中央集权，花费了巨大的财力和物力，在短时间内大兴土木，主要是修建宫室、皇陵和长城，这些工程虽是秦朝的暴政所致，却是劳动人民智慧的结晶。这一时期的建筑反映了高台建筑和夯土技术的发展，而长城则是最宏伟、最浩大的一个工程。

公元前4世纪的战国时期，战国七雄为了互相防御，也为了防止北方游牧民族的侵犯，都在地势险要之处修筑长城，秦始皇统一中国之后，为了防止匈奴的骚扰，于公元前213年，下令大规模地修筑长城。秦长城是在战国时燕、赵、魏三国长城的基础上建成的，西起甘肃临洮，东至辽东，依山随势，绵延起伏，数十万军民连续修建有十余年，总长达一万华里以上，称万里长城。秦以后的历朝统治者，都对长城进行了大规模的扩建，我们今天看到的雄伟的万里长城，大部分是明代重新建筑的，明长城大部分采用砖头和石块镶砌，因而更加坚固。

飞跃崇山峻岭的巨龙——万里长城

长城骑跨崇山峻岭，横贯沙漠荒野，施工十分艰难。尤其在一些险要地段，山势陡峭，即使只身往上爬，也十分困难。如八达岭长城所砌的石头，每块长达2米，重2000多斤，在当时运输工具十分落后的情况下，要把这样巨大的石块从很远的地方运到山下，再搬到山上垒筑起来，其难度可想而知。长城取用的土石，数量惊人，有人曾经作过计算，如果用修筑长城的土石垒成一条高3米宽1米的长堤，可以环绕地球一圈多。所以这一世界公认的伟大工程，是中华民族的象征，被人们誉为"人类文明的纪念碑"。

开始时，长城无疑是一项防御工程，但后来却有了艺术工程的内涵，一些十分险要的地方，即使是敌方难以到达的绝壁悬崖处，建筑也并未简化省略，强调了整体的一致性。

为突出自己的威严，历代统治者都不惜劳民伤财，用大块石料修建各式的高台建筑。但从经济效益和实用的角度看，这些建筑有许多缺点，首先是耗费工力太大，其次使用也有诸多不便，所以中国古代的建筑多以土木结构为主。

汉朝是我国古代建筑技术体系基本形成的时期。从汉代开始，木构技术日趋完善，抬梁式、穿斗式屋架的构筑技术已经成熟，南方地区还将房屋建在栏杆上，林区则使用井干式壁体，这些都是我国传统的木构架建筑式样。汉代的夯土技术也有发展，为增加构筑物的强度，在大型夯土工程中加入了水平木骨。东汉的墓葬中已采用了先进的砖结构技术，除空心砖梁式的结构外，还制成了楔形砖和企口砖。总之，古代土木建筑的基本式样汉代已经大体具备了。

（二）独具特色的建筑——"积木式"结构

隋唐五代在继承前代建筑遗产的基础上，吸收外来建筑的影响，发展并完善了中国古建筑的体系，出现了一大批建筑史上的杰作。隋代的观风行殿、六合城等的设计已采用了现代"积木式"的建筑技术，以赵州桥为代表的桥梁建筑达到了世界先进水平，其他如园林、寺塔建筑也非常有名。

宇文恺是这一时期的大建筑家，他一直担任隋朝负责工程建筑的官员，主持过不少大型的建设工程，如建设大兴城、修筑广通渠、修复鲁班故道、营造仁寿宫和皇后墓，等等。

公元604年隋炀帝继位后，为了转运物资方便和加强对全国的控制，决定把洛阳建设为东都，并命宇文恺负责兴建事务。宇文恺规划设计周详，施工管理严谨，前后仅用了11个月就完成了东都兴建工程，创造了大城市建设中的奇迹。隋炀帝看到东都气势宏伟，宫廷建筑辉煌壮丽，对宇文恺大加赞赏，升任他为工部尚书。宇文恺曾把东都的规划、设计图样编纂成《东都图记》，可惜的是，这部建筑学上的珍贵著作后来没有流传下来。

宇文恺还曾设计制造了野外用的"大帐"，里面可坐几千人；又制造了可以随时拆开和组合的活动式建筑——"观风行殿"，殿内可以容纳几百人，下面装有轮轴，移动起来非常方便。这些都是建筑史上的重要发明，宇文恺作为一名杰出的建筑家，在中国以至世界建筑史上写下了光辉的一页。

建于800年前的宝轮寺塔，游人在四周叩石、击掌会听到"咕咕"的蛤蟆回声，又称"蛤蟆塔"，是我国著名回音建筑之一。

唐都长安城规模庞大、布局严整，对明清都城的建筑起了示范作用，对周围国家也产生了巨大的影响。总之，隋唐时代的建筑技术在各方面都取得了辉煌的成就。

（三）古建筑的典籍——《营造法式》

宋元时期的建筑物既不像隋唐朝那样雄浑朴拙，也不似明清那样富丽堂皇，而是具有承上启下的风格。

赵州桥

在这一时期，我国的木构建筑走向了规范化，各种木构建筑的用料多少，各种用途的木料大小，各个工序以及整个工程的工作量等都有了明确规定。关于木构建筑的专著《木经》记载了民间房屋建筑的规格和方法。北宋杰出的建筑学家和工程师李诫主编的《营造法式》一书，集中反映了我国古代的建筑成就。

李诫从1092年起，曾先后13年担任主管建筑工程的官员，他认为主持建筑的官员如果没有建筑方面的知识，不但无法胜任自己的工作，还会造成种种弊端。他系统地研究了建筑技术和工程组织管理方面的知识，成为一代大建筑学家。他还主持兴建了许多大型建筑工程，如五王邸、朱雀门、九成殿、太庙、开封府庙等官署，成绩卓著。他从中积累了丰富的经验，对于建筑施工中的整套工艺技术了如指掌。

因宋哲宗不满于《木经》，命李诫重新编修一部高水平的《营造法式》。

为了编修《营造法式》，李诫查阅了大量相关历史资料，还经常与有经验的工匠讨论施工中的各种具体问题。在编修过程中，他充分吸收自己的成果，同时大胆进行改革创新，并把建筑工程的实际经验系统化、科学化、理论化，制定了既具科学性又切实可行的规范和制度。经过3年努力，《营造法式》终于编修完成。

《营造法式》是我国古代建筑工程学的经典著作，也是当时世界上关于木构建筑的最先进的典籍。宋代以后，《营造法式》一直是我国古代木构建筑的指导性著作和施工管理手册，代表着我国古代建筑的辉煌成就，现在仍然是研究我国古代木构建筑技术工艺和规章制度的宝贵典籍。

七、巧夺天工的瓷器制作

我国的瓷器在商周时代就达到了很高的水准，经过秦汉三国魏晋南北朝的发展，到唐代以后逐渐形成各种成熟的风格。唐三彩做工精细、宋瓷雍容典雅、明清彩瓷艳丽华贵，一直为世界各国人民所珍视。

在中文里，"瓷器"与"中国"这两个词似乎是风马牛不相及的。但在英文中，"瓷器"一词却与"中国"相同，都写成"china"，只不过按照英文的书写规定，这个词在表示中国时，第一个字母要大写而已。这是因为中国是瓷器之乡，欧洲人是通过瓷器认识中国的。

瓷器是由陶器发展而来的，两者的区别主要在于制坯的原料和烧制需要的温度不同。制瓷器用的黏土叫瓷土，它比较纯良，需要比较高的温度才能烧成，瓷器坯颜色白净，质地细密，不会吸水和渗水，半透明，敲上去会发出"当当"的清脆响声；而陶器坯常有颜色，质地比较疏松，能吸水和渗水，不透明，敲上去是"噗噗"的声音。还有，瓷器在施釉方面也比陶器讲究。

（一）越窑青瓷与邢窑白瓷

1954年，在南京清凉山的一座三国东吴时期的古墓中，出土了一对瓷羊，经过化学分析，发现原料精良，烧制工艺复杂，说明中国瓷器生产在那时已达到很高的水平。

后来的瓷器烧制，因为地域的不同而呈现出风格的差异点。南方以青瓷闻名。这种瓷器表面使用的釉料中，因为含有一定量的铁元素，高温锻炼之后，便呈现出青绿色或青黄色，十分雅致，故被称为青瓷。由于每件瓷器釉料中所含铁元素的比例不同，烧制时火的温度也不一样，所以在青绿或青黄的范围内，往往还有许多微妙的区别，于是就有了梅子青、蟹壳青、蓝青、翠青等名目繁多的品种。青瓷的生产中心在今天的浙江绍兴和余姚一带，因为在当时的行政区划上那里属于越州范围，所以人们就把那一带的瓷窑称为越窑，越窑出产的青瓷看上去清澈淡雅，轻巧精致，后世的文人墨客用"千峰翠色"、"嫩荷涵露"来形容越窑青瓷色彩的莹润。

比南方的青瓷稍晚一点诞生的，是北方的白瓷。白瓷的烧制技术比青瓷更难一些，它的出现，为我国的制瓷工艺开辟了一条广阔的发展道路，因为在白瓷上，可以进行各种色彩的装饰，这就好比在白纸上能画各种颜色的图画一样。唐朝时，河北境的"刑窑"出产的白瓷，胎和釉都洁白如玉，不带一丝杂色，被誉为是"类雪类银"的奇品。

（二）闻名遐迩的唐三彩

唐三彩是唐代三彩陶器的简称，唐玄宗时最为繁盛。唐三彩属于低温铅釉陶器，品类极多，造型各异，楼台亭榭、马牛猪羊、花草虫鱼、箱笼器物、童仆婢妾，等等，凡人间所有，都是唐三彩的主题。西安出土的载乐舞队驼俑唐三彩闻名遐迩，全器高 58.4cm，驼首高扬，背上四人分坐两侧，各执乐器，专心伴奏；中间站立一人，应节而舞。五人中有三人目深鼻高，乐俑中一人怀抱波斯式四弦曲颈琵琶。这显然是一支远涉沙漠来到长安的西域乐队。这件唐三彩再现了唐朝长安（西安）作为国际性大都市，吸引了不同民族的优秀文化和笙歌连天的繁荣景象，是一件难得写实的优秀作品。

（三）官窑与景德镇

到了宋朝，瓷器的制造技艺有了极大的发展。现在的江西景德镇一带成了最大的瓷器制造中心。景德镇在唐朝时叫昌南镇，那里的瓷器早在唐代就开始崭露头角，所出精美的瓷器被誉为"假玉田"。据说 china 一词就是"昌南"的音译。五代时那里已有官办的瓷窑，专为皇帝生产贡品，有一种名叫

"雨过天青"的御窑贡品,被赞为"青如天,明如镜,薄如纸,声如磬"。宋真宗对那里出产的瓷器赞不绝口,在公元1004年,即景德元年,下旨将昌南镇改称为景德镇,并设立了官窑。

(四) 哥窑与"百圾碎"

除景德镇之外,还有一些名窑,其中浙江龙泉哥窑生产的青瓷十分别致。它的产品釉色上带有裂纹,形如破碎的冰纹,粗看上去就像打裂了的瓷器重新被拼补起来一样,有一种很特殊的装饰效果,名为"百圾碎"。

关于这个瓷器,有个有趣的传说。有兄弟俩都开窑制青瓷,人们分别把哥哥章生一和弟弟章生二的瓷窑叫做哥窑和弟窑。哥哥烧出的瓷器好,又不肯把技术教给弟弟,弟弟为了报复哥哥,竟弄了一担冷水偷偷泼到哥哥的窑里。第二天,当哥哥打开窑门准备出窑时,看到这些破碎的瓷器惊呆了。可是当他拿起瓷器仔细端详后,发现瓷胎并没碎,而仅仅是釉质裂了,而且,这种带裂纹的釉色看上去很别致。哥哥得到启发,特意烧制这种裂纹的瓷器,从而更加出名。当然,这只是一个传说,但据典籍记载,这弟兄俩确有其人,而且均是当时的制瓷名家,弟窑的"粉青"也是颇有名气的产品。

中国瓷器的外传大约在唐朝以后。公元1171年,埃及国王曾把40件中国瓷器赠送给大马士革的国王,可见中国瓷器在当时就被当做极珍贵的礼物。中国的制瓷技术向东先后传到朝鲜、日本,向西则先传到波斯,后来经阿拉伯传到意大利。欧洲直到18世纪初才制造出了真正的瓷器。

八、纺织业——勇敢智慧的黄道婆

从已知史料看,我国是养蚕最早的国家,考古工作者已发现了不少原始社会用蚕丝织成的平纹织物。在殷商时代就已采用了多卧式织机,秦汉以后,丝织业取得了长足的发展,不断有极品问世。陶瓷和丝织作为我国古代技术的一双连璧,永远值得我们骄傲。

（一）薄如蝉翼的纱罗

与陶瓷技术珠联璧合的纺织技术，从秦汉以来，也有了很大的发展。长沙马王堆出土的纺织品十分丰富，包括绢、纱、罗、绮、锦、刺绣品，印染品等共200多件。

从这些纺织品可以看出，当时的纺织水平已经相当高了。比如，要织出"薄如蝉翼"、"轻若烟雾"的纱罗，没有水平很高的缲丝技术是不可想象的。斜纹绵、起毛绵则是汉代丝织业的两大发明。当时的印花工艺已经比较先进，印染出的织物色彩鲜艳富丽。

隋唐时期，经过魏晋南北朝的长期分裂，中国又重新统一。安定的社会环境使农业和手工业很快恢复，有着悠久传统和雄厚基础的纺织业便迅速发展起来。隋唐五代时，继承了平纹、斜纹、重经、重纬、提花等秦汉以前已经出现的各种织法，并利用这些基本织法加以变化，生产出了绫、锦、纱、罗、绮等多种织物。同时，染色印花技术也有了发展，特别是印花技术，除了直接印花以外，还出现了绞缬、夹缬、蜡缬以及碱剂印花等较为复杂的工艺。唐代还使用了套染法，经多次套印使丝物花纹具有丰富多彩的颜色。

（二）三锭三线——脚踏式纺车

纺织技术的繁荣和成熟的时期，是在宋元时代。从宋代起，一方面高档丝织品向着艳丽奢侈的方向发展，另一方面满足普通民众需要的棉、麻、葛丝品的织造也发展起来。这时的生产不但要讲究质量，还要讲究速度和成本，从而促进了纺织工艺的改进和设备的革新，大型水力纺车就是在这种需求下产生的。讲到这一时期纺织技术的发展，就不能不谈黄道婆。

黄道婆生活在南宋末年，是淞江乌泥泾镇一个贫寒之家的女子，她十二三岁起就给人当童养媳，白天干活，晚上纺纱织布，不得片刻休息。当时的纺车是脚踏的，非常笨重，对于一个小女孩来说，尤其繁重。而且她还经常受到公婆、丈夫的虐待。她无法忍受这种非人的生活，经海上逃到了海南岛南端的崖州。

到了崖州，使她大开眼界。岛上的黎族妇女几乎都会纺纱织布，她们织的彩色床单和围布尤为精美，远销内地，很受人们欢迎。她们还积累了一套棉花纺织加工技术，因为棉纤维比丝麻纤维短，她们制造了直径在30—40厘米的小竹轮纺车，以适应纺纱的需要。黄道婆看到黎族妇女的纺织技术比自己家乡要先进得多，就虚心求学，并融合黎、汉两族人民纺织技术的特点，逐渐成为一个出色的纺织能手。

度过了几十年充实而忙碌的光阴，黄道婆告别了黎族人民，带着先进的纺织工具和技术回到故乡，使当地的纺织业发生了一场重大的变革。她的改革主要有四个方面：轧籽、弹花、纺纱、织布。

黄道婆教人们用铁钛擀棉去籽，来代替过去的手工剥籽，后来又发明了一种专门轧棉籽用的搅车，大大提高了生产效率。

原来的那种用于弹花的小竹弓只有一尺多长，她改用四尺长的大弓，并用绳弦代替线弦。用檀木加工的槌子击弦弹棉，弹出的棉花均匀细致，保证了棉纱的质量。

黄道婆最突出的贡献，在于对纺纱技术的改进上，她把纺纱的脚踏车改造为三锭三线的脚踏式纺车，使纺纱效率提高了三倍，这种新式纺车在浙江一带迅速推广。据说这种纺车在当时也是世界上最先进的纺织工具。后来，著名农学家王祯在他所著的《农书》中还介绍了这种纺车，并附有图样说明。现代的机器纺纱，除了新颖的气流纺外，其机械形式仍离不开锭子和它的传动。现代纺织机械传动锭子的滚筒，其前身就是纺车的竹轮。只是由于机械的动力大，现代纺织机械锭子的数目要多得多，速度要快得多罢了。

黄道婆还结合传统的纺织方法，总结了一整套"错纱配色""综线挈花"的织布技术，并无私地传授给人们。

在黄道婆的热情指导下，乌泥泾的妇女学会了织被、褥、带、幔等棉织品，在这些棉织品上缀有折枝、棋局、文字等各种美丽的图案，或鲜艳夺目，或栩栩如生。附近上海、浙江、青浦、太仓、苏杭等地竞相仿效，产品远销各地，备受欢迎。特别是她们织的被子质量可靠，做工精细，被人们誉为"乌泥泾被"，四海驰名。淞江一带因此成为全国棉织业的中心，数百年中无人匹敌。18、19世纪，淞江布更是远销欧、美，获得很高的声誉，因而人们称颂"淞郡棉布，衣被天下"。

黄道婆对棉纺织业的改革功不可没。她去世后，家乡的人民为她举行公葬，还在镇上替她修了祠堂——先棉祠。"黄婆婆，黄婆婆，教我纱，教我布，二只筒子两匹布。"这首在上海一带民间世代相传的歌谣，同样表达了劳动人民对她的怀念和敬佩。黄道婆是我国古代纺织业发展史上的一块里程碑。

第六章　近代科学的诞生

哥白尼"太阳中心说"是近代科学诞生的宣言书，欧洲黑暗的上空露出了黎明的曙光，从此科学进入了一个绚丽多彩的时代。各学科日新月异，异彩纷呈，为第一次工业革命铺垫了道路。

哥白尼的日心说宣告了近代科学的诞生。然而最早提出日心说的人并不是哥白尼。希腊哲学家早在公元前5世纪就提出大地是球形的主张，并用于解释日食和月食。公元前3世纪的一位希腊哲学家还精确计算过地球的半径，与现代算出的地球半径相差不到2%。公元前4世纪，希腊著名哲学家亚里士多德总结当时的哲学和科学成就，认为地球居宇宙中心，所有天体围绕在地球周围运行，并推出了"九重天"的宇宙结构模型，分别为月球天、水星天、金星天、太阳天、木星天、土星天、恒星天和原动天。公元前3世纪，另一位希腊哲学家提出日心说，并提出地球每天自转一周，每年绕太阳公转一周

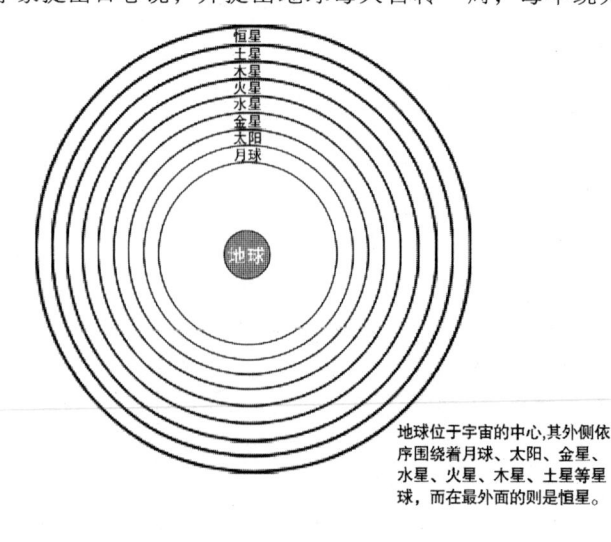

地球位于宇宙的中心，其外侧依序围绕着月球、太阳、金星、水星、火星、木星、土星等星球，而在最外面的则是恒星。

的思想。从那时起，就出现了日心说和地心说的斗争，这场斗争持续了400余年。由于古代人类对自然规律的认识十分肤浅，地心说比日心说显得更为"直观"和"简单"，因此也更容易被接受。公元前2世纪，托勒密改进了地心说，提出了"十重天"的宇宙结构模型，在宇宙的最外层是上帝，上帝推动着宇宙运行，关注着人类的言行，地球居宇宙中心的思想被赋予了宗教色彩。日心说终于被地心说所击败，这一失败持续了千年。天主教诞生后，托勒密的地心说逐渐被教会所采纳，作为教会的理论基础，受到教会的宣传和保护，成为欧洲占绝对统治地位的自然哲学。

在这样的现实中，波兰天文学家哥白尼提出了"太阳中心说"，认为太阳是宇宙的中心，所有的行星都围绕太阳转动，恒星则是镶嵌在最外天层上。这不亚于向当时的科学界扔下了一颗重磅炸弹。哥白尼的宇宙观不仅是对"地球中心说"的背叛，更重要的是对宗教专权的挑战。

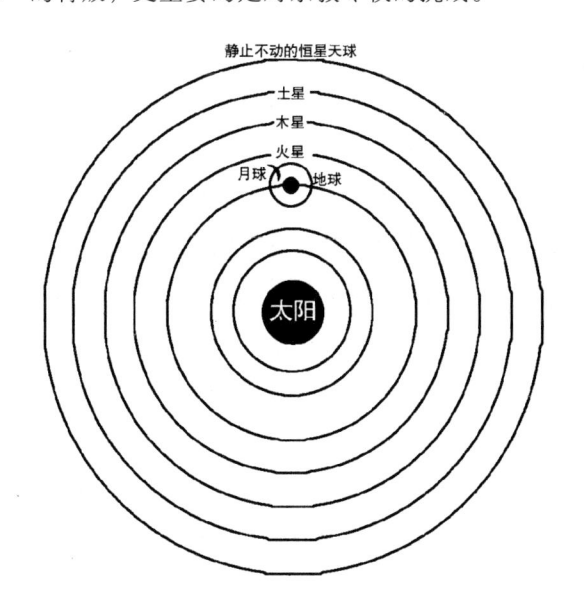

一、哥白尼敲响"地心说"的丧钟

公元1500年左右的欧洲，文艺复兴运动和地理大发现，极大地解放了人们的思想。展现在人们面前的，一方面是古希腊和古罗马哲学和艺术的辉煌；另一方面是新大陆的发现和环球航行的成功，欧洲人大开眼界，大长见识。

尼克拉·哥白尼于1473年3月19日出生在波兰维斯杜拉河畔的托伦城一个商人家庭。当时的波兰是欧洲强国，势力覆盖现在的德国、立陶宛、俄罗斯和乌克兰。10岁时他父亲去世，是被舅父抚养大的。哥白尼的舅父学识渊博、思想开明，在他的影响下，哥白尼从小酷爱自然科学知识。

1491年，哥白尼进入克拉科夫大学学医，这所大学是当时欧洲的学术中心。在这座以天文学和数学著称于欧洲的高等学府中，哥白尼对天文学产生了浓厚兴趣。之后，他又在波仓亚大学和帕多瓦大学攻

太阳中心说的创立者哥白尼

读法律、医学和神学，通过学位考试后，获得博士学位。哥白尼在意大利著名天文学家诺瓦腊（1453—1504年）指导下学习天文学，其间，他和诺瓦腊经常一起观察天体，共同参加有关天文学的讨论。诺瓦腊曾批评托勒密体系太繁琐，不符合数学的和谐，这对哥白尼后来的天文研究产生了极大的影响。那时波兰和意大利的大学深受文艺复兴的影响，革新派和保守派的斗争十分激烈，两派学生在大街上的辩论经常演化为格斗，这强烈地影响着哥白尼的思想。哥白尼在谈到建立日心说的过程时曾说，最初也是以托勒密的地心说体系为基础来修订天文学的，但他认为托勒密体系太繁琐，希望能找出一个比托勒密体系简单的解释，为此他攻读了大量古希腊原著。哥白尼说，"我不辞辛苦地重读了我所能得到的哲学著作，看看在各天球运动方面有没有跟数学派不同的假说，结果，在西塞罗的著作中发现了海西塔斯逼真地描写过地球的运动，后来又在普鲁塔尔赫的著作中看到了还有别的人也赞成与之类似的见解……这就启发了我也开始考虑地球的运动。"

哥白尼的学说不仅把托勒密的学说推翻了，而且，还在更重要的方面影响了人们的思想和世界观。作为一个牧师，哥白尼并没有把精力完全放在宗教职位上，而更多倾注于天文学的研究和观测方面，他用教堂城垣的箭楼建立了一个小小天文观测台，自制了一些仪器，有四分仪、三角仪、等离仪等，并用来进行观测和计算。他三十年如一日，终于完成了天体运行学说，写成

划时代的科学著作《天体运行论》。特别值得提出的是，哥白尼观测计算得到的数值精确度是惊人的，例如，他得到回归年时间为365天6小时9分40秒，比现在的计算值约多30秒，误差是百万分之一；他得到的月亮到地球的平均距离是地球半径的60.30倍，与现代值的60.27倍相比，误差只有万分之五。

哥白尼在《天体运行论》中明确宣布，地球不是宇宙的中心。它和别的星球一样，是一种一边自转一边公转的普通行星，天球由远到近顺序如下："最远的是恒星天球，包罗一切，本身是不动的，它是其他天体运动必须的参考背景……在行星中土星的位置最远，30年转一周；其次是木星，12年转一周；然后是火星，两年一周；第四是一年转一周的地球和同它在一起的月亮；金星居第五位，9个月转一周；第六为水星，80天转一周；中心就是太阳……细心观测的人将注意到，为什么木星的顺行和逆行比土星长，而比火星短，但金星的顺行、逆行都比水星短；为什么土星的这种摆动比木星频繁，但火星、金星却没有水星频繁；为什么土星、木星和火星在冲日的时候比隐沉在太阳之中的离地更近……这些现象，都是由于地球转动造成的。"哥白尼指出，托勒密体系之所以繁琐，乃在于他把地球的三种运动（自转、公转和地轴的回转）都强加给每一个天体，这样，这个天体都加了三个圈，因而使宇宙体系人为地复杂化了。《天体运行论》全书共六卷，第一卷主要论述了日心地动说的基本思想，第二卷论证天体运动的基本规律，第三卷至第六卷根据宇宙观测结果，用数学方法分别讨论了地球、月亮、内行星和外行星的运行规律。

哥白尼在天文学方面进行的伟大变革，从方法论上看，它的实质是什么呢？哥白尼在谈到自己的构思时曾经说过："这种想法（指地动说）看起来似乎荒唐，但是前人既然可以随意想象用周围运动来解释星际现象，那么我更可以尝试一切，是否可以假定地球有某种运动能比假定天球旋转更好的解释。"哥白尼充分运用了这种想象的自由之后，他又将当时所有的观测资料进行了核对，在没有出现矛盾之后，他才把太阳中心说作为理论定下来。可见，他的创造道路包括了论证旧学说，做出另一种新的体系的假设，以及用观测取得材料检验新的理论体系等步骤，这些正是现代物理学研究中的方法论要素。

在哥白尼所处的时代，托勒密的地心说在欧洲占统治地位，中世纪的教会把地心说加以神化，用它来作为上帝存在的依据，哥白尼正确地指出：托勒密由于没有区别现象和本质，而将假象视为真实，由于感觉不到地球的自转以致只感觉到太阳自东方升起而从西方下落，这正像人们坐在大船上行驶时，往往感觉不到船在动，而只见到岸上的东西在往后移一样。同样，太阳绕地球转动是假象，地球自转并绕太阳运动才是真象。这段叙述是多么恰当生动。

哥白尼学说的诞生，在自然科学史上具有深远的意义。诗人歌德说："哥白尼的地动学说撼动了人类意识之深，自古无一种创建，无一种发明，可与之相比……自古以来没有这样天翻地覆地把人类意识颠倒过来。因为若是地球不是宇宙的中心，那么无数古人相信的事物成为一场空了。谁还相信伊甸园的乐园，赞美的颂歌，宗教的故事呢？"

的确，对于西方信奉上帝的人来说，哥白尼的学说是灾难性的打击。

哥白尼创立"日心地动说"，表现出非凡的才能和胆识，从而也受到了迫害。当一些人听说哥白尼在观测天象检验"地心说"的真伪时，便惶恐不安。他们利用宗教干扰并命令哥白尼终止他的天体研究，并称之为邪教徒。哥白尼经过几次被迫害后，表面上向基督教服从，但私底下仍然进行研究，并说："天体的运行丝毫也不会因为这些笨蛋的嘲弄或尊敬而受到影响。"

由于害怕天主教教会的迫害，哥白尼在 1506—1512 年就已写成《天体运行论》初稿，但直到 1543 年临死前才战战兢兢地出版。他不急于出版，不仅怕危及自己的生命，而且怕危及自己的学说。自 1512 年到 1540 年间，他三次修改了初稿后才正式定稿。1543 年 5 月 24 日，哥白尼在临死前，终于看到了刚印好的《天体运行论》。为了欺骗教会，该书的前言还说，书中表达的全部思想纯属猜测，只是一种数学练习，而不是对真实世界的描写。在全书的最前面，哥白尼还表示，把此书"献给最神圣的教主——保罗三世教皇陛下"。

哥白尼的伟大贡献，使整个人类重新思考自己的地位、地球的地位。地球由中心地位而变为与其他行星一样的普通星体，而人类这个万物之灵也只不过是生物的一种。把人类从自高自大的思想框框中解放出来，摧动了甚至启动了近代科学的发展。哥白尼的天文学不但把经院派纳入自己体系内的托勒密学说摧毁了，而且还在更重要的方面影响了人们的思想与世界观信仰。

二、第谷发现新星

1546 年，第谷·布拉赫出生于丹麦斯甘尼亚省的一个律师大家庭，他祖籍瑞典，但在丹麦定居很多年了。他从小受到他伯父左治的关爱和影响。13 岁时，他被送到哥本哈根去读书。1560 年，通过一次日偏食的观测，14 岁的第谷迷上了天文学，但是他的伯父不希望第谷研究天文学而是希望他成为一个律师，可是第谷并不热心于此。

1562 年，伯父把第谷送到莱比锡大学，要他学习法律，还派了一个比第谷大四岁的家庭教师米德尔一同前往，伯父要这位教师一方面监视第谷，不让他研究天文学，另一方面教他辞令学，为当律师作准备。但是，第谷没有接受伯父的劝告，继续努力学习数学和天文学理论，夜里经常偷偷地起床观测天象。他专门花了很长的一段时间研究行星。通过对行星的星空方位的观察和计算，他发现当时记载行星运动的通用星图有严重的错误。为了学到更多的关于天文学方面的知识，他又去罗斯托克的大学学习。

19 岁时，风华正茂的第谷得到了伯父给他的一笔很可观的遗产，一心想做出一些与众不同的事。他一度浪费了不少宝贵的时间在星相学和炼金术上，但机遇最终降临到他的头上。1572 年 11 月的某夜里，他与他的马夫都看见了以前从未见过的仙后星座中的一个新星，第谷兴奋极了，他这样记录道："晚间太阳落山以后，按照习惯，我正观看晴空上的繁星，忽然间我注意到一颗新的异常的星，光亮超过别的星，正在我头上照耀，因为自从孩提时代以来，我便认识天上所有的星星，我很想知道在天空中的哪一个区域不会有星……"

一直以来，人们认为恒星几乎是不变的。他起初甚至怀疑亲眼所见的是否是真的，但以后每晚这颗星都出现了，他才相信自己没有搞错，开始仔细地观察记录。这颗星体先是越来越亮，直到远比金星更亮，甚至在白天也看得见，然后，慢慢地暗淡下去，最后在视野中完全消失。当时，望远镜还没有发明，第谷的细心观察使他得到了回报！1573 年，他发表一篇论文——《新星》。这颗新星的发现，动摇了亚里士多德天体不变的学说。

这时，他和瑞士的巴塞尔结了婚，并接受了丹麦腓特立二世邀请，留在丹麦工作。丹麦腓特立二世为他在哥本哈根附近的胡恩岛建成了天文台，该天文台上的设备在当时世界上是最完备的，拥有四个观象台、一个图书馆、一个实验室和包括一个印刷厂在内的附属设施。第谷自己设计制造了观象台的全部仪器，其中较大的一台是精度较高的象限仪，被称为第谷象限仪。第谷对观测精度要求十分严格，不断改进仪器和测量方法，因此他所进行的天体方位的测量，其精度是比较高的，是哥白尼的20倍。第谷想精确测量出从地球上所看到的星体的位置，并想由此而绘出一幅星体位置确实的天体图来。他测量了777颗恒星的位置，其误差不多于四弧分；第谷还测量了行星的运动，发现了许多新的现象，如月球运动的二均差、赤夜角的变化，以及岁差的测定等；他对1577年出现的彗星也很感兴趣，他曾在相距甚远的两地对彗星的观测数据进行比较，发现没有差别，而对月亮的观测数据时有差别，由此便断定彗星比月亮远很多。在这以前，彗星被认为可能在近处，也许就在地球的高层大气之上。当时望远镜还没有被发明，观测所使用的仪器是很简单的，第谷能观测如此之多的星体、达到如此高的精度，可以想象他是怎样一位超群出众的观察家了。

　　第谷工作的天文台吸引了很多人慕名前来参观，也得罪了一些人。一次，第谷得罪了前来参观的未来新国王——丹麦王子基利斯。当基利斯即位以后，就开始了对第谷的报复，先是掐断天文台的经济来源，后来又肆意攻击和否定第谷的工作，1590年，第谷被迫离开了工作20年的胡恩岛，愤怒地离开了丹麦，到布拉格的天文台工作。

　　第谷只在布拉格工作了6年，便慧眼独具地发现了开普勒。1607年，重病的第谷把开普勒请到床边，作了临终的嘱托，第谷说："我一生之中，都是以观察星辰为工作，我要得到一份准确的星表……现在我希望你能继续我的工作，我把草稿都交给你，你把我观察的结果出版出来，题名为《鲁道夫天文表》……"这样，开普勒有幸继承了老师辛劳一生留下的全部观测资料和设备，这对开普勒后来取得巨大成就，起了重要的作用。第谷的亲属对开普勒占有上述资料一直耿耿于怀，然而，历史告诉我们，这批资料落入开普勒手中，可以说是上帝的安排。这本天文表，经开普勒的精心整理和千方百计地筹集印刷资金，直到1627年才正式出版。在以后一百多年的时间里，航海家们都乐于采用《鲁道夫天文表》，因为它是有史以来最精确的一份天文表。

第谷一直有丰厚的收入，以保证他的生活和研究。但这并不是因为他是一位出色的天文学家，而是职业的占星术士，当时的占星术具有很高的地位。

第谷在天文历史上以观测精密而著称，是一个善于"看"的人。他清醒地知道要认识行星运动的规律，积累高度精确的测量数据的重要性，并身体力行地测出了大量的原始精确的数据。但第谷却提倡地心说，并试图改进它，未能接受哥白尼的日心说。在他的地心说里，行星绕着太阳转，而太阳又绕着地球转。但

第谷在天文台进行观测

是，第谷坚持不懈、一丝不苟地进行科学观察的精神，将永远地载入科学史册；他本身取得的巨大成就和留给开普勒的大量资料，推动了天文学的发展。

三、遭受酷刑的布鲁诺

当教会慢慢从哥白尼散布的迷雾中醒悟过来时，逐渐地感到哥白尼学说对自己的威胁，于是加强了对这个学说的围剿。他们疯狂地攻击日心说，后来他们把敢于讽刺教会的布鲁诺处以火刑。

1548年，布鲁诺出生在意大利那不勒斯附近的诺拉城，由于家境贫困，未能上大学，15岁时到一所修道院里做工，就在那里，他有幸阅读了许多书籍，并从事文学和哲学的研究。1572年，他获得了哲学博士学位，并成为牧师。这时，他对自然科学产生了浓厚的兴趣，逐渐地对宗教神学产生了怀疑，并大胆地写了批判《圣经》的论文，因此冒犯修道院而逃往罗马，又转移到

威尼斯，后又越过阿尔卑斯山而逃往瑞士。他在日内瓦又因批判加尔文宗教而被囚禁起来。1579 年释放后到法国，先后在图卢兹大学和巴黎大学讲授天文学。1583 年到了英国，积极批判经院哲学和神学，反对托勒密的地心说，宣传哥白尼的日心说，1585 年，又去德国、捷克等地讲学，反对宗教哲学。

由于布鲁诺广泛宣传先进的哲学思想等积极活动，引起了罗马宗教裁判所强烈的恐惧和仇恨。1592 年，罗马教徒采用欺骗的手段把他骗回意大利，并立即逮捕。刽子手们使用了种种威胁手段，布鲁诺坚贞不屈，遭受了 8 年的折磨，最终被处以火刑。1600 年 2 月 17 日被烧死在罗马的鲜花广场。布鲁诺无畏地捍卫真理，藐视反动的宗教法庭，在生命的最后时刻，庄严地向刽子手宣布："你们对我宣读判词，比我听到判词还要感到恐惧！"

在布鲁诺遇害 289 年之后，1889 年 6 月 9 日，人们在布鲁诺殉难的鲜花广场上竖起了他的一尊铜像永志纪念。真理始终是真理，后来，罗马教皇也为他平反。

布鲁诺的一生是与旧观念决裂、同宗教势力搏斗、百折不回地追求真理的一生。他宣传和发展了哥白尼的学说，高度评价和赞扬哥白尼学说"如同一道霞光，它的出现应当使数百年埋藏在盲目、无耻和嫉妒愚昧的黑暗山洞里的古代真正科学的太阳放射光明"。他认为宇宙是无限的，在太阳以外，还有无数个类似的天体系统，太阳只不过是一个系统的中心，而不是整个宇宙的中心，太阳不是不动的，它对于其他恒星的位置也是变动的。这就进一步发展了哥白尼太阳中心说的思想，把人类对于天体的认识提高到了一个新的高度。布鲁诺的思想，已非常接近现代的宇宙观。

除了这些，布鲁诺在其他方面也做了贡献。他提出了地球经常发生地质变化的理论，把发展的观念引入了地质学的领域；在哲学方面，提出了有关对立统一的许多命题，如最小的圆弧和最小的弦相等，而直径无限大的圆周和它的切线又是一致的，因此，曲线同时又是直线，直线同时又是曲线。

由于时代的局限，布鲁诺的学说也带有一些神学的色彩。例如，他认为自然界即"神"，构成自然物中的一切事物的最小单位是"单子"，单子是物质和精神、质料和形式的统一体。他一方面肯定物质和运动不可分离，另一方面又认为自然界本身具有一种创造的力量——"普遍的理性"或叫"宇宙的灵魂"。

四、天空立法者——开普勒

开普勒的一生充满了不幸：幼年体弱多病，落得一只手半残，神经衰弱，妻死子病，母亲曾被指控施行巫术而遭到拘禁。他终生贫困交加，不得不靠教书及占星算命维持生活，最后惨死于索取欠薪的旅途中。然而，开普勒并没有被惨痛的命运所压倒，他的杰出科学成就为他不幸的人生增添了几分欢乐。

1571年12月27日，一个早产儿降生于德国威尔一个贫民家庭，那就是开普勒。开普勒体质十分差，后天又多折磨，然而他的智力很好，又有坚强的毅力，在里昂堡的学校读书时，一直名列前茅。

由于家庭的破产，他曾停学过一段时期，在他父亲的小客栈里当杂佣。后来他获得机会继续上学，在符腾堡的德语学校和拉丁语学校学习。1588年，开普勒免费进入了蒂宾根大学，在大学期间，他受到热心宣传哥白尼学说的天文学教授迈克尔的影响，成为日心说的拥护者，大学毕业后，被聘请到格拉茨新教神学院担任教师。

开普勒认真阅读了大量的天文学著作，不断充实自己的天文知识。他一方面相信哥白尼的日心说，一方面通过长时间的观察、记录、思考和计算，又逐渐发现哥白尼把所有行星的运动看成是以太阳为圆心的匀速圆周运动与实际观察到的数据有着很大的出入。他认为对行星的轨道作这样的理解，似乎过分简略了。于是24岁的开普勒以他丰富的数学知识为基础，开始对行星轨道进行了新的探索。

凭他善于想象的心智，设想行星的运行可能和它们与太阳的距离有某种关系，进而想到用希腊人猜想的天体轨道的正多面体来解释为什么太阳系中包括地球在内恰好有6个行星，为什么它们又有大小不同的轨道。开普勒发现，如果在包容土星轨道的天球里内接一个正六面体的话，木星的天球就恰好外切于这个六面体。如果把一个正四面体内接于木星的天球之中的话，火星的天球就恰好与这个正四面体外切。如此类推，五个正多面体和六个行星，都是这样。这样的发现表现了他具有丰富的想象力和过人的数学才能。开普勒披星戴月地工作，完成了这些非常繁杂的计算，最后写成了《神秘的宇宙》一书。为什么离太阳近的行星走得快，而较远的就走得慢呢？在书中，他凭自己的想象作了模糊的解释："恐怕中心是一个有意识的主脑，强迫着各行星运行，于是最近的被迫快些，远的就偷懒些，而且相隔太远，责任心便薄弱了。"

开普勒想求教于当时著名的天文学家第谷，怀着对第谷的敬意，将《神秘的宇宙》寄给了他。当时第谷应奥地利国王鲁道夫二世的邀请在布拉格天文台工作。第谷虽然对开普勒的解释不太满意，但是一眼就看出了开普勒是一个很有发展前途的天文学家，于是邀他前来共同研究。1600年，开普勒经过长途跋涉，一度贫病交加，终于来了布拉格。当时第谷已经55岁，开普勒才30岁，他们两个人具有很大的差异：第谷的特点是目光敏锐，身体健壮，生活奢侈，性格暴躁，一副权威相，他善于精确观察，但缺乏想象力，不相信哥白尼学说；开普勒则近视，身体虚弱，待人和蔼，但意志坚强，富于想象力，特别是数学分析能力很强，相信哥白尼学说。共同的事业和目标使这两个性格截然不同的人紧密地结合在一起，他俩一见如故，成了一对好朋友。不幸的是，这两位天文学家开始合作的第二年，第谷就去世了。

从此，开普勒接替了第谷的职位，得到了第谷的大量资料，并把全部的精力都用在行星的研究上。测定某一行星绕太阳运行的轨道是一件十分艰难的事情。在地球上，我们只能看到行星某时刻是在什么方向上，而无法看到它在该时刻相对于太阳所处的实际位置。开普勒经过反复思考，认为走出困境，首先要确定地球的运动。但是，要确定地球本身的运动，非常困难，因为在当时，人们只能知道地球对太阳的角速度的变化规律，而依然不知道地球离太阳远近的变化和地球轨道的真实形状及其运动方式。

开普勒以其丰富的想象力和杰出的数学才能探到了一条奇迹般的出路。作为第一步，他首先要在空中找到一个参考点。那时火星绕日的周期1.88年为已知，因此，他选择了火星为参考点。这样对太阳和火星的观测，就成为测定地球运动的手段，开普勒就是这样巧妙地用了三角定点法把地球的轨道形状测了出来。第二步，他对火星轨道进行了精确测量和探索。第谷遗留下来的数据资料中，以火星的资料最丰富。但不巧的是，火星轨道跟哥白尼理论所计算的出入最大。当时称火星为"马斯"，开普勒开始按正圆编制火星的运行表，可是发现马斯老是出轨。后来他如此生动地描述这段时期的工作："我要征服战胜马斯，把它掳进我的表格，我已经为它备好了枷锁。但是，我终于感到胜利毫无指望了，战争依旧激烈地进行着！天上那个诡计多端的敌人，出乎意料地扯断了我用方程式制成的锁链，从表格监牢中冲了出去，在一次又一次战争中，我那由物理因子编成的部队备受创伤，而它却已经冲出束缚、逃之夭夭。"开普勒尝试将火星规道从正圆修正为偏心圆。大约又进行了 70 次试探之后，他高兴地找到了一个方案，与事实能较好地符合，可是，按照这个方法来预测火星的位置，仍跟第谷的数据不符，8 分之差相当于秒针 0.02 秒瞬间转过的角度，会不会是第谷弄错呢？不会！开普勒对第谷一丝不苟的工作态度深信不疑，这 8 分的误差逼迫开普勒走上了革新天文学的道路。

开普勒经历了艰辛的研究和无数次的失败，意识到火星的轨道不是圆的，并断定它运动的线速度跟它与太阳的距离有关。他又把轨道看成是卵形，进而确定是椭圆。1609 年，开普勒出版了他的《新天文学》一书，书中介绍了他的第一定律和第二定律。

开普勒第一定律：所有的行星都分别在大小不同的椭圆轨道上围绕太阳运动，太阳在这些椭圆的一个焦点上。

开普勒第二定律：行星与太阳的连线在相等的时间里扫过相等的面积。

如果说开普勒第一定律能告诉我们某颗行星一切可能的位置，那么第二定律指出了行星沿轨道运动时，速率改变的规律，从而能确定该行星在什么时候处于某个可能的位置上。

开普勒并不满足自己取得的成就，他继续前进。经历了艰苦漫长的探索，终于在《新天文学》发表 10 年以后，出版了《宇宙谐和论》。在书中阐述了开普勒第三定律，也就是行星运动的周期定律：

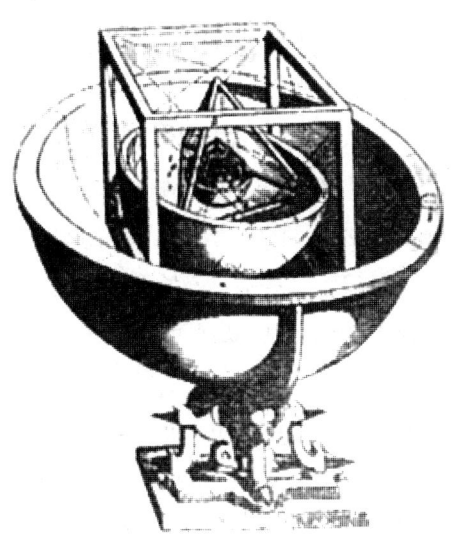

开普勒第一次说明太阳系真正的几何形状

行星公轨周期的平方跟它们轨道的长轴的立方成正比。

当他耗尽心血，发现第三定律时，情不自禁地写道："这正是我16年前强烈希望探求的东西，我就是为了这个目的而同第谷合作……现在大势已定，书已经写成了，是现在有人读还是后代有人读，于我都无所谓了。也许这本书要等上一百年，要知道，大自然也等了观察者六千年呢！"

他深知，发现科学规律艰难，让人们接受新发现同样艰难，甚至更加艰难。

开普勒在光学领域也有卓越的贡献，他可说是近代光学的奠基者之一。他在光学领域的工作同伽利略在力学方面的作用相仿，他了解到光的强度是跟光源的距离的平方成反比的。他还研究和解释了小孔成像现象，并从几何光学的角度给予说明。开普勒对于光的折射问题做过许多研究，指出折射的大小不能单从物质密度的大小来考虑。例如油的密度比水的密度小，可是它的折射却比水的折射大；开普勒还研究了透镜和透镜组，确证了透镜得到的像是倒立的。在研究这些问题时，开普勒采用了作图的方法，最先提出了光线和光束的表示法，为研究光学提供了新的手段。在实践上，开普勒还应用了有关的研究成果，成功地改进了望远镜。他还从光学角度研究了人的感觉，纠正了前人关于视觉的种种错误观点，开创和发展了研究视觉理论的正确道路。柏拉图和欧几里得都错误地认为视觉是由眼睛发射出光，开普勒则认为看见物体是因为物体的光通过眼睛的水晶体，把缩小了的倒立的像投在视网膜上，至于人们平常不觉得倒立，只是习惯了的缘故。此外，开普勒还阐述了近视眼和远视眼的问题。他主张，近视眼就是因为物体的光通过水晶体而产生的物像不是落在视网膜上，而是落在视网膜之前；远视眼的物像却落在视网膜之后，因而远视的人和近视的人都看不清物体。

1612年，鲁道夫二世被迫辞位，继任的新国王对于天文学不感兴趣，辞退了开普勒，他于是到奥地利林茨的一所大学去当教授。那时，瘟疫的魔影正笼罩着欧洲。校方老是拖欠薪金，开勒普一家常过着半饥不饱的生活。即使在这样的逆境当中，开普勒仍念念不忘第谷的临终嘱托，要出版天文表，几经交涉好不容易从维也纳的国库里得到了微薄的资金，不足之数，由开普勒节衣缩食，东挪西借，勉强凑齐。1627年，深受航海家欢迎的《鲁道夫天文表》终于出版了。

1630年，年迈的开普勒到雷根廷斯堡去索取欠他的薪金，以便开展一项新的项目，结果处处碰壁，在归途中，他病倒在客栈里，第二天，便悄悄地离开了世界。

开普勒的一生，几乎都生活在逆境之中，有人这样评价说：第谷的后面有国王，伽利略的后面有公爵，牛顿的后面有政府，而开普勒有的只是疾病与贫困。

中国的天文学仅局限于实用，根本目的在于制定准确历法。而西方天文学虽然开始带有浓厚的迷信色彩，最后却坚定地走向了纯科学的研究。可以说，是整个西方民族对天体的神秘兴趣——占星术，激发一代又一代杰出的人物将个人的兴趣转向天空。人类的兴趣与个人的兴趣有机结合，从而结出了累累硕果——天文学成为欧洲文艺复兴后思想革命的先导，与天文学相关的力学、运动学、几何学、数学、望远镜研制技术等迅速发展，成为近代科学的导火索。

五、格里克——马德堡半球实验

我们身边的空间到底是什么，有物质吗？有质量吗？马德堡半球实验回答了我们的问题。

1602年，奥托·冯·格里克生于德国马德堡，家庭颇富裕。他15岁时进莱尼兹大学学习法律，20岁毕业，在研究法律之余，对于实验及数学等，也有浓厚的兴趣。格里克大学毕业后，曾先后赴英、法两国留学，23岁时才回到故乡。当时的欧洲正卷入战争的漩涡之中，马德堡被攻占后，全市烧毁一空，格里克被敌人逮捕，经瑞典朋友的资助，始得赎身出狱。后来，在瑞典国王的帮助下，收复了马德堡市。1646年，格里克被选为该市市长。格里克就任之后，兢兢业业地工作，不遗余力地架设桥梁，建造要塞。此外，他亲自动手种田，以生产当时奇缺的粮食。

格里克在科学上最大的贡献是对真空的研究。当时的科学界，创造真空是一个重要课题，格里克根据吸取式抽水机的原

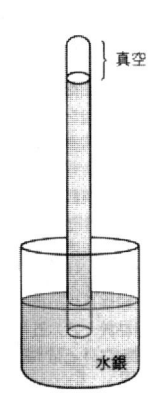

理，经过精心设计和试验，终于制造了活塞式抽气机。1663 年，格里完成了《论真空》著作手稿，该书在 1672 年出版。格里克最初在装葡萄酒的木桶里装满了水，用黄铜泵把水抽到另一个桶里，被抽水的木桶是密封的，只有一个抽水管口，三个强壮的助手用力拉动活塞，慢慢地把桶内的水抽出。随着水的抽出就可以听到一些声音，桶内剩下的水似乎在剧烈地沸腾。由于木桶漏气，随着空气进入木桶，这种声音逐渐地停止了。后来用铜制的球形容器代替木桶，再进行上述实验。开始时，活塞很容易拉动，后来，随着容器里的水越来越少，就越来越难拉动活塞了。当抽成真空后，打开活塞时，空气迅猛地挤进球内，其激烈的程度几乎可以把靠近的一个人拉进铜球里。

格里克制作的两台空气泵进行真空试验

格里克经历了一系列的实验探索，终于发明了抽气机。有了抽气机，他又做了许多关于真空和大气压强的实验。他发现，真空里的火焰会熄灭；鸟在真空里，难过地张开大嘴，拼命吸气，一会儿便死去；鱼也在真空中死去；葡萄在真空中能保持六个月不变质，等等。格里克曾将含有空气的猪膀胱，放入抽气机的钟罩里去，然后将钟罩中的空气抽去，便见到膀胱逐渐膨胀以至破裂。他又在玻璃容器中装入一只正在发出声音的钟，当将容器里的空气抽出后，就听不到声音了。由此证实，声音不能在真空里传播。格里克还曾在一根十米多长的管子上接一段琉璃管，玻璃管里注入水，然后顶端封闭，把它做成水式气压计，即以水柱代替托里拆利管中的水银柱。他观察到，在天气有变变时，水柱的高度也会发生变化，从而利用这个仪器来预报天气，他制作了一个小木人浮在这个仪器的水面，小木人的手指指出了各个位置上的空气压强。

最著名的实验是关于证明大气压强数值的实验，即马德堡半球实验。格里克制造了两个直径1.2米的空心铜半球，并把这两个半球密合在一起，将球中抽成真空。结果，用16匹壮马分成两队拉，也未能拉开两个半球。此项实验是1654年在皇帝和帝国国会众多的观众面前做的，为了纪念格里克的故乡，这金属半球被称为"马德堡半球。"

1686年格里克在汉堡逝世，享年84岁。

马德堡半球实验

欧洲中世纪宗教的黑暗，随着日心说的诞生，天空渐渐地露出了曙光。但黎明前的时刻是最黑暗的，宗教对科学和科学家的迫害也达到了前所未有的程度。由于教会的压制，此后200年意大利再也没有出现杰出的人才。科学中心转移到教会控制不太严的欧洲其他地方去了。无论怎么样，现代科学还是在激烈斗争中诞生和发展了。

科学的革命首先是科学观念的革命，科学的进步首先是科学思想的进步。哥白尼胆大敢为地迈出了坚定有力的第一步，挑战整个社会的神学观念和权威。布鲁诺是以生命的奉献来追求真实的知识，冲击宗教的体系，捍卫科学的真理。而第谷和开普勒则以对天空详细、准确的观察为依据，破除旧观念、总结新规律，使科学发展逐步踏上了康庄大道。

第七章 科学步入牛顿时代

当宗教迷雾依然散布在欧洲上空，以"太阳中心说"为核心的科学思想似涛涛的洪水，冲决障碍，一往无前，近代科学迈入了一个崭新的纪元。

哥白尼的《天体运行论》问世，揭开了人类近代史上第一次科学革命的序幕。而1689年，英国科学巨匠牛顿发表不朽名著《自然哲学的数学原理》，则标志着经典力学的建立，物理学从此成为一门成熟的自然科学，人类文明进入了一个崭新的时代——牛顿时代。

一、近代物理学之父——伽利略

伽利略是近代力学理论奠基者，是实验科学的先驱，同时也是近代天文学革命的勇士。1638年他的《关于两门新科学的对话和数学证明》出版，宣告了亚里士多德宇宙体系的瓦解，标志着近代力学的诞生。

在著名的艺术家米开朗琪罗逝世的1563年，莎士比亚诞生于英国，伽利略诞生于意大利的比萨。他祖辈是佛罗伦萨的名门贵族，父亲是有名的音乐演奏家、作曲家和杰出的数学家。7岁时，伽利略进入佛罗伦萨附近的法洛姆博罗莎学校。11岁时，他进入比萨大学学

实验科学的先驱、运动学奠基人
——伽利略

医，同时潜心钻研数学。伽利略善于观察和思考，18 岁时，有一次到比萨教堂去做礼拜，他注意到教堂里挂的那些摇摆不定的油灯，悬绳一样长，尽管有的灯摆动幅度不同，但他们往复运动的时间（他按自己的脉搏计时）却是相同的，从而发现了钟摆的等时性。

伽利略善于独立思考，经常用自己的观察和实验来验证老师们讲授的教条，因其"胆敢藐视权威"而受到学校的警告处分，学校甚至拒绝发给他医学文凭，因此他就离开了比萨大学。1585 年，他回到佛罗伦萨，在家自学数学和物理，攻读欧几里得和阿基米得的著作。1588 年发表了题为《固体的重心》论文，从而引起了学术界的注意。

伽利略有着天才的直觉。1589 年，在友人吉社巴尔多伯爵的推荐下，就任比萨大学的数学教授。由于他对亚里士多德的学说提出异议，1591 年伽利略在一片诽谤声中辞去了比萨大学的教授一职。

（一）自由落体运动

许多人都知道一个传说：伽利略在著名的比萨斜塔做过自由落体实验。他让不同重量的球从塔上同时下落，发现它们同时落地。于是得到物体的加速度与重量无关的结论，即自由落体定律。但是通过考证，没有任何可靠的证据表明伽利略在比萨斜塔做过自由落体实验。认真想想，由于存在空气阻力，即使伽利略真的去做这个实验，这些大小相同、质量不同的小球也不可能同时落地。然而伽利略得到了正确的结论，这又是怎么回事呢？

亚里士多德学说认为：物体坠落的快慢与其重量成正比，因此重物体比轻物体下落得快。在伽利略之前，已有人对亚里士多德的观点提出质疑，觉得实验似乎不能证明重物体比轻物体落得快，至少不能说，重量大一倍的物体下落也快一倍。伽

据说在比萨斜塔上，伽利略抛出的两个重量不同的铁球同时落地。

利略有一个直观的猜测：真空中的物体运动应该最简单。他用极限的观点来推想这一运动。他设想把大小相同的金球、铅球和木球放在水银里，根据浮力定律，只有金球下落；把它们放在水面上，则金球和铅球下落，但金球落得快一些；把它们放在空气中，它们都下落，金球和铅球的速度差不多，木球慢一些。伽利略说："鉴于此，我认为，如果完全排除空气阻力，所有的物体将下落得一样快。"

伽利略进一步用理想实验来反驳亚里士多德。他指出，如果把一个重物体和一个轻物体捆在一起，从高处坠下，那将是什么情形呢？这两个物体加在一起的重量肯定比任何一块都重，按亚里士多德的观点，捆在一起的物体比它们单独下落时快。但从亚里士多德观点的另一角度看，重物体比轻物体落得快，这两个物体捆在一起就要互相影响，重的重物体被拖慢，轻的轻物体被拖快，因此捆在一起的物体比单独下落的轻物体快，比重物体慢。于是，同样是亚里士多德的观点，得到两个相互矛盾的结论。要克服此矛盾，只有否认亚里士多德的观点，认为所有的物体落得一样快。

伽利略又做了小球沿斜面滚动实验。他发现小球滚动的加速度与小球的重量无关，只与斜面的倾斜度有关。伽利略再次发挥理想实验的威力。他认为，把斜面完全立起来，小球的下滚运动就成为自由落体运动，因此自由落体运动的加速度也应与重量无关。由此可见，理想实验对物理学的重要作用。

（二）天体观察——人类的望远镜

伽利略于1609年研制成了历史上第一架放大达32倍的天文望远镜，他用这架望远镜来观察月亮、行星、太阳和恒星。月球的表面是凹凸不平的，太阳有斑点，银河也是由千千万万颗明暗不一的星星组成。尤其是观察到木星有四个卫星围绕它旋转，俨然是一个小"太阳系"，人们真切地看到了，一些天体围绕另一个天体旋转。这些发现不仅支持了日

伽利略的望远镜

心说，而且使神圣的天体不再神圣了。属于上帝的太阳和月亮居然不是光洁无瑕的圣物，月亮上竟然有山脉。各种攻击纷至沓来，伽利略竟敢偷看上帝的秘密，这使得教会及其跟随者感到震惊和愤慨。明亮光洁的月亮怎么能凹凸不平呢？光辉神圣的太阳怎么有斑点呢？这肯定是玻璃产生的幻觉。不信？你把望远镜的玻璃去掉。

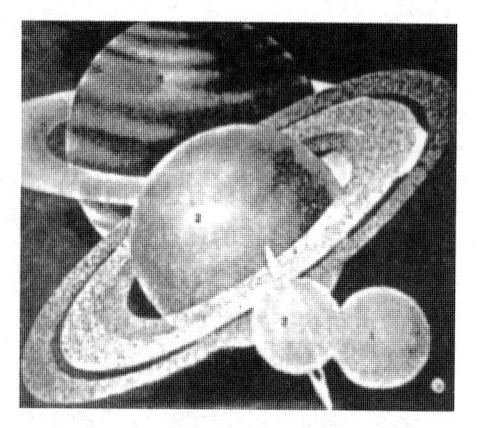

透过望远镜，可以看到行星的光环。

（三）惯性定律和相对原理

伽利略的另一重大贡献是确认了惯性定律，即不受外力的物体将保持惯性运动的状态不变。其实早就有人提出这一思想，古希腊的德谟克利特和伊壁鸠鲁，以及后来的牛顿都有这样的想法。然而，当时在欧洲占统治地位的是亚里士多德的观点——力是物体运动的原因。伽利略不同意亚里士多德的观点，他认为"维持"运动不需要力，"改变"物体的运动状态才需要力。他再次利用理想实验的威力：斜面实验证明，倾斜度越小，小球的加速度也

伽利略在宗教裁判所受审

越小；如果把斜面完全放平，并且斜面无比光滑，小球的加速度将会变为零，小球就将永远沿直线做匀速运动。这样伽利略发现了惯性定律。

伽利略还有一个重大贡献，即提出"相对性原理"。即所有的惯性系都是平等的，不能用任何实验来区分一个系统是静止的还是做匀速直线运动。这一原理是物理学最重要的基石之一。不管是经典力学，还是爱因斯坦的相对论都要用到它。

（四）科学的"罪过"与"上帝"的惩罚

伽利略名声大振，但却受到社会的压制。1610年，应新的国王科西摩二世邀请伽利略回到佛罗伦萨，并他聘为宫廷哲学家和大学里的首席数学家。就在这一年，他出版了《星宿信使》，在书中他隐晦地宣传哥白尼的观点。1611年，宗教裁判所向他发出警告，不准再宣传他的学说。1615年，罗马教廷把他召去，又当面警告他，不准再宣传日心说。在教皇的压制下，他被迫答应停止做这样的宣传。1623年，伽利略的一位好友巴格里尼即位教皇，称为乌尔助八世，他天真地以为与教皇的私人友谊可以保护自己，就贸然出版了宣传日心说的《关于两大世界体系的对话》。书中对日心说的宣传再次触怒了罗马教廷，他受到宗教裁判所的审判，在1633年被判终身监禁。体弱多病的伽利略被用担架抬到罗马，他被迫跪在法庭上做了"认罪"声明。他在审判书上签字时，仍嘟嘟囔囔地说："可地球仍在转动呀！"

从此以后，双目失明的伽利略一直被软禁在佛罗伦萨附近的一幢别墅中，直到1642年去世。应该说，作为囚犯的老伽利略并没完全屈服，在他的学生托里拆利和维维安尼的帮助下，继续进行研究，并于1638年在荷兰秘密地出版了另一本名著《两门新科学的对话》。

直到三百多年后的1979年11月10日，罗马教皇在公共集合上承认伽利略在17世纪30年代受到的审判是不公正的。1980年10月，教皇又在梵蒂冈举行的世界主教会议上提出需要重新审理这个冤案，在教皇做了上述宣布之后，一个由不同宗教信仰的科学家组成的委员会在罗马成立，这个委员会由意大利物理研究院院长吉基乔教授任主席，杨振宁、丁肇中等6名诺贝尔奖金获得者担任委员，伽利略的沉冤获得了昭雪。

（五）卓越的科学思想

伽利略一生的卓越贡献不仅反映出伽利略付出了多么艰辛的劳动，而且表现出他天才的直觉。他把实验事实和抽象思维结合起来，运用理想化的模型突出事物的主要特性，化繁为简，总结其规律性，留给后人宝贵的精神财富。爱因斯坦评论说："伽利略的发现以及他所用的科学推理方法，是人类思想史上最伟大的成就之一，而且标志着物理学的真正开端。"伽利略首开实验科学的先河，从无休无止的"为什么"转向地球上的物体是"怎么样"运动的；从漫无边际的大讨论转向局部的、简单的、有限的问题研究。这就是近代西方科学成功的道路。

二、经典力学之父——牛顿

1642年，是科学史上不寻常的一年。这年，伽利略逝世，而牛顿出生。12月25日（英国旧历），牛顿出生在英国林肯郡的偏僻农村——乌耳索浦的一个农民家庭。他是遗腹子，他的父亲名叫伊萨克，大概是为了纪念，他的母亲仍为儿子起名伊萨克。牛顿2岁时，母亲改嫁了一个名叫巴顿的牧师，从此，牛顿就由外祖母抚养。牛顿从小体弱多病，腼腆，学习成绩并不突出，各方面都缺乏自信心。有一次，班上的一个"小霸王"欺负他，踢了他肚子一脚。剧烈的疼痛激怒了小牛顿，他奋起反击，终于把那个孩子揍了一顿。体力上的胜利，大大提高了他的自信心。后来，巴顿病故，母亲领了两个妹妹一个弟弟回家。母亲希望牛顿放牧耕种，14岁的牛顿被迫停学在家。牛顿充满理想，虽停学在家，还是一心想着各种学习问题。叫他放羊，他独自在树下看书以致走散，糟蹋了庄稼；舅父

经典力学之父牛顿

叫佣人陪他一道上市场熟悉下生意，可是牛顿却恳求佣人一个人上街，自己躲在树丛后看书。有一次，他在暴风雨中测风速，浑身湿透跑回家，母亲简直惊呆了，怕他发疯，只得让他回到中学读书。

1661年，牛顿考上剑桥大学特里尼蒂学院。1665年，23岁的牛顿取得学士学位，但在班上表现不算突出。这年6月，鼠疫流行，学校关门，牛顿只好回到家乡，在乡间生活了一年半。这段时间，是他创造力最旺盛的时期，一生中的几项主要课题：万有引力定律、经典力学、流数术（微积分）和光学等基本构思都萌发于这段时间。瘟疫过后，1667年3月，牛顿又回到了大学里读研究生，1668年取得硕士学位。1669年，由马罗教授推荐，27岁的牛顿当了数学教授，他担当此职务前后共26年。牛顿不善于教学，在讲课方面并不太受学生的欢迎；但在解决疑难问题方面，他却远远超过众人。

1705年，英国女王授予牛顿爵士头衔。1727年3月，84岁的牛顿出席了皇家学会的例会后突然病倒，于当月20日逝世。牛顿作为有功于国家的伟人，葬于威斯敏斯教堂，与英国历代君主和名人长眠在一起。

牛顿一生中有许多重大成就，但是他却很谦逊。他说："我不知道世上的人对我怎么评价，我却这样认为，我好像是站在海边玩耍的孩子，时而拾到几块莹洁的石子，时而拾到几块美丽的贝壳并为之欢欣，那浩瀚的真理海洋仍然在我的前面未被发现"，"如果我所见的比笛卡儿要远一点，因为我站在巨人的肩膀上的缘故"。

牛顿终生未婚，毕生献给了科学事业。他勤勉地学习达到了如痴似疯的地步，一生闹了许多笑话。一次，他请一位朋友吃饭，菜已摆在桌子上了，可是牛顿突然想起了一个问题独自进了内室，很久还不出来，朋友等得不耐烦了，就自己动手把那份鸡吃掉了，骨头留在盘子里不告而别。当牛顿走出来，看到盘子里的骨头时，自言自语地说："我还以为自己没有吃饭呢，原来已经吃过了。"还有一个传说，牛顿在重要著作《自然哲学的数学原理》出版后的一天，强迫自己到剑桥大学附近一个幽静的旅馆里去休息一下。但他怎么也静不下来，他见到人家洗衣盆里肥皂泡在阳光下呈现美丽的彩色，寻思着这里究竟是怎样一个光学原理，于是就用麦秆一本正经地吹起肥皂泡来，店主看了颇为他惋惜道："一个快50岁的挺体面的先生，竟疯成这个样子，整天吹肥皂泡。"

由于牛顿对于科学研究持比较谨慎的态度，他的研究成果大都没有立即发表，而是经过反复考虑逐渐公布于众的，而这也给他增添了一系列的麻烦。

（一）经典物理学的"圣经"

牛顿在研究万有引力定律的同一时期，雷恩、哈雷和胡克等科学家都在探索天体运动的奥秘。1679年，皇家学会干事胡克意识到引力的平方反比定律，但没法证明，胡克为此事写信给牛顿，探询牛顿研究引力方面的进展情况，牛顿没有给他满意的回答。其实，牛顿这时候对于引力问题也还不很清楚。因为第一，他曾想根据平方反比关系对月球的轨道运动的向心加速度和地面上物体的重力加速度做比较，但当时所知道的地球半径之值不精确，计算误差很大；第二，牛顿尚未能精确地证明，在计算距离时，可以把月球和地球看做它们的质量都集中于它们各自的球心，这个问题直到牛顿发明了流数术（微积分）以后才得到解决。1684年，雷恩、哈雷、胡克等人又提出要推动这一问题的研究，也就是要从天体间引力的平方反比关系得到椭圆轨道的结果。同年8月，哈雷专程来到剑桥大学，登门拜访了牛顿，发觉牛顿已解决了这个难题。牛顿一时手稿未找着，答应再写一遍寄给他。同年11月，牛顿便把重新计算的稿纸同有关的资料都寄给了哈雷，哈雷极其兴奋又激动地看完了牛顿的计算底稿，又赶到了剑桥大学，竭力劝说牛顿发表。牛顿先写成了《关于运动》的论文，在皇家学会引起了巨大的影响。后来在哈雷的热心劝说之下，牛顿在1685年春，完成了巨著《自然哲学的数学原理》（以下简称《原理》）初稿。依旧还是哈雷奔波，联系出版，可是皇家学会却推说经费不足，暂缓出版，这时，热心的哈雷慨然解囊，资助了全部出版费用，才使这部划时代的巨著得以在1687年问世。牛顿为此激动地对哈雷说："哈雷，为了这部书的出版，你费了不少心啊！没有你的努力与支持，也许就没有这部书，幸亏没有给你带来什么麻烦，总算放心了。"

《原理》一书被看做经典物理学的"圣经"，内容包括：绝对时空观、惯性系、相对性原理、力学引力迭加原理。《原理》一书分为两大部分：第一部分是导论部分，包括定义、注释和运动的基本定律或定理；第二部分是这些基本定律的应用。导论部分虽然篇幅不大，内容却极为重要，对一些重要概念，如物质的量、运动的量、物体的惯性、外力、向心力，以及牛顿的绝

牛顿和他发明的反射望远镜

对时间、绝对空间和绝对运动等概念下了定义或作了说明，关于运动的基本定理或基本定律部分，主要是论述了机械运动的三个基本定律，接着又给出了六个推论，包括力的合成与分解、运动的迭加原理和动量守恒定律、经典力学的相对性原理。在第二部分中，讨论了万有引力，证明了笛卡儿的漩涡模型不能正确说明观测到的行星运动；还讨论了有关流体性质的若干定理和推测，解释了行星的运动和潮汐之类的引力理论；还阐述了"哲学中的推理法则"。

太阳系的九大行星都遵从牛顿的平方反比关系，沿着自己的轨道周而复始地运行。

《原理》的出版，使经典物理学多年来积累的有些杂乱无章的大量成果系统化了，物理从此成为一门成熟的自然科学。

牛顿确立基本三定律跟发现万有引力定律是相互促进，相辅相成的。而微积分是为了论证万有引力定律的需要而创立的，因此运动三定律、万有引力定律和微积分构成了经典力学的三个主要内容，同时也是研究经典力学有力的工具。

（二）光学研究

牛顿在光学方面的成就也是非常出色的。早在1664年，牛顿还在学生时代，就做了关于日冕的观察。1666年，牛顿作了玻璃棱镜的色散实验。牛顿在研究棱镜折射现象的同时，对改进折射望远镜发生了兴趣，并制造了世界上第一个反射望远镜。他于1668年制造的反射望远镜有六英寸长，直径一英寸，放大30到40倍。1672年，他送给皇家学会一个更大的反射望远镜，上面的题词是：伊萨克·牛顿发明并于1671年亲手制造。就在这一年，牛顿被选为皇家学会会员。在研究过程中，他发现了球面象差和色差的现象。同时代人卢卡斯采用了牛顿所用的不同品种的玻璃棱镜做实验时，得到的光谱长度和宽度跟牛顿的实验结果有很大差异，由于牛顿那时碰巧使用了是有相等色散率的一个玻璃棱镜和水，他重复过多次测量，坚信自己没有弄错，而没有考虑为什么别人会得出跟自己不同的结果。正因为他在这点上没有通常的谨慎态度，失去了一个重要的发现——根据不同物质具有不同的色散率的特性，可以制成消色差透镜。

牛顿在光学方面进行了多方面的研究，除了前面所说的关于光的折射、像差和色差外，还发现了牛顿环，描写了光的衍射现象，特别是还研究了光的振动理论，提出了所谓光的"猝发的间隔"，这跟后来波动说中的波长相似。有人甚至说，尽管他坚持光的粒子说，牛顿实验上是测定光的波长的第一个物理学家。牛顿在光学方面取得了如此大的成就，以致有人说，牛顿只凭在光学方面的贡献，就可称得上是一位伟大的科学家。

可惜的是，1692年的某晚，牛顿外出未熄灭蜡烛，可能是猫儿闯的祸——打翻了烛台，把他多年积存的论文和著作化为灰烬。

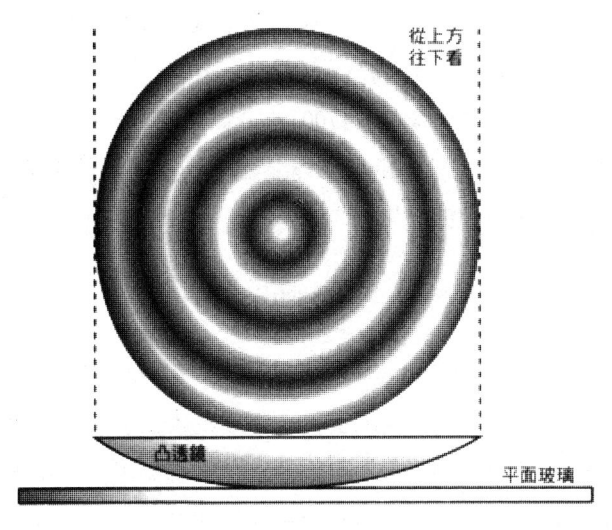

牛顿环

（三）首创权的烦恼

牛顿的第一篇论文《光和颜色的新理论》给他带来了麻烦，该论文提出了光的粒子性。不料，他的论点与胡克的波动说冲突，于是引起了一场大论战（此场论战一直持续了近300年，直到20世纪初才以光的波粒二象性为结论而告一段落）。那篇论文引起争论带给了牛顿消极的影响，他给朋友的信中说："……我失去了平静的幸福生活，而被这无聊的争吵弄得心绪烦乱，这真是无聊透顶，我越来越后悔，不该轻率地发表那篇论文。"从此，牛顿对自己著作的出版不再那么热心了。他把自己的研究成果写成手稿锁在箱子里，算是完成了任务。正如前面所说过的，要是没有哈雷的积极鼓励，甚至像《原理》一书，或许也不会出版。

《原理》出版后，麻烦的事也发生了。为了谁最先发现万有引力问题，又与胡克发生了一次不愉快的争论，最后还是牛顿做了让步，对胡克做了研究的那部分作了说明，归功于他。

还有，牛顿和德国数学家莱布尼茨之间曾因微积分问题引起一场争论。牛顿早在1665年5月20日写的一页书稿中就有"流数术"的记载。由于牛顿一直把书稿锁在箱子里，以致流数术到1687年才首次出现在《原理》中，而莱布尼茨的微积分是在1684年（牛顿的《原理》出版前3年）的杂志上就发表了。牛顿和莱布尼茨是各自独立地创立了微积分的。牛顿在世时,莱布尼茨和他曾有过友好的书信往来,切磋学术,只是由于1669年瑞士人利埃硬说是莱布尼茨偷窃了牛顿的成果,1700年,莱布尼茨才著文反驳。此后,在牛顿和莱布尼茨的门徒之间展开了一场绵延一百多年的无谓争论。1711年,牛顿发表了《使用级数、流数等等的分析》。

(四)走下神坛的牛顿

牛顿在《原理》出版后,就参与了政治活动。1688年,他被选为议员。但他也许算不上一个好议员,在一次关于宪法辩论的会议上,牛顿只发过一次言——要求会场中的招待员关一关窗户。后来,英国因货币制度混乱,在国内外已失去信用。1696年,当时任财政大臣的蒙特洛是牛顿的同学,他请牛顿当了造币局副局长。牛顿恪尽职守,工作很有成效,1699年被选为造币局局长。

1703年,即胡克逝世的这一年,60岁的牛顿被推选为皇家学会会长。1724年,牛顿的《光学》一书问世,同年,又出版了《三次曲线枚举》、《利用无穷级数求曲线的长度》、《流数术》(即微积分)等数学著作。

牛顿小时候是一个很温和的人,青年时代也比较胆小怕事,而且惯于内省,是一个谦虚谨慎的人。他的重要学术成果,都是在青年时期完成的。在生活上,牛顿是一个书呆子型的教授,他一辈子没有结婚,个人生活由他的妹妹和侄女照顾。"他从不做任何娱乐和消遣,不骑马外出换空气,不散步,不玩球,也不做任何其他运动。认为不花在研究上的时间都是损失",他常常工作到半夜三更,往往忘记吃饭,当他偶尔在学校的餐厅出现时,总是"穿一双磨掉后跟的鞋,袜子乱糟糟,披着衣服,头也不梳"。

但长期的学术争论和遭受的人身攻击极大地刺激了牛顿,学术的成功也使他渐渐地变得傲慢起来。中年以后的牛顿不是一个讨人喜欢的人,他过于沽名钓誉,晚年的牛顿更是大部分时间在争吵中度过的。

晚年的牛顿的研究方向逐渐转向神学。牛顿的哲学思想基本上属于自发的唯心主义,由于他否定哲学的指导作用,虔诚地相信上帝,特别是到了晚上,埋头于写神学为题材的著作,在唯心主义道路上越走越远,以致堕落为一个宗教狂。当他无法解释行星的一切运动时,竟提出了"神是第一推动力"

的谬论。对此，恩格斯指出："哥白尼在这一时期的开端给神学写了挑战书，牛顿以关于神是第一推动的假设结束了这一时期。"牛顿轻视哲学，却做了最坏的哲学——神学的奴隶。这是值得重视的历史教训。

三、皇家学会的台柱——胡克

英国物理学家、天文学家——罗伯特·胡克于1635年7月18日生于英格兰南部威特岛的弗雷施特瓦。胡克从小身体羸弱，但他喜欢动手做机械玩具，例如木制钟表，能在水中开动的航模等，其对机械学浓厚的兴趣为日后的发展打下了良好的基础。

1648年，当牧师的父亲逝世后，家道开始衰落。为了生活，胡克曾当过学徒，做过教堂唱诗班的领唱，还当过富豪的侍从。后来他有幸依靠威斯敏斯特学校校长的收留抚养，开始学习中学课程，接受数学的启蒙教育。据说，他曾在一个星期里读了六本欧几里得的书，可见其勤奋的程度和数学天资。更可贵的是他能够随之把所学的数学知识应用到机械设计中去。胡克于1653年进入牛津大学学习，并结识了一些当时有才华的科学同行。更有幸的是胡克在毕业后当上波意耳的助手。期间，他协助波意耳改进了真空泵，完成了波意耳定律的试验。

（一）仪器的制造

由于胡克的数学天资和机械方面的才能，他为波意耳制造了实验需要的几乎所有仪器，以致在胡克离开他之后，波意耳就很难成为出色的实验家了。1658年，胡克提出用弹簧摆轮代替单摆的新设想，并改进了钟表的结构。胡克于1662年被推荐为英国皇家学会实验所的评议员。人们称他为"皇家学会的台柱"，并称"如果说波意耳是皇家学会幕后的灵魂，胡克提供学会的就是双眼和双手了"。

胡克在制造仪器方面的突出才干，表现在17世纪每一项重要仪器的发现，几乎都与他是分不开的，例如真空泵、钟表、显微镜和望远镜中的十字线、光栅等。

（二）细胞学奠基人

1665年，胡克发表了他一生中最重要的一本著作《显微照相》。他开始应用显微镜于生物研究。他发现软木树皮是由无数的"细胞"组成的，从而引起了人们对细胞学的研究。细胞一词就是由胡克最先提出来的，胡克对细胞学的发展作出了重大的贡献。

（三）胡克与光波动说

胡克认为光的传播同水波一样，光是一种波。他甚至在1672年前还研究过光的干涉现象。值得一提的是，由于胡克对于光的本性持波动说，而当时尚未出名的牛顿则持微粒说，致使两人的关系变得很紧张，甚至使得牛顿迟迟不能发表《光学》这一著作。现在看来，胡克过于机械，他坚持光也是一种机械运动，这是不对的。光具有波粒二象性，不是单纯的粒子，也不是机械意义上的波，而是一种概率波。但无论如何，这场争论，推动了光学的发展。此外，胡克还认为热是物质粒子机械运动的结果，极力反对热质说。

（四）弹性定律

1676年胡克出版了《论刀具切削》一书，书中发表了后来以他的名字命名的弹性定律：在弹性限度内，弹簧的弹力跟弹簧伸长（或压缩）的长度成正比。胡克还对简谐振动作了比较深入的研究。

胡克的某些想法对于牛顿完成万有引力定律的研究起了积极的启示作用。在1674年发表的《从观察角度证明地球周年运动的尝试》的论文中，胡克提出了行星运动的三个假设：

第一，一切天体都具有倾向其中心的吸引力。它不仅吸引其本身各部分，并且还吸引其作用范围内的其他天体。因此，不仅太阳和月亮对地球的形状和运动发生影响，而且地球对太阳和月亮同样也有影

在胡克的显微镜下观察到细胞形状

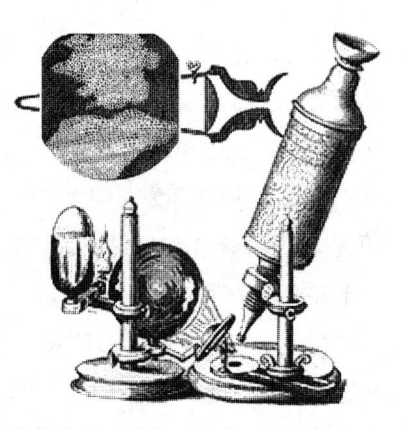

响，连水星、金星、土星和木星对地球的运动都有影响。

第二，凡是正在做简单直线运动的任何天体，在没有受到其他作用之前，它将继续直线运动不变。

第三，受到吸引力作用的物体，越靠近吸引中心，其吸引力也越大。此外他还想到了行星受到太阳的吸引力跟它到太阳的距离的平方成反比的关系，并与牛顿进行了通信。牛顿的万有引力定律，是在1687年出版的《原理》一书中正式提出的，因而人们就认为万有引力定律的基本物理观念是胡克首先提出的，胡克应享有首创这方面的荣誉。但是牛顿高超的数学才能远非胡克所能相比，因而数学的演算和最终的验证仍要归功于牛顿。

胡克对地质学也有研究，在1688年发表的《地震讲义》和1705年发表的《关于地面经常发现贝壳和其他海洋动物残骸的原因》等论著中，胡克提出了地貌变化的思想，化石则是动物的残骸。人们根据这些化石，有可能认识地球的历史。

胡克的研究面十分广泛，诸如建筑、化石、气象等方面，他都有所涉猎和贡献。1722年这位多才多艺的科学家逝世于格雷萨姆学院。

四、光波动说的创始人——惠更斯

光是一种什么东西？从古到今人们一直在思考这个问题。开始，人们从光的直线传播和反射定理得到启示，认为光就是像乒乓球一样的粒子。然而，随着光的干涉和衍射现象的发现，人们对这种看法提出质疑。要了解对光的认识过程，我们就必须知道荷兰数学家、物理学家、天文学家——克立斯丁·惠更斯。

克立斯丁·惠更斯，1629年4月14日生于海牙。幼年时，他跟随父亲学习数学和力学，16岁进入莱顿大学，两年后转入布勒达

光波动说的创始人惠更斯

大学学习法律和数学，1655年，获得法学博士学位。他曾访问过巴黎和伦敦皇家学会组织的许多著名学者，其中包括牛顿、莱布尼茨等。1663年他自己也成为伦敦皇家学会的第一名外国会员。

（一）望远镜的制造与土星观察

在菲涅耳发现了光的折射定律以后，惠更斯根据光的折射性质对透镜从理论上进行了分析，对于透镜的直径、曲率、焦距的关系以及像差问题都有精辟的见解。但是这些成果直到惠更斯逝世后的1695年才公布于世。在实践上，他自己亲自动手研制透镜，进而改进了开普勒望远镜，使观察到的天体现象更为清晰。惠更斯利用自己磨制的望远镜，经数年观测，发现土星的旁边有薄而平的环，有时薄环看起来成了一条线。1665年，惠更斯应聘去巴黎，担任法兰西科学院的院士。他在居住巴黎的15年中，发明了测微计，用以测定极短的长度。早在惠更斯观察天体的时候，就感到了精确计时的重要性，因此就致力于计时器的研究，惠更斯发明的单摆时钟是比较复杂的，由大小、形状都不同的一些齿轮组成，利用重锤作单摆的摆锤，摆锤可以调节，走时比较准确。

（二）钟摆研究

惠更斯在力学方面的研究，是以伽利略所创建的基础为出发点。他同牛顿不一样，牛顿是沿着伽利略所开辟的抛物运动理论进行研究，而惠更斯则是沿着伽利略奠定的单摆振动理论进行研究的。1673年，他在巴黎用拉丁文出版了《关于单摆时钟和单摆运动》的著作，他把几何学带进了力学领域，用令人钦佩的方法处理力学问题。

伽利略曾证明单摆运动与物体在光滑斜面上的下滑运动相类似，运动状态与位置有关，惠更斯把这一点进一步推广，并证明了单摆振动的等时性。

惠更斯在1674年出版的《摆动的时钟》一书，不仅记述了自制自鸣钟的制作工艺，而且讨

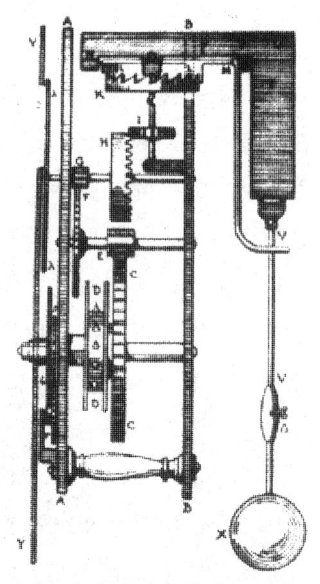

惠更斯制造的摆钟内部结构

论了摆的动力学。惠更斯提出了"摆动中心"的概念。所谓摆动中心是指任一形状物体在重力作用下，绕一水平的轴摆动时，其质量可视为集中在悬挂点到重心连线上的某一点。这个被视为质量集中的点，便称为摆动中心。这样，一个复杂形体的摆动就可简化为一个较简单的单摆运动来研究，而由摆动中心到悬挂点的距离，称为与单摆摆长相对应的"等值摆长"。

在惠更斯论述单摆时钟的著作中，还谈到了有关离心力（现在称作惯性离心力）的问题。惠更斯证明了离心力同速度平方成正比，与圆周半径成反比。但是，惠更斯生前很少发表这方面的论文。他关于离心力的很多论述是在他死后，人们在他的遗稿中发现，并于1703年用拉丁文以"有关离心力的论文"为题发表的。惠更斯的离心力理论，不局限于圆周运动，还推广到天体的椭圆运动。牛顿关于离心力的理论是在惠更斯的基础上发展起来的。

（三）碰撞研究

1666年，刚成立不久的英国皇家学会在其例会上，曾提出要求物理学家研究一下当时尚属空白的碰撞现象。到了1668年前后，惠更斯和其他两位科学家对碰撞现象作了比较客观正确的解释，惠更斯认为在碰撞（弹性碰撞）中除了动量守恒以外，还有另一个物理量，即当时称之为活力，也是守恒的。他在论文中提出一个假设："两个质量相等的物体，具有相同的速度相碰撞时，两者以相同的速度往回运动。"1669年2月惠更斯发表的论文，主要是研究非弹性碰撞问题的，导出的公式也是正确的。惠更斯对碰撞问题有更详细的说明，但当时都没有公开地发表，他死后才由别人发表，从这些有价值的遗稿中，可以看到这位科学家的辛勤劳动和一丝不苟的精神。

（四）光在交叉处发生碰撞

1663年，惠更斯被选为皇家学会会员，1665年受聘去巴黎。在此期间，他曾致力于光学的研究。与胡克一样，惠更斯支持光的波动学说，反对牛顿坚持的光的微粒说。他认为，如果光是微粒性的，光在交叉处就会发生碰撞，使光线方向发生改变，可是当时人们并未发现这种现象，而且利用微粒说固然可以很好地解释反射现象，因为它和刚性小球弹性碰撞时发生的反弹现象一模一样，但却不能解释折射现象。如果用光的微粒说解释折射现象，将得出光在光密媒质（例如水）中传播的速度比在光疏媒质（如空气）中光速快的结论，这显然和实验事实相矛盾。

惠更斯为此提出了光的波动说，指出光是在"以太"中像波一样地传播的，即著名的惠更斯原理。惠更斯原理有两个要点：①波阵面上的任何一面都可看做是一个新的波源，各向前发生波动；②各次波的包面即为下一时刻的新的波阵面。知道了波阵面在任意时刻的位置，就能够知道光的传播方向。惠更斯原理是人类对于自然规律的一种认识，它成功地解释了通常情况下光现象的三个基本定律：直线传播定律、反射定律和折射定律。

惠更斯认为光是一种机械波，因此需要传播媒质，他把它称为"以太"。既然声音是波，而空气又是声音的载体，如果根据葛利克的实验，作为波动的光，又能在真空中传播，那么在真空中也一定存在一种传播光的载体，这就是"以太"。"以太"的提出，对整个物理学产生了很大的影响，其后的许多年人们一直在寻找"以太"，但一直没有成功，成为当时物理学晴朗的天空中飘着的两朵乌云之一。直到1887年美国物理学家迈克尔逊和莫雷作了精确实验后，才否定了"以太"的存在，从而促进了相对论的建立。

惠更斯在巴黎生活了15年，后来法国与荷兰之间发生战争，惠更斯回到故乡荷兰。但此时，家族中的其他成员早已死亡，故他晚年的生活十分寂寞和孤独。1695年6月8日惠更斯在故乡逝世，他终身未婚。惠更斯的著作全集共有22卷，由荷兰科学院编辑出版。

五、帕斯卡与帕斯卡定律

法国数学家、物理学家布莱斯·帕斯卡于1623年6月19日生于克勒加菲朗，父亲是位著名的数学家，母亲也受过良好的教育，帕斯卡自幼就受到了极好的家庭教育。

帕斯卡从小聪明伶俐，善于思考，读书时成绩优异。在学校的课程中，对数学和物理尤感兴趣，当他还在童年时，就立志要成为一名数学家。

（一）一鸣惊人的帕斯卡定律

帕斯卡在父亲的影响下，16岁时就参加了巴黎数学家和物理学家小组

（1666年，这个小组改组为巴黎科学院）的学术活动，就在这时期，他发表了题为《圆锥曲线论》的第一篇论文。在这篇论文里他提出了投影几何的一个重要定理，即圆锥曲线内接六边形，其三对边之交点共线。后来被称为帕斯卡定理，并成为投影几何学上的基本定理之一。这个神秘的六边形题目即帕斯卡定理连同帕斯卡其人，从此扬名于数学界。

年轻的帕斯卡没有在赞扬和荣誉面前停步不前，他再接再厉，约在18岁时，发明了一种二进制的算术运算计算器，为后来计算机的设计提供了最初的原理。31岁时，他发表了《论算术三角形》的论文，提出了二项式系数的三角形排列方法，后来被称为"帕斯卡三角形"，如下图所示：

$(a+b)^0 = 1$

$(a+b)^1 = 1a + 1b$

$(a+b)^2 = 1a^2 + 2ab + 1b^2$

$(a+b)^3 = 1a^3 + 3a^2b + 3ab^2 + 1b^3$

$(a+b)^4 = 1a^4 + 4a^3b + 6a^2b^2 + 4ab^3 + 1b^4$

$$\begin{array}{ccccccccc} & & & & 1 & & & & \\ & & & 1 & & 1 & & & \\ & & 1 & & 2 & & 1 & & \\ & 1 & & 3 & & 3 & & 1 & \\ 1 & & 4 & & 6 & & 4 & & 1 \end{array}$$

帕斯卡曾与费马、惠更斯共同建立了概率论和组合的基础，并得出了关于概率问题的一系列的解法。关于帕斯卡发现概率论有这样一段故事：有一名赌博者，向帕斯卡提出一个使他苦恼很久的问题："两个赌徒相约赌若干局，谁先赢S局就算是赢了，现在有一个人赢了A局（A>S），另一个赢了B（B<S）局，赌博中止，问赌本应该怎样分才合理？"帕斯卡于1654年7月29日将这个问题和它的解法寄给了费马。正在巴黎工作的荷兰数学家惠更斯知道后，也帮助解决这一问题，还写成了《论赌博中的计算》一书，于1657年发表。

摆线问题是数学上有名的曲线问题之一，伽利略、笛卡儿、费马等著名科学家都非常重视并且研究过。帕斯卡为了研究摆线问题经常失眠、牙痛。1658年某夜，被牙痛折磨着的帕斯卡，一气之下，奋起工作，竭力思索摆线的道理，倒也奇怪，钻研问题竟使他忘却了痛苦，连续奋斗了八昼夜，终于完成了《摆线论》这部名著。帕斯卡还得出了不同曲线面积和重心的计算方法，他计算了三角函数，包括正切的积分，并引入椭圆积分。

（二）压强研究与帕斯卡定律

帕斯卡在物理学方面的主要成就在于对流体力学和大气压强的研究，关于液体的压强的传递定律——帕斯卡定律是在1653年被发现的，直到1663年他死了一年之后才正式发表。他在《液体平衡的论述》一文中写道："一个灌满水的容器，但不是全部密闭，它上面有两个开口，其中一个开口的大小是另一个开口的100倍，每个开口中插入紧密的活塞，当一个人压小活塞时，小活塞上产生的力能平衡100个人在大活塞的力，当施加在两个活塞上的力平衡时，力和开口的大小成正比，这是充满水的容器遵循的力学原理。它是一架新型机器，只要你需要，就能把力扩大到任何程度，一个人靠这种方法能举起任何负荷。"

阿基米得在公元前200多年前发现了浮力定律——阿基米得定律；帕斯卡对液体静力学做了研究，著名的帕斯卡定律就是其中之一。帕斯卡指出，盛有液体的容器壁上所受的由液体的重量所产生的压强仅仅与深度有关。传说他曾做过一次生动的实验：取一个大木桶，把它密封起来，再在盖面上开一个小孔，接上一根细长的管子，在桶里预先灌了水，然后，取来一杯水，当众把水灌注到细管里，由于水面一下子升得很高，桶内压强急骤增大，木桶不胜负载，水便破壁四溅，这个实验引起观众的莫大兴趣。

帕斯卡还发现大气压强的数值跟天气有关，这在气象学方面具有重大意义。他还做了虹吸实验，并用大气压来解释虹吸原理。其实，帕斯卡有关大气压强的研究工作在1653年就写在《论空气的重量》的论文中，但此论文一直到他死后10年（1672年）才被发表。

帕斯卡的主要成就差不多都在青年时期取得，30岁以后，他从事自然科学研究的劲头就差了，他的兴趣转向了神学。他从怀疑论出发，认为感性和理性的知识都不可靠，从而得出信仰高于一切的结论。

帕斯卡对文学也极有造诣，他的文字婉约、流利而有力，极为世人称赞，对法国的文学颇有影响，他的许多名句常为后人所传诵，而逐渐成为法国谚语。他所著作的《思想录》、《致外省人书》，对法国散文的影响甚大。1962年，世界和平理事会曾推荐帕斯卡为世界文化名人而予以纪念。

由于长期地艰辛工作，帕斯卡的身体过早地衰弱了，30岁刚出头就疾病不断。这样一位早年成名、具有多方面贡献的伟大科学家只活了39岁，于1662年8月在巴黎与世长辞。

六、第一个称量地球的人——卡文迪许

与伽利略和开普勒等科学家不同，卡文迪许非常富有，从不为自己的生活而担心。就如俾奥所说的，他是"一切有学问的人当中最富有的，一切富有的人当中最有学问的"。

（一）对空谈话法

卡文迪许的父亲是英国公爵的后裔，由于他的母亲喜欢法国的气候，所以搬到法国来居住。1731年10月10日，亨利·卡文迪许就生于法国的尼斯。由于早年丧母（母亲在他两岁时去世），他形成了一种过于孤独和羞怯的性格。11岁时，卡文迪许在纽卡姆博士所办的一所学校读书；1749—1753年，在剑桥大学学习，因为他在毕业期前几天离开了剑桥，所以并没有得到毕业文凭和什么学位；1753年，他去巴黎留学，主要研究物理学和数学；回国后，在伦敦的一家私人实验室里从事科学研究。1760年，卡文迪许被选为英国皇家学会会员，他还是法国科学院的外国院士。

1787年卡文迪许父亲去世后，他得到了一大笔财产。不久他的一位姑母逝世，又留给他一大笔遗产。所以卡文迪许非常富有，是英国屈指可数的富翁。但他醉心于科学研究，生活一直过得俭朴，对于金钱，始终表现得满不在乎。

卡文迪许的一生，一心扑在科学研究上面。他一生经常涉足的地方只有两处，一是英国皇家学会的聚会，二是参加班克斯爵士每星期日晚上宴请科学家的聚会。

卡文迪许的性格非常内向和孤僻。据说科学家当中，最了解卡文迪许的

脾气而能够和他交谈的，要算武拉斯顿博士了，因为他有一种"对空谈话法"。他说："和卡文迪许谈话，最好不要看他，而是要把头仰起，两眼望着天，恍若对着空间谈话一般，这样一来，你就可以滔滔不绝地长篇大论了。"

卡文迪许终生未娶，对书籍和科学研究却情有独钟。卡文迪许在伦敦有三处房屋：第一处靠近英国博物馆，其中主要放着图书和仪器；第二处放着专门的重要图书；第三处在克拉法姆公寓，是卡文迪许最喜欢住的地方，后来这里改成他的工作室和实验室，为了便于随时都进行实验，他不仅把客厅改成了实验室，并且在卧室的床边都安装了许多实验仪器。他十分珍惜自己的大量藏书，整理得井井有条，无论别人向他借阅，或自己在书架上取走一本书，都要严格办理登记手续，书从哪儿取下，必须仍旧归还原处。卡文迪许虽然爱好孤独的生活，但对于别人所做的研究工作却很感兴趣，例如，他曾将一些钱送给青年科学家戴维做实验之用，有时还亲自跑到皇家学会去参加戴维的分解碱类的实验。

（二）电学研究与称量地球

卡文迪许于1773年底前就完成了一系列的静电实验，可是他没有发表那些重要的部分。当时发表的两篇论文，只包括了一些次要的部分。100年之后，剑桥大学的物理学教授麦克斯韦发现和整理了卡文迪许在1771年至1781年间的实验论文，才以《尊敬的卡文迪许的电学研究》为题于1879年出版。

麦克斯韦指出"这些论文证明卡文迪许几乎预料到电学上所有的伟大事实，这些伟大事实后来通过库仑和法国哲学家们的著作而闻名于科学界"；卡文迪许还深入地研究了电容器的电容量。他用"电时"表示相同电容器的球体的电容。卡文迪许曾把49个莱顿瓶组成电容器组，发现它含有321000"电时"的电容（约1/2微法）；他曾测了几种物质的电容率，例如，他得出石蜡的电容率为1.81到2.47，而现在则出石蜡的电容率为2.1；卡文迪许

电　球

用实验揭示了静电荷分布在导体表面的性质，还用实验精确地验证了点电荷之间的静电力跟距离的平方成反比的规律，并确认至少不会与这个比率相差 1/50 以上；1781 年，他还进行了相当于欧姆定律的探讨。

100 多年前，牛顿通过天文观测和数学推导，成功地论证了万有引力定律。但是怎样才能确定万有引力是否适用于所有物体呢？直接的办法是用实验的方法精确测定各物体间的相互吸引力。可是由于一般物体间的相互吸引力是非常小的，因此很难精确确定。卡文迪许设计了一个扭秤，巧妙地解决了这个难题。这个扭秤就被称为"卡文迪许扭秤"。卡文迪许在 1798 年通过扭秤实验验证了万有引力定律，并确定了引力常数和地球的平均密度，成为第一个测量地球的人。

（三）热现象研究和气体研究

卡文迪许还研究了热现象。他通过硫黄、玻璃的试验，发现它们在质量相等、吸热相等的情况下温度的变化都不一样，这一结论成为后来比热定律发现的根据。

卡文迪许在化学方面也取得了很大的成就。在 1766 年发表的《人造气体》一文中，他指出氢是作为一种独特的物质而存在的，并用实验证明了氢能够燃烧。他曾研究了二氧化碳的性质和水的组成，证明水是氢和氧的化合物，这一发现在化学史上开辟了一个新纪元。他还证明了空气中有惰性气体的存在。

1810 年，卡文迪许在自己的实验室里逝世，享年 79 岁。卡文迪许一生都献给了科学事业。正如戴维所说："他对于科学上一切问题都有高深的见地，并且在讨论时所发表的意见异常精辟……他将来的声誉一定比今日的更为辉煌。在日常生活中，或者普通问题的讨论上，这位大科学家的姓名当然是不会提到的，但在科学史上，他那伟大的工作光芒，一定可以和天地共存。"

卡文迪许等科学家们的一个重要特征是，每个人既有专门的研究方向，同时又有广泛的交叉。尽管并非各方面都成绩卓著，但却留下了许多精辟的见解和珍贵的数据，大大促进了同代人和后代人在这些方向上取得重大的突破。

在这一时期，科学的画卷全面展开，大到宇宙天体，小到地上落体运动、弹力运动、碰撞运动,以及电学、流体力学等,这首先归功于实验科学的先驱伽利略。他开创了以实验方法研究小范围内的局部问题;以对世界的广泛观察代替宗教的虚幻猜想和荒唐推理。科学已不再是神的奴婢或政治的工具。

第八章 第一次技术革命

人类利用牲畜的力量，是一次重大的飞跃；而蒸汽机的出现，把热能转化为机械力量是一次更大的飞跃，从此人类从繁重的体力劳动中解放出来，展现了人类利用自然的力量，"劳动人民"不再以"劳动"为特征。

一、科学技术革命的曙光

中国的火药传入欧洲，使欧洲的热武器迅速发展起来；指南针传入欧洲，哥伦布把指南针用于航海领域，结果发现了新大陆，促成了欧洲的环球旅行；造纸术的传入为西方文化的传播打开方便之门，世界科技史上最有意义的第一次技术革命，在东西方文化交流中发展起来。

（一）科技革命的背景

中世纪欧洲大陆上宗教对科学的禁锢到了空前的地步，但它并没有阻止人们追求真理的信念，事实上，人类探索未知世界的脚步从来没有停歇过。尼克拉·哥白尼的《天体运行论》和维萨里的《人体的构造》两部伟大的科学著作的问世，成为中世纪科学与近代科学分界线上的丰碑。哥白尼的"日心说"宣告了神学宇宙观的破产，把自然科学从神学奴役下解放了出来，从此自然科学开始独立地以更快的速度发展。它向世人表明：既然传统的天文观不是亘古不变的绝对真理，那么世界上根本没有什么信条不可怀疑，没有什么学说不可改变，宗教神学的权威开始受到怀疑。正是这一重大观念革命推动了一大批科学家的诞生，布鲁诺、伽利略、开普勒和牛顿等科学家沿着哥白尼开创的道路继续前进——开普勒发现天文学上赫赫有名的行星运动三大定律；伽利略在经典力学中做了先导的基础性工作，他不仅在静力学、动力学上都有突出的贡献，而且还提出了力的相对性原理；经典力学的集大成者牛顿更上层楼，综合、归纳、总结和发展了开普勒的天体力学和伽利略的机械力学成就，为经典力学规定了一套基本概念，从而使经典力学成为一个完整的理论体系。可以说没有牛顿的努力，经典力学体系不可能达到如此完善的程度。在医学方面，比利时医师和解剖学家维萨里从不照本宣传科，而是坚持自己的信念，一面执刀解剖，一面对传统学说的错误进行批驳。维萨里不懈努力，终于推翻了古罗马医师盖伦关于人体构造的错误学说，建立了科学的人体结构学说，从而使医药卫生科学冲破宗教神学的束缚，回到真实的人体上来。

这场革命推动了自然科学的发展，尤其是数学、物理学、化学和生物学等学科的发展，而这些科学的发展又极大地推动了科学革命的进程。同时，随着科学理论的发展，一系列自然科学的方法得到确立。科学的发展推动了技术的进步，并直接促成与推动了近代动力技术科学的产生与发展。

（二）蒸汽机时代的到来

资本主义手工业的迅速发展，大大增加了对动力燃料和金属矿产的需求。与之相应，采煤业与采矿业得到迅速发展，不仅直接推动了当时社会经济的发展，而且直接推动了近代动力技术的诞生与发展，蒸汽动力技术的产生和发展则成了这一飞跃的先锋。

最先研究蒸汽动力技术的是意大利著名艺术家、科学家达·芬奇，据说他曾设计过一种利用蒸汽开动大炮的图样。以后，意大利的包尔塔曾设计和研制成功一种用蒸汽压力提水的实验装置，在一个盛水的封口瓶上装上两根与瓶内相通的管子，其中一根管子的一端与蒸汽室相通，一端位于瓶内上部的空气中；而另一根管子的一端浸入水中，一端则与外面的空气相通。在实验过程中，当蒸汽从接通蒸汽的管子进入瓶中时，瓶内的水即从另一根管子喷射出来。这种蒸汽压力提水装置所用的实验器械虽然比较简单，但它却为后来的蒸汽动力技术发展奠定了最初的实验基础。

在蒸汽压力、大气压力和真空作用这三大实验基础相继形成之后，最先把蒸汽动力技术的设想付诸实施的是法国著名物理学家、工程师巴本（1647—1712 年）。

巴本从 1674 年开始致力于蒸汽泵的实验设计，经过一段时间的实验研究与理论探索，他发明了一个带有活塞的汽缸。他先将汽缸的底部注入少量的水，再把汽缸放到火上加热，当汽缸内的水沸腾后，蒸汽即推动活塞慢慢上升，然后，又把火拿开，汽缸内的蒸汽即慢慢冷凝，由于蒸汽的冷凝，汽缸内产生真空，在大气压力的推动之下，活塞又慢慢下降。通过这一实验，巴本认识到利用蒸汽压力、大气压力、真空的交互作用，完全可以推动汽缸内的活塞及其活塞杆做往返的直线运动，而这种运动所产生的机械力可以带动其他机械运动，这就是蒸汽机的雏形。可不要笑话它的笨拙与简陋，它可是以后一切更高级的蒸汽机的始祖！在此之后，又考虑到过大的蒸汽压力可能会使汽缸爆炸，巴本作了一些改进，在 1680 年他发明了安全阀。这样，第一台可以把热能转变为机械能的实验型的蒸汽泵，就于 1680 年在英国试验成功了。巴本的蒸汽泵综合包括了包尔塔的蒸汽压力实验、托里拆利和巴斯噶的大气压力实验，格里凯的真空实验等三大实验成果，也综合了波义耳、胡克等人的理论成果，它是早期蒸汽动力技术的实验与理论成果的一次大总结，从这个意义上讲，蒸汽泵这种最初的蒸汽运动机械，主要是一种实验科学的产物。

（三）纽可门蒸汽机

1695 年，继巴本之后英国机械工程师塞维利的实验实现了蒸汽动力技术的第二次突破。他制造出了几台蒸汽泵，由于它已能用于抽水，并含有蒸汽动力机的雏形，特别是它首次把蒸汽技术用于生产，因此可以说赛维利实现了近代蒸汽动力技术的第二次突破。塞维利把他发明的蒸汽泵称为蒸汽机，但实际上只是一种把动力装置和排水装置结合在一起的蒸汽泵。

赛维利发明蒸汽泵以后，近代蒸汽动力技术进入一个新的发展时期，即纽可门蒸汽机的发展时期。纽可门热心于蒸汽机技术方面的研究。他曾向赛维利本人请教，并从物理学家胡克那里学到了一些必要的科学实验和科学理论知识。之后，纽可门还请同样对研究蒸汽机技术有兴趣的玻璃工人考利参加蒸汽泵的革新。后来纽可门又主动提出要和赛维利联合起来，一起研究蒸汽机技术。这样，纽可门、考利和赛维利三人实际上已经形成一个联合革新小组。这一联合小组推动了对赛维利蒸汽泵的革新。通过三人小组仔细的研究分析，发现赛维利蒸汽泵存在着两大缺点：一个是赛维利蒸汽泵的热效率太低；另一个是赛维利蒸汽泵基本上还是一种水泵，而不是典型的动力机。纽可门针对这两个缺点进行了相应的技术革新。纽可门与考利、赛维利一道，对动力如何传递的问题进行了研究，经过很长一段时间的摸索之后，纽可门提出了用一杠杆与活塞相连的传动机构设计。这样，活塞在往复运动中所产生的机械动力就可以连续传递出去了。这样，一台近代蒸汽机的完整蓝图基本完成了。1705年，纽可门、考利、赛维利一道，终于试制出了第一台真正算得上是动力机的蒸汽机。

纽可门蒸汽机发明以后，作为一种能够带动水泵的引擎，被用到采煤场与采矿场的矿井排水之中。在实际生产之中，人们除了发现它的热效率仍然较低之外，认为它另一重大缺陷是操作起来很不方便，如向汽缸内喷溅冷汽的龙头和蒸汽阀门的开关，最初还是手工操作的。这个问题由一个叫波特尔的徒工解决了，波特尔在看管这种蒸汽机时，对龙头与阀门的操作方法进行了革新。它把龙头手柄与阀门开关用绳索连接起来，大大简化了操作过程。

纽可门蒸汽机虽然最终是由纽可门革新成功，但它实际上是西欧许多科学家长期奋斗的共同结晶。早期的研究不算，仅意大利物理学家包尔塔从16世纪进行蒸汽压力实验算起，人们为发展蒸汽动力技术已相继奋斗了一个世纪，在长达一个多世纪的漫长岁月里，包尔塔、伽利略、托里拆利、维维安尼、巴期噶、格里凯、惠更斯、巴本、波义耳、胡克、牛顿、莱布尼茨、赛维利、纽可门等人均为蒸汽机的发明做出了不同的贡献。从巴本蒸汽泵到纽可门蒸汽机的早期蒸汽动力技术的发展，是学者的科学知识与工匠的技术经验逐步结合的产物。巴本蒸汽泵的发明，主要靠学者的科学知识，但巴本在发明蒸汽泵时，也吸收了当时工匠的技术经验；纽可门蒸汽机的发明，主要靠工匠的技术经验，但纽可门在研制蒸汽机时，也吸收了当时的科学知识。因此，早期蒸汽动力技术的发展，树立了把学者的科学知识与工匠的技术经验结合起来的范例。尽管这种结合当时还处于初级阶段甚至是不自觉的，但正是由于这种最初的结合，最终结束了中世纪的那种学者与工匠彼此脱离的局面，从而开创了一代科学新风。半个多世纪之后，当瓦特在格拉斯哥大学致力于革新纽可门蒸汽机时，也同样力求把他工匠的技术经验与热化学家布莱克的热学理论结合起来。

早期蒸汽动力技术的发展不仅极大地推动了技术本身的发展，而且对整个科学的发展产生了深远的影响。从巴本蒸汽泵到纽可门蒸汽机的发展，逐渐形成了近代科学技术的内在结构体系与循环发展机制——即理论与实验、科学与技术、技术与生产的内在结构体系的循环发展体制。

二、神奇机器——蒸汽机技术的发展

1642年英国资产阶级革命之后，资产阶级政权虽然经历了一些波折，但自1688年的"光荣革命"之后，特别是18世纪初的议会制逐渐形成之后，资产阶级已经完全确立了在英国的统治地位。到18世纪初，英国工场手工业的资本主义经济得到极大发展，开始产生向机器大工业化的资本主义经济转变的要求。

（一）蒸汽机的技术积累

在18世纪的头50年左右的时间内，英国的工场手工业进入前所未有的勃兴时期，各种最初的机械工艺迅速发展起来。但如纺纱机、织布机、缝纫机、收割机、脱粒机、割草机、抽水机、榨油机等各种工作机最初都还是使用各种自然力，特别是人力，这很自然就有两个突出的技术问题相继被提了出来：第一，如何进一步提高工作机本身的效率；第二，如何进一步提高工作机所需要的原动力。围绕如何解决这两个问题导致了工作机的革命和动力机的革命。

在由工场手工业向机器大工业的转化过程中，由于圈地运动的进一步发展，广大农民失去了赖以生存的土地，他们只好流浪到城市谋生。大量自由劳动力的出现有力地促进了当时英国的工场手工业的快速发展。同时，由于纺织工业本身有投资少、见效快、利润高等特点，因此它成为当时的工场手工业的中坚。这样，第一次工业革命的风云便最先在纺织工场中兴起。1733年，一家棉织工场的机械师恺伊发明了飞梭。凯伊曾当过钟匠，有熟练的机械工艺技术。他把钟表中的一些工艺原理和工艺技巧应用到手织布机中，终于发明了飞梭这种新的织布工具。带有飞梭的织机实际上是一种自动穿梭的织机，其工效比原来的织机提高一倍多——尽管它的原动力仍然是人力。飞梭发明并广泛应用后，棉纱供不应求。据当时纺织业十分发达的曼彻斯特统计，五六个纺工纺一天的纱，仅能供一个织工织一天。棉纱短缺、纱荒等问题制约了纺织业的更快发展。自从飞梭发明之后，人们一直致力于新的纺机的研制，不幸的是进展一直不快。科学的恩赐只针对那些有准备的头脑。1764年的一天，曼彻斯特有个兼做木工的织工哈格里沃斯在一次偶然的事情中受到启发。当时，他的妻子的纺车突然翻倒在地，但竖起来的纱锭和轮仍在转动。他猛然想到几个纱锭并立在一起，不是仍可以用一个轮子来带动吗？经过反复研制，他于1765年设计并制造出一架可同时纺8个纱锭的新纺机。这跟有名的苹果落地故事有异曲同工之妙。这样，纺纱的工作效率一下比原来提高了8倍。哈格里沃斯以他妻子珍妮的名字为这种新纺机命了名。珍妮纺机在纺纱业中迅速推广开来，很快占领了当时的纺纱市场。后来，珍妮纺机的纱锭由8个增加到十几个，纺纱工的效率也随之提高到十几倍。这样，当时遍及全国的纱荒就基本上缓和下来了。最初的珍妮纺机仍是以人力为动力的。从工艺原理来看，珍妮机的纱锭可以继续增加，可是由于作为珍妮机的原动力的人力有限，这就使珍妮机的改进受到了限制。科学技术发展的脚步永不会停歇。1769年，钟表匠阿克莱发明了一种以水力为动力的纺纱机。这是一种以水力来转动纺轮的新的纺纱机。它是继珍妮纺机后的又一大进步。

1765年詹姆斯·哈格里夫斯发明的纺纱机——珍妮机

1779年,童工出身的纺织工克隆普顿对珍妮纺机和水力纺纱机进行了综合分析,在综合这两种纺机的优点基础上,研制出了一种被称为骡机的新纺纱机。骡机以水力为动力,一台骡机能带动近2千个纱锭,这就使纺纱机的工效大大提高。纺机的革命又使织机的技术显得相形见绌,它反过来又推动了织机的革命。1785年,一个叫卡特赖特的机械师在水力纺纱机和骡机的启发下,发明了水力织布机。新的水力织布机的工效要比原来带有飞梭的人力织布机的工效高40倍。水力织机的发明,又暂时缓和了织机落后的矛盾。就像一对相互啮合的齿轮,纺机与织机在相互作用下共同发展。

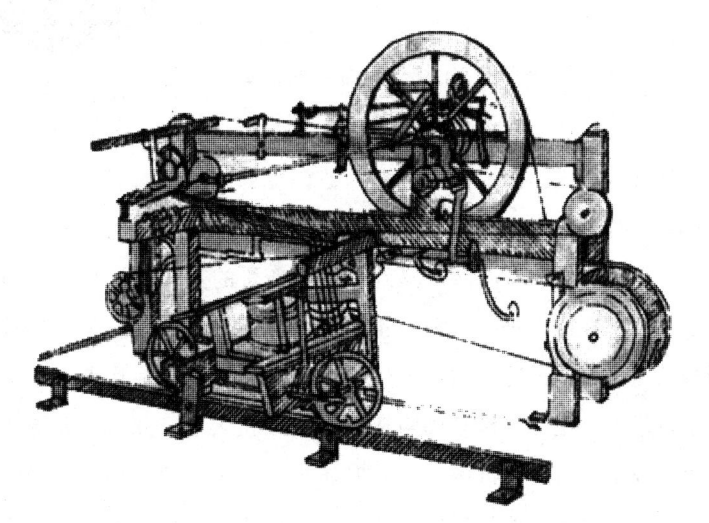

1779年塞缪尔·克隆普顿发明的走锭纺纱机——骡机

在纺织机的革命的带动下,印刷工业、造纸工业、榨油工业以及其他工业的工作机的技术革命也相继发展起来。人力总是有限的,而水力又必然受到地理条件的限制。可是无论什么行业的工作机的革命,当它发展到一定程度时,都必然受到自然力这一原动力条件的限制。工作机的革命必然刺激出动力机的革命。

(二)天工巧匠瓦特和蒸汽机

如果说,第一次工业革命的火炬是由飞梭、珍妮纺纱机等工作机的革命点燃的话,那第一次工业革命的狂飙则是由瓦特对纽可门蒸汽机的改进兴起的。纽可门蒸汽机自1705年发明之后,即在矿山作为一种抽水泵的动力机使用。1712年前后，英国所有煤矿的抽水泵差不多都用上了蒸汽机。此外，一些金属矿也装上了蒸汽机。到了20年代初，这种新式的引擎还远销欧洲大陆的一些国家。但是，由于当时的社会生产尚未对动力机产生更大的需求，所以纽可门蒸汽机问世之后，一直仅在矿山作为抽水泵的引擎使用。也正因如此，在它问世后的50多年里，仍然停留在原有的技术水平，一直未能得到什么发展。

瓦特（1736—1819年）出生于苏格兰西部的格里诺克小镇的一个工人家庭。他的父亲、祖父

蒸汽机的发明者瓦特

和叔父都是技术工人。由于家里贫穷，他仅受到初等教育。然而，瓦特自幼非常勤奋，同时也极爱工艺。1754年，瓦特前往格拉斯哥的一家工场当了机械工学徒。但好学的瓦特深深地感到在格拉斯哥的工场里似乎学不到什么真正意义上的技术。他于是决心前往伦敦，当时英法之间爆发了一场战争，伦敦的局势动荡不安，瓦特只得重返格拉斯哥。1757年，瓦特来到一个机械车间当上了机修工，这个机械车间附属于格拉斯哥大学。此后，瓦特开始刻苦地学习机械技术。当时的机械技术主要还是一些工匠传统和工匠经验，但其中已含有丰富的机械原理与机械工艺知识。这些经验和技术，为瓦特后来革新纽可门蒸汽机打下了坚实的技术基础。

到了50年代中后期，随着工作机革命的深入发展，动力机的革命已被提上第一次工业革命的议事日程，一些人开始着力于动力机的革命。机修工瓦特就是其中的先驱者。在修理机器与仪表之余，瓦特于1759年开始进行蒸汽技术的实验和研究。他曾从格拉斯哥大学的实验室找来一个巴本的蒸汽泵进行了一些蒸汽动力实验，这些初步的实验研究，使他对蒸汽机的动力技术有了最初的认识。瓦特所在的机修车间与该校的一些教师与学生的关系颇为密切。当时，英国著名化学家布莱克也在格拉斯哥大学任教。1754年，布莱克把有关燃烧的实验与理论研究的概念区别开来，并提出了"潜热"与"比热"等新的热学理论。布莱克的这些理论成就，奠定了量热学以及整个热学的基础。布莱克是一个十分重视理论科学的实验基础的科学家。他也常去车

间参观，并在参观中结识了瓦特。布莱克对这个年龄比他小 8 岁的机修工颇为赏识，从此他便成了瓦特的老师和朋友。在与布莱克的交往中，瓦特学到了"潜热"和"比热"这些最初的热学理论知识，同时也学会了计算温度、热量与压力之间的相互关系。尽管布莱克在奠定最初的热学基础时所提出的"热质说"这一有关热的本质的理论是错误的，但这并不影响对热量、温度与压力之间的数据分析。如果说，瓦特的工匠技术为他以后革新纽可门蒸汽机打下了技术基础，对巴本的蒸汽泵的研究打下了最初的实验基础，那么，布莱克的热学理论则为他打下了一定的理论基础。从瓦特最初来到格拉斯哥大学的 1757 年开始，到 1760 年为止，在四年多的时间内，瓦特已成为一个不仅具有工匠的技术实践经验，而且具有学者的科学理论知识的青年机械师。

在初涉一定的技术基础、实验基础与理论基础之后，瓦特产生了革新纽可门蒸汽机的强烈愿望。当时，人们把纽可门蒸汽机称为"火机"，虽然它在矿山已普遍使用，但在大学还不易见到。要革新纽可门蒸汽机，首先必须研究纽可门蒸汽机。幸运的是，1761 年，在瓦特的要求下，同时也在布莱克的支持下，格拉斯哥大学从伦敦借来了一台需要修理的纽可门蒸汽机供瓦特研究使用。瓦特正式开始了革新纽可门蒸汽机的研究工作。自从这台纽可门蒸汽机从伦敦运到格拉斯哥大学之后，瓦特立即对它的机械结构与工作原理进行了细致的研究。他发现它有两大明显的缺点：一是它的耗煤量大，热效率低；二是它所传送出来的动力只能作往返运动。正是这两大缺点阻碍了它的进一步推广使用。可是，要找到纽可门蒸汽机的热效率低的原因却不是一件容易的事。他发现，当蒸汽进入汽缸后，温度即上升到 100℃，可是为了得到真空，必须马上在汽缸内将蒸汽用冷水喷注冷凝。当冷水喷入汽缸后，汽缸内的温度即下降到 20℃。这样一升一降，活塞才能完成一个冲程的往返动作。而这样一个冲程中，热量遭到两次浪费。当蒸汽进入汽缸时，它必须花费足

瓦特改进的蒸汽机

够的热量使汽缸本身的温度由20℃上升到100℃；当冷水进入汽缸时，冷凝水又带走了大量的热量。这样一热一冷，热量浪费极大。瓦特运用布莱克的热学理论，对那台纽可门蒸汽机的做功过程进行了测量和分析，确认这正是纽可门蒸汽机效率低的主要原因。这时，借来的纽可门蒸汽机归还期到了，机器被运走后，瓦特没有样机继续进行实验，只得进行一些理论的探索。在理论研究中，瓦特再次钻研了布莱克的热学理论，通过对纽可门蒸汽机的热效率的进一步理论分析，瓦特进一步看清了纽可门蒸汽机的汽缸内冷凝这一最主要的缺点。

发现问题是一回事，可是要解决它，还有待于许多艰苦而繁琐的探索工作的完成。此后又经过两年多的努力，到了1765年春天，在一次出外散步时，瓦特灵感突发，想到既然纽可门蒸汽机的热效率低是由于蒸汽在汽缸内冷凝造成的，反过来，为什么不能让做功后的蒸汽在汽缸外冷凝呢？这样，瓦特便产生了采用分离冷凝器的最初设想——绝对巧妙的一个想法。在产生采用分离冷凝器的最初设想之后，瓦特立即付诸实践，在同年设计了世界上第一台带有分离冷凝器的蒸汽机。按照设计，冷凝器与汽缸之间用一个调节阀门相连，通过阀门控制，使它们既能连通，又能分开。这样，既可把做功后的蒸汽引入汽缸外的冷凝器，又可以使汽缸内产生同样的真空，但却避免了汽缸在一热一冷过程中的热量消耗。瓦特认为不出意外的话，这种新的蒸汽机的热效率将是纽可门的蒸汽机的热效率的三倍！从理论上看，瓦特的这种带有分离冷凝器的蒸汽机显然优于纽可门的蒸汽机。

设想终究是设想，要把理论上的东西变成实际上的东西，要把想象的蒸汽机变成真实的蒸汽机，不知要遇上多少困难。但瓦特知难而上，开始了研制新式的蒸汽机的工作。资金、设备、材料、技工这些都是开展工作所必需的，可是，瓦特本人只有35英镑的年薪，除去用来买面包的那部分以外，所剩无几。就在这时，好友布莱克向瓦特伸出了友爱之手，他把瓦特介绍给自己的一个朋友——化工技师出身的罗巴克。罗巴克是一个富有的企业家。1760年，罗巴克又在苏格兰的卡隆开办了第一座规模较大的炼铁厂。罗巴克当时已近50岁，他对当时只有30来岁瓦特的雄心壮志深表赞赏。罗巴克与瓦特一拍即合，瓦特终于又能开展他的研究工作了。从1766年开始，在三年多的时间内，瓦特解决了材料和工艺等方面的种种困难，终于在1769年生产了第一台样机。同年，瓦特以发明分离冷凝器，获得他在革新纽可门蒸汽机的过程中的第一个专利，瓦特的第一个设想终于实现了。第一台带有分离冷凝器的蒸汽机虽然试验成功了，但是同纽可门蒸汽机相比，除了热效率有显著提高之外，在作为动力机而带动其他工作机的性能方面，仍未能取得实质性的进展。这就是说，瓦特的这种蒸汽机，还是无法作为真正的动力机。这一切预示着改良蒸汽机是一条漫长而艰苦的道路。由于瓦特的这种蒸汽机仍不够理想，所以在试制成功之后，销路并不好。由于研究工作的巨大耗费，此时罗巴克本人已濒于破产，无力对瓦特继续进行经济上的资助。瓦特在这一段时间内颇有失望之感甚至感到绝望。

但瓦特并没有在失望中沉沦下去。他欣喜地看到，纽可门蒸汽机的热效率低这一大缺点已为他所克服。现在的主要问题是，如何克服纽可门蒸汽机只能做往返运动这一缺点，把蒸汽机变成能带动各种工作机的原动机。罗巴克对科学的热心也没有变，他又将瓦特介绍给自己的朋友——工程师兼企业家博尔顿，以便使瓦特的研制工作能够继续进行下去。博尔顿当时40多岁，是位能干的工程师和企业家。他对瓦特的创新精神表示赞赏，并表示愿意把罗巴克的那份股份买过来，以资助瓦特继续进行新式蒸汽机的研制工作。博尔顿是伯明翰地区著名的科学社团"圆月学社"的主要成员之一。参加这个学社的，大都是该地的一些科学家、工程师、学者以及其他一些科学爱好者。例如，创立生物进化论的达尔文的祖父——医生兼博物学家伊·达尔文；英国陶器事业的奠基人、高温计的发明者，后来成为皇家学会会员的韦奋伍德，气体照明的发明家默多克，化学家普列斯特等人，都曾是这个学社的主要成员。

经过博尔顿的介绍，瓦特也加入了圆月学社。以后的事实证明，这使他受益匪浅。在圆月学社活动期间，瓦特和化学家普列斯特等人的交往，使他对当时人们关注的气体化学和热化学有了更多的了解，并进行了一些初步的实验研究。更重要的是，圆月学社的活动使瓦特进一步增长了科学见识，活跃了科学思想。另外，博尔顿在资金、设备、材料和人力各方面给予大力支持。从1775年开始，瓦特致力于生产这种带分离冷凝器的蒸汽机。到了1776年，瓦特终于组装出了两台。但是，由于这种蒸汽机比他在1769年试制的那种蒸汽机的样机并没什么显著的改进，所以也没有引起社会的关注。

瓦特在1776年组装出的两台蒸汽机虽然仍不成功,但耗资却不少。瓦特因此债台高筑,博尔顿也因此濒于破产。这时,瓦特的一个朋友为他在俄国找到了一个年俸为1000英镑的职务,劝他到俄国去工作,以摆脱当时的经济困境,但是,瓦特所想的仍然是他的蒸汽机。博尔顿虽然因资助瓦特而近于破产,但他仍然给瓦特以慷慨的资助。由于瓦特本人具有百折不挠的毅力,同时也由于博尔顿具有舍身相助的精神,终于使瓦特的新式蒸汽机的研制工作得以继续进行下去。自1769年试制出那台带有分离冷凝器的样机后,瓦特已看到,热效率低已不再是他的蒸汽机的最主要的弊病,而活塞仍只能作往返的直线运动才是它的根本局限。在1776年组装那两台带有分离冷凝器的蒸汽机时,瓦特已感到解决这一问题的紧迫性。1781年,在参加圆月学社的活动时,瓦特听到会员们谈论天文学家赫舍尔在当年发现的天王星,以及行星绕日的圆周运动的话题。也许是这些信息启发他,也许是钟表中的齿轮的圆周运动启发了他。他想,如果能把活塞的往返直线运动转变成旋转的圆周运动,那不就可以使动力源源不断地传给任何工作机吗?同年,他研制出了一套被称为"太阳和行星"的齿轮联动,凭借这套装置他终于把活塞的往返直线运动转变为轮轴的旋转运动。由于有了这种齿轮联动装置,旋转的轮轴可通过齿轮或链条带动任何工作机。为了使轮轴的旋转增加惯性,从而使圆周运动更加均匀,瓦特还在轮轴上加装了一个大飞轮。由于对传动机的这一重大革新,瓦特的这种蒸汽机真正成为能带动一切工作机的动力机,才真正成为开动一切工作机的万能机。这一成果大大增加了蒸汽机的实用性。1781年底,瓦特以发明带有齿轮和拉杆的机械联动装置获得了第二个专利,从而实现了他在革新纽可门蒸汽机过程中的第二次飞跃。

瓦特在1781年试制成功的带有齿轮联动装置的蒸汽机由于加上了轮轴和飞轮,使得蒸汽机在把活塞的往返直线运动转变为轮轴的旋转运动时,要多消耗不少无谓的能量。这样,使得蒸汽机的效率仍大打折扣,动力也因此而受到限制。为了进一步提高蒸汽机的效率,增大蒸汽机的动力,瓦特在发明齿轮联动装置之后,对汽缸本身进行了分析和研究。他发现,虽然把纽可门蒸汽机的内部冷凝变成了外部冷凝,使蒸汽机的热效率有了显著的提高,但他的蒸汽机的蒸汽在推动活塞的冲程工艺上,与纽可门蒸汽机中的冲程工艺并没有什么两样。他的蒸汽机与纽可门蒸汽机一样,仍然是让蒸汽从一端进入，从另一端排出。这仍然是一种蒸汽的单向运动。他想，如果让蒸汽能够轮流从活塞两端进入和排出，就可让蒸汽推动活塞向上运动，也可让蒸汽推动活塞向下运动吗。这样，活塞在一上一下的一个冲程中，就可获得相等于原来两倍的动力。那么，它的效率和动力也将增加到原来的两倍。1782年，瓦特根据他的双

瓦特制造的蒸汽机

向进入和排出蒸汽的设计，试制出了一种带有双向装置的新汽缸，把原来的单向汽缸组装成双向汽缸，并首次把引入汽缸的蒸汽由低压蒸汽改变高压蒸汽，从而又实现了他在革新纽可门蒸汽过程中的第三次跃进。

带有飞轮和齿轮联动的双向高压蒸汽机发明之后，纽可门蒸汽机才完全演变为瓦特蒸汽机。1872年，瓦特以发明双向装置和引入高压蒸汽而取得他在革新纽可门蒸汽机过程中的第三个专利。自此之后，瓦特蒸汽机才真正成为一台工作机的原动机。

在研制蒸汽机的道路上，瓦特就像一匹不知疲倦的奔马，在蒸汽机领域不停地耕作着。如果从他最初接触纽可门蒸汽机的1761年算起，他经历了21年的漫长岁月。在21余年的时间内，瓦特虽然多次受挫，屡遭失败，但仍以对科学的执著和百折不挠的精神和毅力，通过对纽可门蒸汽机的三次大革新，终于实现了对纽可门蒸汽机的彻底革命。把那种最初仅仅能用于矿井抽水的蒸汽机，变成了即将翻转整个世界的"蒸汽机"，使人类社会由手工劳动时代进入了蒸汽机时代。1784年，瓦特又以带有飞轮、齿轮联动装置和双向汽缸装置的高压蒸汽机综合组装，取得了他在革新纽可门蒸汽机过程中的第四个专利。在第四个专利说明书中，瓦特详尽地说明了他的新式蒸汽机的种种性能和种种优点。特别是尽力避免把他的蒸汽机说成是一种特殊的工作机，而力求说明他的新式蒸汽机是一种万能的动力机，以使人们增加对新式蒸汽机性能的认识和了解。

（三）蒸汽机推进新工业革命

瓦特以后，又有不少人相继对瓦特蒸汽机局部技术进行一些革新，但这些大都是一些细节上的改良。作为万能动力机的那种蒸汽机的主要技术基础，都已由瓦特奠定起来了。瓦特蒸汽机的革新成功，为英国当时正急切需要动力的第一次工业革命提供了巨大推动力。自此之后，第一次工业革命即如暴风骤雨，以更加迅猛的声势向前发展。在纺织业中，诺定郡于1785年建立了英国的第一座汽纺织厂。由于采用瓦特蒸汽机作为原动机，纺织厂打破了必须建在河谷地区的地理条件限制，使纺织业的发展，进入了一个新时期。在采矿业中，早在1783年，当瓦特的双向蒸汽机刚问世时，英国著名的康沃尔采矿中心所有的纽可门蒸汽机几乎全部为瓦特蒸汽机所取代。随后，在其他金属矿区以及煤矿，原有的纽可门蒸汽机也相继被瓦特蒸汽机所取代。

在冶金业中，从1790年开始，许多炼铁厂相继采用蒸汽机来开动更大的鼓风机，为更大的高炉提供更大的风力。在此之前，炼铁工人达比已在1780年发明焦炭炼铁法。新的燃料加上新的动力，使高炉越来越大，产量越来越高。1788年，英国的生铁产量为6130吨，而在各炼铁厂相继采用蒸汽机后，到了1796年，英国的生铁产量即猛增到12500吨。据史料记载，当时仅瓦特与博尔顿合办的一家蒸汽机制造厂，在1775年到1800年间造出173台蒸汽机，其中有93台用在纺织业中、52台用在采矿业中、28台用在冶金业中，可见纺织业、采矿业和冶金业是当时工业革命的主要行业。由于社会生产对瓦特蒸汽机的需求量越来越大，以蒸汽机制造业为主体的机器制造也随之发展起来。自此之后，车床、刨床、钻床、磨床等各种机床制造工业以及纺织、采矿、冶金、运输等各种工作机的制造业也相应地发展起来。以农业机械为例，在18世纪末和19世纪初，英国的许多大农场就相继出现了播种机、收割机、打谷机、割草机等多种农业机械。尽管这些最初的农业机械都还是以人力或畜力为动力，但它们都是瓦特蒸汽机在推动第一次工业革命的深入发展中结出的技术果实。这说明，

早期往复式蒸汽机

第一次工业革命的风暴不但在工业领域迅猛发展，而且迅速地波及工业以外的其他领域。

从纽可门蒸汽机到瓦特蒸汽机的变革史，是近代科学技术史上极其光辉的一页。从1680年法国物理学家巴本在实验室发明最初的蒸汽泵开始，历经赛维利、纽可门等人的相继奋斗，再到瓦特，前后经过一百余年的艰苦奋斗，才最终实现了把实验科学的成果转变为技术科学的成果，并最终直接地变为社会生产力。这就说明并不像人们通常所认为的那样，蒸汽机是瓦特个人的发明，而是由于瓦特站在巨人的肩膀上，他才能取得比同时代的人更大的成就。

（四）英国之外的技术革命

19世纪50年代，英国率先完成第一次工业革命，到了50年代和60年代，法国、德国等西欧国家相继完成了第一次工业革命。蒸汽机在50年代和60年代也已进入它的全盛时期。由于蒸汽机的广泛使用，一个以蒸汽机为基础的技术群也逐渐形成并发展起来。这个技术群的发展结果，反过来又对动力机提出了要求：即要求动力机具有更高的效率、更轻的设备、更广泛的用途，只有这样，才能满足各种工具与动力机发展的需要。随着蒸汽机应用的日益广泛，它逐渐暴露出一系列无法克服的固有局限。首先，由于蒸汽机是一种"外燃机"，这就使它的热效率无法进一步提高。当时最好的蒸汽机，其最高热效率也不过10%—30%左右。其次，由于蒸汽机的设备笨重，使它无法广泛用作各种工具机械，尤其是运输机械的动力机。例如，法国人格借特早在1769年就曾制成过一辆用蒸汽机带动的三轮汽车，结果举步维艰，受到了人们善意的嘲笑。再次，由于蒸汽机锅炉内部压强极大，其安全性难以得到保证。据记载，英国仅在1862—1879年的17年间，就曾经发生过1万余起锅炉爆炸事故。由于蒸汽机具有上述种种固有缺陷，所以从蒸汽机刚刚跨入它鼎盛时期的30年代开始，人们即已开始探索新的动力机。正是在这种历史条件下，以发电机和电动机为基本形式的新的动力机迅速发展起来。到了60年代末至70年代初，电机已经兴起了第二次工业革命。由于电机本身也有一定的局限性，它无法用于运动中的机器，在各种运输机的应用方面有着不可克服的困难。在新的社会需要与电机的相对不足这两种条件下，一种与蒸汽机这种"外燃机"完全不同的新动力机——"内燃机"便孕育在母体中。

（五）第一次技术革命的影响

自瓦特蒸汽机的发明为第一次工业革命注入了强劲的推动力，从18世纪80年代末到19世纪初的30多年时间内，英国的纺织业、采矿业、冶金业、机器制造业得到了空前的发展。纺织业是英国工业革命的先行工业。在未采用蒸汽机前的纺织品业，1788年的年产量为75000匹，而在采用蒸汽机后，到1817年，年产量则增加到490000匹；在未采用蒸汽机之前的1776—1780年间，英国平均每年的纺织品出口总额为670万英镑，而蒸汽机被采用后的1797—1800年间，每年的纺织品出口总额猛增到4143万英镑。同样，采矿业也得到了极大发展。以产煤业为例，刚引入瓦特蒸汽机不久的1790年，产煤量为760万吨，而到1795年，则增加到10000万吨。冶金业同样也获得发展。在采用蒸汽机之前的1788年，生铁年产量为6130吨，而在采用蒸汽机之后，1796年的年产量即增加到12500吨。在以上各部门蓬勃发展的影响下，机器制造业也得到相应的发展。以蒸汽机制造业为例，1810年英国的蒸汽机的年产量已达5000台，而到1825年，蒸汽机的年产量已达15000台。

由于工业革命的深入发展，英国的工业结构、市场结构和人口分布也发生了极大的变化。由于第一次工业革命在19世纪初的英国所出现的新的发展形势，社会产品极大丰富，商品交换日益频繁，特别是纺织品、矿产品、原材料和大机器的运输以及频繁的人员往来，都使交通运输成为一个极其突出的社会问题。传统的马车远远不能适应陆路运输的需要，海上的帆船同样已经远远不能适应航运的需要。工业革命发展的新形势推动交通技术的革新——海上运输与陆上运输的革命。

早期蒸汽机

蒸汽机的本质是把热能转化成机械能，从而使人类拥有了强大的自动机械力量。人类利用牛马等动物的力量是第一次重大飞跃，而利用热能转化的机械力量则是第二次重大飞跃。热能就是贮存起来的太阳能，比起水能和风能来，这些热能以煤、油、柴等形式贮存起来，并可以携带，从而保证了人类在任何时间和地点都可以使用。燃烧的热能包括氧气的参与，这样一来，氧气这种无处不在的丰富资源就轻而易起地再一次为人类贡献了巨大的力量。所谓的第一次是指氧气供人类呼吸，身体的氧化反应为人类提供了生命活动所需的全部能量。当我们探索另一个星球上是否在生命的时候，首先关心就是氧气和水。

如果把热能转化为机械能，发明动力机，只看做是科技的发展或工业生产的需要是远远不够的。只有亲身从事过体力劳动的人，才能从浑身的汗水、僵直颤抖的肌肉和紧咬的牙关中萌生出解脱体力劳动的强烈欲望。古代许多神话故事中的大力神都反映了人类渴望超越肉体的力量。工匠出身的瓦特则是这种愿望的典型代表，从其二十多年的奋斗史可以看出，瓦特并不是聪明过人或极富创造力，但其意志力却是超凡绝伦的。以瓦特为代表的所有为蒸汽机发明作出贡献的科学家、发明家、商人和工匠，他们第一次给人类带来了巨大的解放。这样的解放在人类历史上是独一无二的，是举世无双的。从此，人类以少量的劳动时间和强度，获得了大量的食物、生活用品和高效的交通工具。

第九章 近代化学舞台

点石成金是许多人的梦想，于是历史上出现了炼金术，化学就在炼金术士的经验和著述中孕育着，这些术士有意无意地促进了火药、医药和矿物冶炼的发展。

18世纪，随着社会发展的需求，近代化学也开始走上历史舞台，由不自觉的发展状态开始进入自觉的发展状态。

一、近代化学的兴起

我们或许还不了解化学初期的发展是多么艰难。在17世纪时，化学中占统治地位的仍然是医药化学学派的陈旧观念。大多数化学家本是医生和药剂师，他们只把研究和改造医药配方作为主要任务，而忽视了化学的其他领域。在这种情况下，化学理论问题的研究是盲目的。

（一）对燃烧的误解

原始人类已经开始使用火了，但人们对火一直保持着一种类似于野兽畏惧火的原始的神秘感。17世纪，随着工场生产的发展，出现了关于燃烧现象的问题。自古以来，人们把金属焙烧过程称作煅烧，并认为，金属在空气中焙烧时，金属消失，变成了土或石灰。从燃烧是物质分解的一般概念出发，人们把煅烧解释为金属分解成石灰及若干挥发物的过程。他们忽视了空气的作用，这是一个致命的错误。1630年，化学家兼医生J·雷伊根据自己的实验，对金属煅烧过程作出比其同时代人更为合理的解释。他在解释这种现象的书中写道："金属煅烧时重量增加是由于空气的缘故，空气在容器中浓聚、变重，由于炉火的强烈持续加热，空气变得似乎有了黏性，空气这时与金属相作用，粘到它的极小微粒上，这正如你把沙子抛入水中，水沙子的重量增加了一样。"尽管用现在的理论来看，雷伊的解释很荒谬，但在科学发展史上却有重要的意义，过了150年后人们终于承认了他。

1665 年英国物理学家胡克在《显微术》一书中研究了空气在燃烧中的作用。他得出结论说，在空气中会有特殊的物质，这种物质在高温下溶解可燃物，这时产生了火，它是微粒高速运动的结果。只要正在燃烧的物体被这种熔剂饱和，密闭空间里的燃烧马上就会熄灭。类似的观点在英国化学家梅猷的著作中得到了发展。梅猷写道"我认为，硝石中的空气精是动植物生活和呼吸的主要源泉。"牛津的化学家已接近于得到燃烧的科学解释。然而由于实验数据不足，这种理论没有得到进一步发展。历史眨了眨眼，过了一百多年，人们仍相信燃烧是物质分解这一传统观念。

（二）近代化学之父——波意耳

关于燃烧现象的研究，预示着化学领域的革命和近代化学的到来，而完成这一伟大历史任务第一步的，就是被称为"近代化学之父"的波意耳。

波意耳1627年1月25日生于爱尔兰西南部芒斯特州沃物福德郡的利兹莫城。波意耳的父亲理查德·波意耳，是拥有广大庄园的贵族，被称为约克爵士。父亲认为子女不可娇惯，因此波意耳生下不久，就被寄养在农村。4岁时他回到利兹莫城，波意耳跟家庭教师学拉丁语和法语，8岁时与哥哥法兰克一同进入著名的英国贵族子弟学校伊顿公学，寄宿在学校教师的家里。根据仆人送给父亲的报告，哥哥喜欢赌博，弟弟小波意耳喜欢读书。他开始自修医学，他对医学的研究使他对化学也逐步产生了兴趣。当时的伦敦有一

图为波意耳制作的空气泵

个"无形学院"俱乐部，它创于1644年末1645年初，是自然科学爱好者的小型组织，每周集会一次，座谈一些自然科学问题。1646—1647年间，波意耳加入了这家俱乐部。在当时，自然科学被称为新物理学、实验科学或自然物理学，是一门新兴的学科。

从1658年起波意耳开始了空气泵的实验，1660年发表了著名的《关于空气的弹性与其效应的物理实验》一文。波意耳在1661年发表了他著作中最著名的《怀疑的化学家》。1662年他发表了《波意耳定律》。同年，国王赐给他一所在爱尔兰的庄园。就在这一年，他们的"无形学院"被国王查理斯二世正式命名为皇家学会，波意耳被任命为首届干事之一。从那以后，他把主要精力倾注于研究与写作中，平均每年写一本书，总计达30多卷。

1. 《怀疑的化学家》

波意耳的主要成就，集中在33岁到38岁之间。他在很多方面都是非常出色的，尤其是物理和化学方面。作为一位物理学家，波意耳通过实验发现了著名的气体波意耳定律。作为一位化学家，他的主要成就集中表现在《怀疑的化学家》这本书里。波意耳关于化学研究原则提出了如下主张："至今从事化学研究的人，主要是从医学的角度以配制良药，或者从炼金术师的角度以人工制造金子为目的，而没有把自然科学的进步作为奋斗目标，因而忽略了许多现象。我发现了这一缺陷，准备作为一个大自然的探索者，使化学为哲学的目的服务。因此决定为弥补其他化学家所忽视的现象进行实验。"波意耳把化学当作纯粹自然科学的一个分支来看待，认为从事科学研究，不单纯是为了实用，而是为了追求真理。

大体上说，在17世纪广为传播的元素论有把火、土、空气和水四者称为基本元素的亚里士多德的四元素论，以水、硫黄和盐三者称为基本元素的波拉凯尔斯的三元素论。四元素论者认为，燃烧时产生的火焰是木材中的"火"元素，烟是"空气"元素，由木材中产生的水是"水"元素，燃烧剩下的灰部分是"土"元素。三元素论者也同样认为万物是火分解产生元素的。《怀疑的化学家》对当时广为信奉的元素观进行了批判，并详细地论述了燃烧生成物不可能以四种或三种元素的形式存在于原来的物质中。这本书最初以英文出版，后被译成拉丁语，在德、法等国被广为流传。像伽利略的《新科学对话》一样，这部书也采用对话形式。对话者是代表波意耳的卡尔尼西迪斯和扮演听者角色的艾莱乌特里乌斯，亚里士多德四元素论的代表者特米斯蒂乌斯，以及波拉凯尔斯三元素论的信奉者菲罗普努斯等。《怀疑的化学家》一书首次确立了近代化学的元素假说，这使波意耳赢得了"近代化学之父"的美称。

2. 波意耳与粒子说

波意耳当时用以批判元素论的依据，是所谓的粒子学说。在17世纪上半叶的欧洲，古希腊的原子学说开始复兴，笛卡儿粒子学说同样为当时学术界所承认。波意耳的粒子学说与笛卡儿的又略有不同，他认为构成自然界的所有物体的根源物质只有一种，即普遍物质。但为了产生自然界的千差万别的物体，只有一种物质是不够的，还必须通过运动，普遍物质经过极其复杂的运动就形成肉眼所能看到的物质。木、土、铁、石等所有物质都是这样形成的。根据波意耳的定义，元素应该是这样的："元素不能再由其他任何物质构成，它是直接生成各种化合物的成分，而且，当将化合物分解到极限时，得到的某种原始的，具有完全单一性的而非混合性的物质就是元素。"也就是说，波意耳所指的元素，是物质被分解的终极物。波意耳所讲的元素，以今天的理解应该是原子。波意耳在他的《怀疑的化学家》中举例说：将金属用水溶解，虽然肉眼看不到金属了，但金属粒子在溶液中存在的事实，可向溶液内添加适当试剂，使之产生金属的沉淀物加以证明。然而，这种溶解后看不见的金属粒子还不是元素，因为经过进一步分解，应该得到更为原始的微粒子。总之，根据波意耳的说法，粒子不是元素，原始的微粒子或者称为普遍物质的才是元素，而波意耳的原始微粒子或者所谓普遍物质，却始终是作为假说的抽象的物质，因而不是通过实验确认的具体的物质。

尽管他在《怀疑的化学家》一书中费了不少笔墨论述元素，却未能举出适合自己定义的元素，像金粒、水银等具体物质的名称。波意耳批判的对象四元素或三元素论中的元素实际是单质。尽管那些观点是错误的，但二者总算还能举出像硫黄、水等具体物质的名称，可是波意耳由于根据当时流行的原子论而采用粒子学说，并且给元素下了定义，不但对于单质的存在怀疑，甚至对元素也不得不抱怀疑态度。因而他把这一著作命名为《怀疑的化学家》，这是由他的粒子学说导致的自然归宿。对化学来说，区别单质与化合物是关系实质的问题。因而波意耳前后的化学家都未能离开某种单质假设（元素假说)。尽管三元素论和四元素论受到波意耳的强烈批判，但它却以改头换面的形式出现，一直到波意耳以后，仍为化学界所广泛采用。《怀疑的化学家》一书，虽然投合了当时复兴的原子论的潮流，受到知识界的欢迎，但终究未能驳倒旧的元素论。过了130年后，拉瓦锡提出了空气燃烧理论，道尔顿提出原子分子学说，旧的元素论才彻底地被驳倒。

(三) 燃素说

如果你读过贝歇尔的《土质物理学》，你一定会惊讶于书中的自相矛盾，你更会诧异于施塔尔竟能幸运地从老师贝歇尔的胡言乱语中发现真理。

1. 自相矛盾的贝歇尔

燃烧过程和金属煅烧过程在17世纪末引起了化学家的特别注意。然而对燃烧现象的解释只能根据燃烧是物质分解的固有性质。同样地，这些观念都是来源于当时普遍承认的关于初始物质的学说——亚里士多德的四元素论或炼金术的三元素论。个别地看，每一种学说都不能满足当时学者们的要求，因此就出现了初始元素的折中理论。波意耳关于元素的新观点在18世纪初既没有得到承认，又没有得到进一步的发展。

在这种情况下，燃素说诞生了，这一学说的出发点是想弄清楚燃烧现象的真实情况。一般认为燃素说最早是由德国医生兼化学家贝歇尔和他的追随者施塔尔提出来的。贝歇尔用自学的方法得到了化学和医学方面的理论和实际知识。后来他大学毕业成为医生，曾在美国的因兹一所学校任医学教授，还担任了一位侯爵的医生。1687年迁居荷兰，后来到了美国，在那里研究矿业。贝歇尔的理论观点是非常落后和模糊的。他相信金属能够转变，而且在地球内部，金属能够自生出来。为了证明铁能在黏土中自生出来，他把黏土和油的混合物煅烧，再把燃烧物研细以后，用磁铁分离出了少量的铁作证明。

1667年贝歇尔的《土质物理学》一书出版，其中阐述了他关于构成复合物初始元素的学说。他认为构成一切矿物、植物、动物的初始元素为土和水。但他又把土分为三类："第一类土"是可溶的和石质的，"第二类土"是油质的，"第三类土"是挥发性的。很显然，贝歇尔的三类土质只是炼金术三要素说的变种。他的初始元素体系也像当时其他人的体系一样，是折中主义的。在解释燃烧现象时，贝歇尔从一般公认的原理出发，认为燃烧是火分解燃烧物的过程。物质的可燃性是由于其中含有"第二类土"（油质的）。他还指出，可燃的原因也可能是物质中含有硫。他认为普通的硫是复合物，由酸和"第二类土"组成。贝歇尔解释金属煅烧时重量增加的现象与传统的说法是一致的，即水质加入到金属中了。他还认为，一切酸和盐都是各种土质与水化和而成的。贝歇尔这些混乱的观点，后来却突然被德国化学家施塔尔发展成为一种基本理论。

2. 谦逊的施塔尔

施塔尔是贝歇尔的学生，专攻医学。1716年，他到柏林做普鲁士国王的御医，同时研究化学的本原。他最主要的著作是把贝歇尔的书加入了自己的观点重新编辑出版。其内容是把他老师的说法扩充起来，故贝歇尔的学说原来只是燃烧的学说，只有施塔尔才真正地提出了燃素说。

1702年，他将贝歇尔《土质物理学》出版，为该书写了序，高度评价了著者在建立燃烧学说方面的功绩。并且指出，他对这个问题所发表的见解，都不属于他自己，而是属于贝歇尔的。但他与贝歇尔不同，施塔尔认为可燃要素，不是"油土"而是某种细微的气态物质，是没有重量，难以觉察的燃素——这就是燃素说的基本观点。同时他还特别预先声明，燃素完全不是亚里士多德的火元素。燃素在燃烧过程中从物体中放出，形成旋风般的运动，同空气结合，这就是火。放出的燃素扩散于空气中，再也无法与空气分开。只有植物能从空气中取得燃素，通过植物燃素又能进入到动物机体中。在烟火中以及其他燃烧后没有残留物的物质中，含有最纯净的燃素。在这些物质中，燃素具有"物质形式"，但由于物质的燃素经常与其他物质结合在一起，因此它本身不可能被研究。施塔尔用各种物质中存在燃素的事实来说明物质的颜色、气味以及其他性质。

尽管燃素说有很多缺点和错误概念，但它在化学发展过程中却有重要的意义。在17、18世纪，化学科学处

施塔尔

于起步阶段，很少有统一的有组织的群体协作，整个化学界缺乏领袖人物和主导思想。而燃素说却能用统一的观点来解释和研究完全不同的各种现象，使化学第一次有了系统而比较接近于科学的发展。

3. 燃素说的危机

燃素说可以简单地解释一些现象，因而很快风靡欧洲各国。在它诞生后的一百余年，许多大化学家都对它深信不疑。18世纪中期以后，化学分析方法成了化学研究的主要方法。从18世纪60年代开始，化学家们开始注意对某些化学变化中产生的气体进行研究，日后的事实证明：这是一个短暂的但对化学发展极为重要的气体化学的发展阶段。人们在化学分析研究和气体实验基础上所获得的新的实验事实与燃素说产生了尖锐的矛盾，燃素说受到了普遍的怀疑，其统治地位开始动摇。

（四）化学革命

拉瓦锡的工作使燃素学说退出了历史舞台，引起了一场伟大的化学革命。

1. 天才拉瓦锡

在化学初期发展中，拉瓦锡起到了举足轻重的作用。拉瓦锡生于1743年8月26日，他受过法律教育，但对自然科学特别是化学深感兴趣。大学毕业后他放弃了法律方面的职位，集中精力从事自然科学工作。他曾几次进行矿物勘察，对一些矿物和矿泉水的化学成分产生了兴趣。1768年，拉瓦锡被选为科学院化学助理。1775年，拉瓦锡被任命为法国火药与硝石监督官。他移居阿森纳尔，并自费建立了一个设备良好的实验室。在那里他进行了15年紧张的实验研究。1789年法国革命开始，这场革命中断了拉瓦锡化学方面的研究工作。1794年5月8日拉瓦锡被革命者送上了断头台。人们对此感到非常惋惜，著名数学家拉格朗日说道："他们可以一瞬间把他的头割下来，而这样的头，也许百年也长不出一个来。"

第一个弄清氧是单质的化学家——拉瓦锡

2. 燃烧理论

拉瓦锡提出了燃烧作用的氧化说，他充分考虑到了燃烧过程中氧的重要作用。在此之前，英国的普利斯特里和瑞典的化学家舍勒发现了氧，但他们并没有很好认识这种元素。事实上，拉瓦锡才是第一个弄清了氧是单质的化学家。后来他建立了正确的燃烧理论，从而确定了近代化学的基础。

燃烧现象是自古以来人类普遍体验的、最为显著的化学变化。不用说四元素论中的"火元素"，即使三元素论的硫黄或燃素论的燃素等都不过是"火"的不同提法而已。所以，在形成元素学说的过程中，它总是起着举足轻重的作用。因此，要想打破两千年来存在的不科学的元素学说，彻底追究燃烧现象的本质，揭示火的本质是不可缺少的条件。

拉瓦锡从1772年9月开始燃烧现象的研究工作，11月1日向科学院提出了一个纪要式的简短报告。他谈到硫黄或磷在空气中燃烧时会吸收空气而增重，金属灰比原来金属增重的现象是由于吸收空气所致。随后又在1773年多次进行了燃烧气体的有关实验，其结果写在他于1774年1月撰述的《物理性质与化学性质的小论文集》中。从这本书的内容看，拉瓦锡当时已认识到空气中存在某种起助燃作用的一种能与金属结合使其增重的物质。究竟是什么物质，他正在探索着。1774年4月，拉瓦锡发表了论文《关于在密闭器内金属灰化的报告》，该论文报告了他的一个实验。他将放入锡的玻璃瓶密闭，然后秤了它的重量；经过充分加热使锡灰化，再将瓶冷却；然后测量其重量，确定了总重量未发生变化；然后，在瓶上穿一个孔，此时瓶外空气带着响声冲入瓶内；最后再次秤总重量时，灰化后所增加的重量恰好等于金属灰所增加的重量数。通过实验，拉瓦锡断定波意耳的火粒子说是错误的，从而否定了波意耳的粒子论。拉瓦锡弄清楚了金属能与空气中的某种物质相结合，但他始终未能找到将它分离出来的方法。

1774年10月普里斯特里访问巴黎，法国著名科学家在拉瓦锡宅邸举行了欢迎宴会。普里斯特里介绍了他在来法前三个月进行的一个实验，这个实验对加热水银灰所产生的气体的助燃作用做了深入的研究。这使拉瓦锡大受启发，尽管他还没有确认这气体就是氧元素，但这给了拉瓦锡重要的启示：加热水银灰可以获知某种新物质。1775年4月，拉瓦锡发表了他最著名的论文《关于灰化中与金属结合而增重的元素性质》。这篇文章的主观观点是"在灰化中与金属结合而使金属变成灰，并使之增重的元素就是空气本身"。值得重视的另一点是，拉瓦锡在这论文中提出："与金属结合而变为金属灰时起作用的是一种元素（单质）。"这一结论虽然是缺乏实验根据的主观推论，然而后来的事实证明这种物质确实是一种单质氧元素。就其结果而论，是反映了客观存在的。直到1775年末，普里斯特里发表了关于发现氧元素的论文，拉瓦锡才得知先前他所说的"整个空气"这种物质实际上是新发现的气体。于是他又多次进行了有关实验，进一步搞清楚了空气的性质，那就是空气是由起助燃作用的气体和不助燃的另一种气体组成的。拉瓦锡将以前已经发表过的《关于密闭器中金属灰化问题的报告》这篇论文在新认识基础上进行了修正，于1777年5月10日在科学院重新发表。

1779年拉瓦锡发表了《关于酸的性质和对于组成酸的一般性质的考察》。他在这篇论文中提出：所有酸都是由非金属物质与空气中所含的助燃气体结合形成的，并将这种气体命名为"制酸元素"（principe oxyene）。这个名称是希腊文oxus（酸）和gennaol（使之发生）的合意，当前所用名称Oxygen（氧元素）即由此出现。此后，拉瓦锡的"酸的氧元素假说"或"由氧元素导致酸化假说"被广泛采用，成为占统治地位的学说。

拉瓦锡发现了氧的性质，但他却说自己独立发现了氧元素，只字未提他从"普里斯特里的水银灰加热实验"得到启示，反而一味坚持他应取得氧元素独立发现者的权利。这种卑劣作风使他的学者人格受到了玷污。氧元素的独立发现者，除普里斯特里之外，还有舍勒。他们两人的发现时间虽然相差2—3年，但考虑到这两位对氧的发现所作的贡献及他们的高尚人格，他们的发现权都得到了世界的公认。

拉瓦锡与拉普拉斯在1782—1783年冬共同发明了热量计，测定了比热与潜热，同时用实验论证了动物呼吸是一种燃烧现象。他们是在充满氧气的容器中放入白鼠，再测定产生出一定量的碳酸气时融化的冰量；而后在同一容器内燃烧木炭，测定产生同量碳酸气时所融化的冰量。他们发现前者的热量大于后者。后来在弄清了水的组成后才找到了原因，即动物在呼吸时，除了碳元素外，氢元素也在进行氧化燃烧。拉瓦锡于1777年向科学院提出的《关于动物呼吸的实验以及空气通过肺脏时所发生变化的实验》的论文，说明动物的呼吸是吸入酸素（氧）而变为碳酸气放出的。以后，拉瓦锡又与青年科学家塞刚合作，直接做了人呼吸现象的实验。塞刚充当了实验的人，他头戴一种密闭面具，身上装着各种测量仪器，进行一种脚踏自行车运动。这样便测得了休息时与运动时不同的氧消耗量、二氧化碳产生量以及气温、摄取食物与其之间的关系。拉瓦锡认为，在呼吸时氧化燃烧现象是在肺里进行的。肺内产生的热量依靠血液运往全身各处。实际上，氧化燃烧现象并不是在肺部，而是在所有机体细胞内进行的。然而，他对呼吸一词所下的定义，即呼吸现象不过是可燃烧的食物进入体内产生的燃烧现象而已，这一基本认识直到现在还是正确的，应该说这是非常了不起的一件事。拉瓦锡所说"生命是一种化学现象"这句话，为现代生物化学定下了基调。

3. 拉瓦锡的其他成就

化学发展的初期，由于缺乏统一的领导，化学术语、化学符号极其混乱。统一化学术语、化学符号成了一件具有重要意义的事情。

从 1785 年起，贝特莱、孚克劳、莫沃等化学家，相继从燃素学说派转变为反燃素学说派。连同拉瓦锡在一起，四人根据新理论着手编纂新的化学术语体系，并于 1787 年出版了合著的《化学命名法》，这就是现代化学术语的基础。过去被称为金属灰的物质，根据它的组成改称为金属氧化物。例如，金属灰的一种锌白改为氧化锌，原来被称为矾油或矾酸的改为硫黄酸（硫酸）等等。当今我们所用的化学术语的大部分，是根据拉瓦锡命名法而来的。

1789 年拉瓦锡出版了主要著作《化学教程》，该书是那一阶段化学革命的总结。在这本书中，他第一次有意识地把质量不变（物质不灭）定律写进去了。这一定律是在进行化学定量分析时不可缺少的前提。他给单质下的定义是：通过实验分析到达的终极点，即在当前用任何手段都不能分解的物质。拉瓦锡预言，在当时自己认为是单质元素的物质中，未来有若干可能不是单质元素。他的单质定义在《化学命名法》中有清楚的说明，合乎这种定义的单质被分为五类，其中第四类是：石灰土、白镁矿（氧镁）、重土、矾土（氧化铝）、碴土（氧化硅）等土类，第五类是苛性碱，以上物质都是当时无法再分的。而在两年后出版的《化学教程》中，他预言苛性碱类在将来一定是会被分解的，因此将其从单质中除去。对第四类土类，他预言虽然包括于单质中，但将来一定会分解并将证明它们是金属的氧化物。他这一预言果真兑现。过了十余年，钾、镁、钡、铝、硅等都相继分离出来了。拉瓦锡关于单质的定义在以后一百多年中，一直被化学界采用。而现在，由于发现了根据原子核的裂变而产生单质分解现象，所以拉瓦锡的定义不再适用了。同时，拉瓦锡和他以往的学者，都把元素和单质作为同义词使用，混淆了两者的区别。拉瓦锡的《化学教程》一书附有他的妻子玛丽·拉瓦锡所画的精美的插图，于1789年出版，这本书的出版，本身就标志着拉瓦锡在书中所指出的化学革命已经发生。

二、揭示化学本质

在遥远的古代，人们的思维是那样简单，但却努力为这个千变万化的世界寻找一个简单的解释。

（一）原子学说的传播

物质由不连续的微粒组成，这一概念由来已久。约在公元前460年，希腊哲学家德谟克利特就提出了这种思想。原子（atom）一词是从希腊语（atoms）来的，意思是不可分割的，亦即可分割的极限或终极粒子。当然，德谟克利特所说的原子和我们今天所说的原子有很大的区别。德谟克利特的学说遭到柏拉图和亚里士多德的反对，一直不为人们所承认。直到公元1650年意大利物理学家伽桑狄重新提出原子学说，并得到牛顿的大力支持。1800年以前，物质的微粒性观念大体上建立在推测与直觉的基础之上，是在一种朴素唯物主义哲学思想指导下的产物。显然，诸如混合蒸发、溶解沉淀等现象可以很容易用这种粗糙的原子图像来"解释"。这一原子观念稍加发挥，还能概括物质的许多性质。如固体原子只要具有接触性，它们就可能彼此连接，形成坚硬的固体；液体原子只要是平滑的，就可相互流过；而某些化学品有味道，则是由于它们原子的尖棱刺了舌头。尽管有些观念比较准确，但也纯属臆测，毫无实验根据，因此只能算是一种朴素的学说。既然它是由猜想构成的，也能被进一步的猜想推翻，这种情况持续了近两千年。

伽桑狄力图用原子的大小和形状来说明物质的各种性质。热是微小而圆形的原子引起的；冷是带有锋利棱角的角锥形原子引起的，所以寒冷使人产生刺疼的感觉。固体是靠原子彼此交错的钩子连接起来的。牛顿的微粒说具有很大的影响。大家知道,牛顿把光解释为粒子流。拉瓦锡也信仰热质说,即把光和热都看成是不可称重的弹性流体。这种机械的原子论对化学家没有产生多大影响,因为化学家所面对的是物质的改变,化学家只能接受适用于化学反应的那一部分思想。那时的原子论促使人们总想用纯机械论的方式来解释宇宙。但是化学家们面临着数量巨大、与日俱增、庞杂混乱的化合物和化学反应,要描绘出一幅像时钟一样准确的宇宙图像,是不可能称心如意的。尽管18世纪的一些化学家如拉瓦锡以他清楚的逻辑头脑建立了严格的定量关系的物质不灭定律,但他始终未在原子论上越雷池一步。

(二) 道尔顿的《化学新体系》

道尔顿的幼年是贫寒的。但道尔顿的勤奋与百折不挠的精神使他最终踏入了科学的殿堂。道尔顿小时候在教会举办的学校里接受初等教育,但因家境窘迫而中途辍学。当时他们村子里有一位叫鲁滨孙的亲戚,是农村少见的自然科学爱好者,经常独自进行气象观测等科学研究。鲁滨孙很爱惜少年道尔顿的才华,自愿担任小道尔顿的数学、物理老师。道尔顿12岁那年,鲁滨孙在自己家里为村里的儿童开办了一所小学堂,他自己出任老师。学样似乎办得不很顺利,两年后停办了。道尔顿15岁时,开始在附近的肯达尔镇上为教徒举办的寄宿学校担任了助理教师,这所学校的负责人是他的堂兄。几年后那位堂兄隐退,道尔顿便成了学校的经营者。道尔顿在讲授数学、物理学、天文学、法语、会计、测量等课程之余,还自学了数学和物理学。道尔顿听从鲁滨孙的劝告,从21岁时就开始作气象观测。直到他临终前一天,整整坚持了57年,共观测了20万次以上,并发表了许多著作、论文,包括1793年发表的《关于气象学的观测和试验》。

1793年,道尔顿离开肯达尔,到曼彻斯特学院担任教师职务。当时,道尔顿对化学虽不熟悉,但还是担任了化学课的教

近代原子学说创始人道尔顿

师，所用的教科书是当时普遍使用的拉瓦锡的《化学教程》与夏普塔的《化学入门》。传说道尔顿是在 30 岁左右听了化学家格奈特的一次讲课后，才对化学发生兴趣。1799 年辞职后，他终日都在工作室里勤奋地进行实验研究和学习，相继发表了多种论文。

1803 年 9 月他感到有关原子分子学说是化学的关键问题，从此以后便把全部力量集中到这一问题的研究。叙述原子分子学说的主要著作《化学新体系》第一卷第一部于 1808 年问世，1810 年出版了第二部；第二卷是在 1827 年发表的。

当道尔顿作为近代原子学说的创始人并闻名于世的时候，皇家学会仍未选他为会员。倒是法国科学院在 1816 年选他为外国通讯员。这时道尔顿已经 56 岁了。1829 年，由于戴维去世，法国科学院外国学会出现了缺额，由道尔顿补缺。这个外国学会会员共有 8 个名额，具备世界水平的科学家才能被选入。晚年他常说："如果说我比其他人获得了较大成功的话，那主要是——不！完全是靠不断勤奋地学习钻研而来的。有的人能够远远地超越其他人，与其说他是天才，不如说是由于他能专心致志地坚持学习，那种不达目的不罢休的不屈不挠的精神所致。"

（三）原子分子学说

道尔顿的原子学说可以说是 18 世纪原子学说与拉瓦锡的单质相结合的产物。该学说的核心是提出了原子量这一概念，道尔顿联想到了通过各种化合物分析，可以求得组成化合物的有关原子的相对重量值，并且道尔顿用假定化合物分子中所含原子数目的方法算出了原子量。然而，这一假设是错误的。道尔顿计算出的原子量与现代原子量大不相同。但无论如何，过去关于原子只有模糊的概念，道尔顿第一次把原子通过原子量与具体的化学实验结合起来，将数量或质量这一物理概念赋予原子微粒。

道尔顿未立即公开原子量这一概念。到 1805 年只公布了原子量表，未做任何说明。1804 年夏，当托马斯·汤姆生来看他时，道尔顿将他的原子学说对汤姆生做了说明。汤姆生对此大为敬佩，并在 1807 年出版的著作《化学体系》中介绍了道尔顿的见解。1808 年，道尔顿才在他的著作《化学新体系》中公布了以原子学说为基础的化学体系。道尔顿在《化学新体系》中提出的构成原子学说的基本概念，可以归纳为如下几项：

(1) 所有物质是由不可再分割的粒子，即由原子所组成。

(2) 原子有单一原子与复合原子（分子）两种，单一原子是指单质体的终极粒子；复合原子是指化合物的终极粒子，是由几个单一原子聚集起来以物理接触状态（结合状态）形成的。

(3) 关于原子的种类，认为只有与拉瓦锡单质学说中的单质体种类数目相当的原子存在。

(4) 凡是同种原子都具有相等的体积、形状和重量（引入了原子量这一概念）。

(5) 凡同种分子都具有相等的体积，形状和重量（引入了分子量这一概念）。

(6) 所谓化学现象是各种原子相结合，或结合的原子间的相互分离。

(7) 迄今为止的化学研究（指当时），是以确定构成化合物的有关单质体之重量为主要目标的。从而可以推算出有关原子的重量比，即原子量，可以求出化合物分子中的有关原子数，即分子式。

(8) 关于构成分子的原子数假设了如下数值：两种原子 A 与 B 间，只知存在一种化合物时，其化合之分子，设为 A 与 B 各包含一个，此分子暂定为 AB；如果存在两种化合物时，其分子可设为 ABB 或 AAB；三种为 AB，ABB，AAB；四种时可设 AB，ABB，AAB，AABB，ABBB，AAAB，以下类推。

(9) 单质气体粒子是单个原子，化合物气体粒子是单个分子。

(10) 所有原子及分子周围聚集着大量热元素原子层，其形状犹如行星被大气层包围那样，尤其是气体原子或分子的热元素层更厚。热元素原子极其微小，而且相互排斥，与其他原子则相互吸引。因此，任何时候都在原子分子周围密集着热元素。原子有可能是球形、正多面形等其他种种形状，但毫无例外地被热元素的厚层所包围，所以总的可以说原子分子都是球形的。

(11) 道尔顿使用了独特的象形原子符合（由于不实用，以后由贝采里乌斯改用现用元素符号）。

道尔顿的原子分子学说，由于定比及倍比这两条实验定律的确立，而得到了强有力的支持。定比定律是法国化学家普罗斯于1799年通过实验证明的。这一定律被化学界默认，犹如质量不变定律一样，已成为普遍的公理定律了。由于这一定律与原子学说之间存在着不可分割的关系，所以在道尔顿原子学说发表前不久，定比定律就得到公认，这似乎为道尔顿铺平了道路。

尽管道尔顿首先发现了倍比定律，但道尔顿从未把它作为一种定律发表。如果我们看一下他的实验笔记，在1803年9月6日的原子量表中，就能看到氧化氮与氧化二氮、二氧化碳与一氧化碳之间写着表现倍比关系的分子量。那就是道尔顿在尚未取得实验数值之前，从理论上推论的倍比关系。1804年夏，道尔顿在曼彻斯特附近的池沼中采集了甲烷进行化合物分析之后，又对乙烯进行分析，结果证实这两者之间存在着倍比关系。到了1808年，托马斯·汤普生应用两种草酸盐提出了该定律的实验证据，必须承认原子的存在，才能说明倍比定律。由此可见，道尔顿的原子分子学说之所以被化学界很快地公认，并能被确立为化学的基础理论，是有赖于倍比定律的确立。道尔顿的原子分子学说的最大缺点，是上述第（8）条关于分子式的假设。这就是说，必须根据人们事先已知的某种化合物的存在，来决定其化合物的分子式。而后来阿佛伽德罗的假设基本上克服了上述缺点。可以说，如果不是由阿佛伽德罗来补充，那么道尔顿的原子分子学说是不能被真正确立的。

（四）原子学说的完善

我们知道现在的科学发展如果离开了科学家之间的相互合作就寸步难行。其实在近代化学舞台上，任何一个理论都不是一个人完成的，道尔顿的学说也是大批科学家的集体智慧结晶。远在19世纪20年代，许多科学家就力图使原子学说完善起来，并消除其中存在的矛盾。1805年盖吕萨克受洪堡特的委托，分析在南美旅行时采集回来的空气样品。在一次实验中他证实，水可以用氧和氢按体积1∶2的比例制取。盖吕萨克对这一结果很感兴趣，后来（1808年）他证明，体积一定的整数比例关系不仅在参加反应的气体中存在，而且在反应物与生成物之间也存在着，他用许多气体反应的例子来说明这一定律，特别是各种氮的氧化物的比例关系。他利用道尔顿原子论的基本原理来解释他所获得的结果，认为在同一条件下，等体积的各种气体含有相同数目的原子。气体反应定律使道尔顿陷入困境，因为他无法解释在氢氧反应中，一份氧怎样生成了两份水。盖吕萨克也陷入了矛盾之中，他也没有解决问题的方法。

在盖吕萨克定律出现后不久，人们试图努力去消除这一定律与道尔顿原子学说的矛盾。意大利物理学家阿佛伽德罗在这方面取得了突破。他的气体反应体积比例关系的假说发表于1811年，文章引证了盖吕萨克定律。他注意到了道尔顿理论上的错误，引进当时人们不大熟悉的分子概念作为这种学说的补充。阿佛伽德罗将化合物分子与元素单质分子加以区别，在这些概念的基础上，他得出了后来被叫做阿佛伽德罗定律的原理。他写道："因此应该承认，气体物质的体积与它们所生成的分子数目之间存在着极简单的比例关系。因此唯一可接受的第一个假设应该是：任何气体所生成的化合物分子的数目在同体积上总是相当的，在不同体积下，则与体积成比例。"这样就正确地解释了盖吕萨克定律的含义。他继续写道："如果从这一假设出发，那么很显然，我们就很容易测定……化合物中分子（原子）的相对数目。"阿佛伽德罗把盖吕萨克定律解释为如下的含义：一个氧分子与两个氢分子化合生成两个水分子，而氨是由一个氮分子和三个氢分子形成的。阿佛伽德罗的合理假设，本应该在科学界得到积极响应，但很遗憾，事实上并非如此——由于旧观念根深蒂固，许多人对阿佛伽德罗的假设不屑一顾，人们无法理解同种原子能生成双原子分子——道尔顿也绝不会想到这一点。

在化学原子论的发展中，瑞典化学家贝采里乌斯起到了极其重大的作用。贝采里乌斯是在他知道了里希特关于计量化学的著作后，于1867年开始化学原子论方面的工作的。里希特定律表明："所以酸和盐是以各自有的当量相互作用而产生中性盐。"贝采里乌斯认为如这一定律符合事实，那么，它对于拉瓦锡的新化学体系将是极为重要的，并准备亲自进行实验加以证实。在他的自传中曾叙述这一点说："这一研究成为我一生中为之努力追求的科学研究方向。"他在开始研究后不久，读到了武拉斯顿所写的证明倍比定律的论文。他认为如果这一定律通过实验能够加以确证的话，"那就是化学作为一门科学所完成的最大的进步"。为此，他更竭尽全力去进行实验，开始时既无经验又无设备，更无可遵循的分析方法，但是他以顽强的精神，进行了种种实验尝试，正如他所说："通过自己的错误，逐步确立了分析方法。"这样，各种元素的氧化物，氯化物、硫化物、硫酸盐、磷酸盐等物质的组成，逐步被确定。他将其结果总结成以《探索无机界各成分相结合的简单定比关系之尝试》为题的一系列论文，用瑞典文于1810—1811年发表，并立即被译成德文出版。至此，定比及倍比定律才得到完美的确证，而道尔顿的原子分子论也得到了有力的支持。此后，他把分析范围扩大到有机物，证实这个定律对有机化合物也是适用的，从此明确了原子分子学说是所有有机或无机化合物的基础理论。

贝采里乌斯在继续深入进行上述研究的同时，开始致力于确定原子量的研究工作。于是自1808年至1818年的10年，对于当时被人们认识到的49种元素中除了钛、铈、铱、锆4种之外的45种元素和24种化合物，进行了比现行值误差范围≤1%的精密分析，确定了化学当量与原子量。其中，除水银、镍、钴、铋、铀、锂6种元素是在他的指导下，由他的学生实验外，其他39种全部是他自己完成的。1818年以后，其仍继续进行对其余元素原子量的确定。贝采里乌斯之前，人们用各种各样的符号来表示相同的元素，极为不便。他建议用元素名称的首个字母（一个或两个）作为元素符号。这样，我们今天所用的大多元素符号，从那时起逐渐得到了统一。1826年贝采里乌斯发表了他的新的原子质量表（原子量表），根据许多金属氧化物新的化学式，修订了许多金属及其元素的原子质量，不过钾、钠、锂、银和若干其他元素的原子量仍不准确。

三、近代化学的繁盛

19世纪初是化学在氧学说和化学原子论的基础上进行全面改造的时期。在实验研究上，化学分析法仍然是基本方法，但同时也有了许多新的研究方法，特别是发现了电化学分析法，对化学发展有着重要意义。

（一）戴维和电化学

英国人H·戴维是19世纪初最杰出的化学家之一，由于家境贫寒，他没有受过正规教育。从1797年起戴维用拉瓦锡的《化学教程》教本自修化学，后来他成为某气体研究所的助教。在任助教期间，他发现了一氧化氮（笑气）对人体的麻醉作用，这一发现轰动了全国。一年后戴维被聘为伦敦皇家研究院助教兼化学实验室主任，并从事重要的研究工作。他在皇家研究院的精彩讲演，吸引了伦敦社会各阶层的广大听众。戴维1803年当选为皇家学会会员，1820年当选为皇家学会会长，并获得了许多科学奖章。

戴维是一个多才多艺的人，他不仅是一位世界著名的化学家，还是一个诗人、一个演说家、一个领导者。戴维一生有很多成就，其中最有意义的成就是他在电化学领域的贡献。戴维通过电解水证实，实验中所得到的氢的体积比氧多一倍，同时还对电解机理做出了一些概括。1805年他开始电解苛性碱：起初试图从碱溶液和固态碱中电解出其中的金属来，但都失败了。后来他取了一小块干

电化学理论创立者——戴维

燥的苛性碱，只在很短的时间内受到湿空气作用，便放到白金电极中间，用250多对电池通上电流。用这种方法第一次制出了金属钾。当戴维看到水银般的小钾球穿开苛性碱的表层接触到空气引起一闪一闪的火花时，高兴得像个小孩子，在室内绕屋子跑起来了。随后戴维用同样的方法制取了金属钠。他的这一发现在欧洲科学界产生了强烈的反响，很自然地引起了人们对碱金属特性和利用的研究兴趣。戴维继续研究，改变若干实验条件，用500对电池对各种化合物溶液进行电解，制得一些碱土金属。后来他用汞做阴极，在电解时得到了金属汞剂。戴维是电化学的创始人之一，也是第一个电化学理论的创立者。

（二）生命的源流——有机化学

1. 有机化学的误区

有机化学作为一门科学产生于19世纪初。有机物，在当时看来似乎是指和动植物有关的物质。查看一下19世纪初有机化学和医学的书籍，可以看出当时有机化学正处于萌芽阶段。由于应用了基础化学的原理和改进了分析方法而得到的一些新发现，人们开始对无机化学进行系统的论述，至少可以说对无机化合物的组成及其相互关系产生了兴趣。然而有机化学常常被忽视，没有人开始系统地研究有机化学。对有机化学的探讨是医学研究的附属品，有关的论述也只是描述性的。在舍勒辉煌的研究以前，人们只知道4种有机

酸：由醋和蚂蚁分别蒸馏而得到的醋酸和蚁酸，由安息香树胶和琥珀分别升华得到的安息香酸和琥珀酸。舍勒证明安息香酸的钙盐很明显易溶解于水，而游离的酸却不溶。因此可用氢氧化钙与树胶安息香共煮，再用酸化的方法分离出安息香酸，对一些不溶于水的有机酸如钙盐，舍勒采取与上面类似方法，他先加入氢氧化钙使酸沉淀，然后才加入硫酸使有机酸从盐中释放出来。用这种方法从天然的浆液中分离出了水溶性酸，如草酸、苹果酸、酒石酸、柠檬酸、乳酸、尿酸、榕酸、焦榕酸、粘蛋白酸和焦粘蛋白酸。舍勒认为甜味素与糖有关，因为它用硝酸氧化后也能得到草酸。大约与此同时，卢埃尔从人尿中发现了尿素，从牛与骆驼的尿中发出了马尿酸。拉瓦锡对有机化学也很感兴趣，他注意到在无机领域内所有可被氧化成酸的"基"都是很简单的，而在动植物领域这些"基"总是含有碳和氢，还经常含有氮和磷。他还注意到有些元素经常会形成一种以上的氧化物，以及这些元素经常会形成一种以上的氧化物，以及这些元素也是有机物真正的基的结论。他认为糖是烃基的一个中性氧化物，而草酸是它的高级氧化物。

19世纪，由于炸药、染料生产的需要，以及石油工业的需要，有机化学得到了长足的发展。拉瓦锡明确地认为有机化学是完整的化学部分，而不因为有机化合物是从有机体中得到的，就断言它仅仅与有生命的有机体有关。他把所有的酸都归在一起，但又把他们分为无机酸、植物酸和动物酸。但并不是所有的化学家都像他这样分类。格伦在他的《化学基础》一书中，就把所有的有机化合物单独地归为一章，他认为有机物相似的说法，流行了几十年。

2. 维勒的发现

弗·维勒的父亲是法兰克福附近一所学校的校长。维勒早年曾在海德尔贝格学医，后来他在海德尔贝尔的工作引起了盖墨林的注意，正是这位科学家使维勒对化学发生了兴趣并选定它作为自己奋斗终生的事业。在取得医学学位以后，维勒来到瑞典的贝采里乌斯实验室工作，在这里他直接得到了贝采里乌斯的指导。几年后维勒到柏林的一所技术学校任教。1831年他搬迁到凯塞尔继续任教。

维勒的工作主要是在无机领域。据说当时已知的元素没有他没研究过的。他在1827年分离出了纯硅，又对硼、钛、硅的化合物进行了广泛的研究，并发现了硅的氢化物。但维勒最重大的贡献还是在有机化学领域。维勒在有机化学领域最伟大的成就之一就是尿素的合成，生命力论（生命力论认为，有机化合物是在通过一种只存于活体动物中的生命力产生的）由于这一发现而受到致命打击。事情发生在1828年，他本打算合成氰酸铵，实验中却得到了尿素。维勒在给贝采里乌斯的信中得意洋洋地说："我必须告诉你，我不用人或狗的肾脏也能得到尿素，氰酸铵就是尿素。"

维勒认识到了由氰酸盐和氨来合成尿素的意义是重大的，但也遭来异议，他们认为尿素不是由无机物合成的，因为氰酸和氨最终还是由有机体获得的。自然哲学家也仍然宣称有机部分并没有从动物碳或由它构成的氰化物中消失。但是维勒明白地指出，1783年舍勒用加热氰化铵、碳酸钾和石墨而不是用动物碳的方法制出了氯化钾，这样，有机物就完全可由无机物合成。维勒的尿素合成在当时并没有产生戏剧性的影响，但是也得到了同时代人的承认，其中贝采里乌斯、李比希和杜马都给予了很高的评价，并把它作为维勒的成就之一。但是维勒和他的同事们都没有看出尿素的合成是敲响了生命力论的丧钟。随着有机化合物及其合成知识的不断积累，生命力论在有机化学中越来越站不住脚了。后来，随着实验条件的不断改进，新的实验成果终于彻底推翻了生命力论。在维勒之后，很多化学家着手有机物的研究。这些成果中，最著名的便是发现了同分异构现象，提出了基因的概念。

3. 维勒之后

维勒人工合成尿素之后，人们在有机领域发现的物质越来越多，理论研究也逐渐丰富完善起来。在拉瓦锡的时代，化学研究的中心在法国；后来又转到了英国，但是对有机物的研究又使德国处于领先地位，在这方面化学家李比希作出了重要贡献。

李比希1803年生于德国达姆施塔特市。他在童年就学会了一些简单的化学操作，并热心于制造炸药。中学时代，有一次由于他书包里的炸药突然爆炸，他被学校开除了。17岁他进入柏林大学学习。1822年，还在学生时代，他就发表了关于雷酸银的科学论文。同年秋天他到巴黎，在沃克克实验室里工作，在那里他认识了盖吕萨克·泰纳、舍弗勒尔以及其他一些著名化学家。1824年李比希被任命为吉森大学化学教授，并为青年科学家成立化学实验室，不久在吉森形成了人数众多的有机化学学派。1826年李比希认识了维勒，化学使他俩紧密地联系在一起，两人保持了长期的友谊并在科学上密切合作。在吉森的实验室里，李比希完成了许多有机化学实验和有机化学理论的著名研究，1840年他开始出版《化学与医学纪事》、《李比希纪事》，同年他又出版了《化学在农业和生物学方面的应用》一书，用新观点阐述植物营养与矿物肥料的问题。

（三）门捷列夫的"扑克牌"

自19世纪以来，人们开始从事元素知识的归纳总结工作，试图从中找出规律性的东西。在1869年以前，这种探索已有了一定规模，从《三素组》到《八音律》一步一步向真理逼近，为发现周期律开辟了道路。在化学科学前进的征途中，由于科学资料的积累，终于在19世纪后半期，迈尔和门捷列夫各自的周期表同时出现。

门捷列夫出生于西伯利亚。在那儿，一个政治流放者指导门捷列夫学习科学并使他对科学产生了爱好。门捷列夫中学毕业时在全班名列第一。他母亲把他带到莫斯科，然后又带到彼得堡，希望他能进入大学学习。1850年门捷列夫进入了彼得堡的中央师范学院学习。他的母亲也在同年死去了。1887年门捷列夫在献给他母亲的题词上写道："她通过示范进行教育，用爱来纠正错误，她为了使儿子能献身于科学，远离西伯利亚陪伴着他，花掉了最后的钱财，耗掉了最后的精力。"在学习期间，他受到化学家沃斯克列先斯基的影响开始研究化学。1855年被派往敖德萨任中学教师。1859年他到国外进行研究，参加了在卡尔斯鲁厄召开的国际化学家代表大会。1862年初他回到彼得堡，从事科学著述工作。1863年当选为技术学院的教授，在那里完成了《论酒精与水的化合作用》的博士论文，随后在彼得堡大学担任工业化学教授的职务。

1867年沃斯克列先斯基退休，门捷列夫担任了化学教研室主任。1867年

门捷列夫正着手著述一部普通化学教科书，遇到一个难题，寻求一种合乎逻辑的方式来组织当时已知的 63 种元素。在几次不妥的开头之后，他想出一个主意，打算将性质类似的化学元素归类成族，分到各个章节去写。显然，门捷列夫在此之前已经专心研究了各种元素的性质，对元素的性质做了一套卡片，上面记载着元素的原子量、化合价、物理性质和化学性质，等等，这些卡片就是他的"扑克牌"。1869 年初，他从事卤素、碱金属和碱土金属各章的写作。他按原子量增加的顺序把这些族中的各相似元素逐个排列出来。门捷列夫对这些并列的不相似的元素族相应元素之间的原子量值近乎稳定上升这一点留下了深刻印象。沿着这一线索深入推敲，他发现性质截然不同的 Cl（35.5）和 K（39）；Br（80）和 Rb（85）在原子量的差值方面很相近，再深入研究其他元素族发现也存在着同样的联系。于是他用牌阵的方法，先把常见的元素族按原子量递增的顺序拼凑在一起，然后排除其他不常见的元素族，最后剩下了稀土元素。这样，他就发现了把全部已知元素按原子量递增顺序排列起来，相似元素依一定间隔出现的周期律。门捷列夫经过了从个别元素到相似族，再经较不相似的元素族，"异中求同"找出差别的顺序来，这种依一定差值（原子量）增加的顺序就是规律性。应该指出，原子量对于区别族的概念和建立族与族之间的联系也起到了很大的作用。所有这一切都是 1869 年 3 月 1 日完成的，这是"伟大的一天"。

元素周期表首次出现是在 1869 年 3 月 18 日，题为《元素属性和原子量的关系》的论文中，因为门捷列夫外出，他的朋友门舒特金在俄国化学会上代为宣读。然而事情并非一帆风顺，一些知名学者，甚至于他的老师齐宁在开始时并不支持他的工作，曾说他是不务正业。但是门捷列夫深知自己研究工作的重大意义，于是不顾名家的指责嘲笑，继续对周期律进行深入细致的研究。经过两年的努力，1871 年门捷列夫发表了两篇经典性的论文，并对一些尚未发现的元素性质作出了精确的预言。同年他又发表了《化学元素的周期依赖关系》一文，果断地修改了他的第一张元素周期表，制作了第二张表，使原来的周期表由竖行改成横排，使同族元素处于同一竖行中。这样就更加突出了化学元素的周期性。在同族元素中，他按照迈尔的见解，划分为主族和副族；在这一表中他把预言元素的空格由 4 个改为 6 个，并预言了他们的性质。他根据一些元素在表中的合理位置大胆地修订了一些元素的原子量值。

他在该文中给元素周期律下了定义："元素的性质周期地随着它们的原子量而改变。"周期表中的空格是怎么来的呢？原来门捷列夫在制表时异常机敏，他发现只有在表中某些位置留出空格才能使钙之后的元素有恰当的安排。他论证说，那些应该填满这些空格的元素尚待发现，并极为大胆地详细预言了3种元素，即所谓的"类硼"（钪），"类铝"（镓）和"类硅"（锗）的化学和物理性质。门捷列夫对元素周期律的研究特别彻底，并以完全能兑现的预言说服了当时的化学家。门捷列夫比他同代人高明的地方在于他对化学元素的性质和它们原子量之间关系获得了规律性的认识，而且从理性认识又回到实践，获得了认识的飞跃。在化学的系统化过程中，周期律的发现是一个重要的里程碑。这个定律的重要性不仅仅是总结了前人的工作，更将许多似乎毫不相干的事实用一个规律联系起来，并且指明了研究方向。由于德国化学家迈尔也发表了周期表，1882年这两人联合接受了英国皇家学会最高荣誉——戴维勋章。

1807年门捷列夫逝世，在门捷列夫葬礼行列的最前面，两个学生高举着周期表，以纪念他对化学所作出的巨大贡献。

化学体系的建立清楚地告诉我们，这形形色色的物质世界是由最基本的原子微粒构成，而即使是最坚硬的物质，也像筛子一样多孔。这样的原子在地球上已经有100多种，物质的数量变化和质的变化就是原子的数目和种类的变化，不同原子间的吸引和结合，产生了千变万化的世界图像。从一个个孤立、冷僻的原子到生动的生命，体现了原子从量变到质变的重大飞跃，在这个过程中，仍有许多规律有待揭示。

我们对原子的认识还是从其单质如铁、碳及化合物推断出来的，而原子本身具有怎样的内部结构和功能，仍然是现代科学的巨大难题。相信铁和铁原子间还存在重大的区别；生命体上的有机大分子的性质还需要从原子以下的超微观水平上去解释。关于原子内部的问题正是现代原子物理学和原子核物理学的重大课题。

第十章 电磁的世界

电与磁的关系，是一个摸不着、看不见的世界，随着经验的积累、科学的完善，科学家终于发现电与磁这种"不可思议"的关系中，竟蕴藏着巨大的能量。

对于电和磁真面目的认识，是近代科学家们在物理学领域的一个重大飞跃。今天的世界文明是和电磁学的发展分不开的。试想我们的生活哪儿能离开电呢？没有电学的发展现代生活真是不可想象。

一、电的发现过程

早期对电的发现和应用有一段精彩的描述：在法王的王宫里，雷诺神父让700个僧侣手牵着手，接受莱顿瓶放电的电击。这些僧侣们在电击下手舞足蹈，袈裟迎空飞舞，于是路易十五心花怒放。在此之前，人们对"雷电是上帝发怒"这个在今天看来十分荒谬的说法是深信不疑的。

（一）莱顿瓶游戏

英国人吉尔伯特经过研究发现琥珀、玻璃、火漆、硫黄、宝石等物质经过摩擦可以生电。1660年德国人格里凯制成了第一台起电机——一个与手或布接触能摩擦起电的转动硫黄球。这也许是历史上最简陋的起电机了，但它具有非凡的意义。正如我们不会去讥笑蹒跚学步的婴儿的笨拙，我们也不会因第一台起电机的简陋而否定它。1709年毫格底斯比作了一个改进，他用玻璃球代替硫黄球改革了格里凯的起电机，能够得到比较强的电火花。1729年伦敦养老金领取者格雷发现摩擦过的玻璃管的电传到了这个管子的塞柱上，如果把带有骨制小球的棍子插入塞柱，电可以传到小球上。他和朋友惠勒通过实验，把电传到 765 英尺远的地方。格雷用带电体接触金属，使金属带上了电，于是他引入了"导体"这一概念。在巴黎，杜菲重复了格雷的实验，他发现了我们熟知的正电和负电现象，即同性电相斥，异性电相吸原理。

1745 年荷兰莱顿大学的马森布罗克、格内渥斯和德国的克莱斯特各自独立发明了最早的蓄电容器。这个蓄电容器是在一个玻璃瓶的外面和瓶内衬以银箔，把起电装置所产生的电引导到瓶内银箔而把外壁银箔接地，这样就可以把电聚集在瓶内。由于发明此蓄电容器的地点是在莱顿城，所以把它叫做莱顿瓶。马森布洛克在发明莱顿瓶后说："我劝我自己无论如何也不要再重复这个实验了，（我的）手和全身受了这种我不能说出的可怕方式的突然打击。"英国的沃森爵士等人用了一根 12.276 英尺长的电线使莱顿瓶放电，以测量电的传导速度，他们得出的结论是电是瞬时传输的。不过在那个年代，对电现象的研究是出于对自然"怪"现象的兴趣，只是为了消遣和取乐。然而这些消遣和取乐中做出的研究奠定了对电磁现象做深入研究的基础。

（二）富兰克林与电的单流说

在美国独立史上，能与华盛顿齐名的是富兰克林。他不仅是政治家、外交家，还是著名的科学家。富兰克林从小就对自然现象特别感兴趣，他做过这样的实验，将几种不同颜色的布块埋一部分在雪地里，经太阳照射几小时后，他发现黑色的布块深陷到雪地里，白色的布块几乎没有动，而其他的颜色的布块陷入雪地的程度各不相同。于是他得出结论：黑颜色吸收太阳能量的能力最强，白色最弱，其他颜色则介于二者之间。富兰克林从小培养起来的好奇心和探索精神为他日后的科学成就打下了坚实的基础。

1746 年，富兰克林开始用莱顿瓶对电进行研究。1747 年他给朋友的一封信中提出关于电的"单流说"。他认为电是没有重量的流体，存在于所有物体之中。如果一个物体得到了比它的正常分量多的电，它就被称之为带正电（或"阳电"）；如果一个物体得到少于它正常分量的电，它就被称之为带负电（"阴电"）。富兰克林认为，只有正电能经常移动，放电就是正电流向负电的过程。尽管运用我们现在的知识发现富兰克林的说法有很多不足，甚至有跟事实刚好相反的地方，但是他的学说在当时确实能解释一些有关电的现象。1749 年，他想知道天上的闪电和地面上见到电火花是否是同一种东西，于是提出把天电引到地面的设想，这也是著名的风筝实验的萌芽。1752 年 5 月，德·罗尔在雷雨天气成功地发现了他竖在高空的电棒上发出了电火花。接着，莫尼埃又做了晴天大气带电的实验。1752 年夏天，富兰克林也在山顶的树上绑了很高的铁棒，来验证空中是否带电，但是，这次实验效果不好。后来富兰克林想到把风筝直接放到高空云层，高空云层的电顺着风筝的线被传导了下来；在风筝线的地面一端富兰克林系了一把铜钥匙，实验发现铜钥匙放出了电火花。空中放电时的电荷还被引进了莱顿瓶中，然后再从莱顿瓶的放电证明聚集在瓶内的电是来自空中的闪电。富兰克林的风筝实验成了轰动一时的大事，人们大大扩展了对电的认识。

富兰克林还在该实验的基础上发明了避雷针，用以保护建筑物。自此，电不再仅仅是一种娱乐手段，它总算找到了实际的应用价值。1760 年富兰克林在费城的大楼上立起了第一根避雷针。然而这引起神学家们的反对，他们认为雷和闪电是上帝震怒的表示，就像生病是上帝的惩罚一样，应该逆来顺受，避雷针违背了上帝的旨意。但神学是禁锢不住科学的，科学的进步不可阻挡。

富兰克林是一个很有头脑的科学家。1783 年他担任驻法公使，在此期间法国人正热衷于搞乘人气球的实验，当时的飞行高度达 600 米。这引起了富兰克林的重视，他预言将来要出现降落伞部队。

富兰克林不谋私利的想法更令人肃然起敬，他说："我们在享受着他人的发明给我们带来的巨大益处，我们也必须乐于用自己的发明去为他人服务……在世界领受我的发明时，我并不心怀私欲，我过去没有，以后也不想从我的发明中得到哪怕是些微小的利润。"富兰克林实事求是的精神也是令人敬佩的，他说："我把各种见解留在世上，使之受到验证。如果是对的，它们将在真理和实验中得到证实；如果是错的，那么它最终也会被证明是错的，从而被摒弃掉。"富兰克林对科学的未来寄予了极大的希望，他说："科学的迅速发展，使我有时遗憾地感到我降生太早，人们若要预计一千年内人类征服世界方面将达到何种程度是不可能的。"在今天，富半克林的很多预言都变成了现实，这不能不让我们佩服他的天才思想。富兰克林死后，人们把法国人达兰贝尔的两句话"这个人从天上取闪电,从暴君手里夺玉"刻在他的墓碑上,以纪念他对电研究的贡献。富兰克林的研究工作不仅完善了静电理论,而且使静电研究进入到动电研究的新领域。他为电的应用奠定了基础。

(三) 库仑与电的基本定律

电子的尺寸是如此之小,1039 亿个电子紧密地堆积,才能填满一个乒乓球。那么电子所带的电荷是如何被测定的呢?这得归功于库仑的天才。

1736 年 6 月 14 日,库仑出生在法国南郡昂古莱姆的名门望族。当时,法国的大部分地区已感受到伏尔泰的自由主义理论和受到卢梭的民主思想的影响。库仑起初学军事,大部分时间在巴黎度过。在那里,他开始对科学和数学感兴趣。为了发挥自己的专长,库仑选择了军事工程师这个职业,开始了他的科学生涯。1776 年他定居巴黎,从此,他把全部精力倾注在自己喜爱的事业上,直到 1789 年法国大革命爆发为止——这是库仑最富创造力的时期,也是他取得突出成就的一段时期。法国科学院曾悬赏征求船用罗盘的最佳设计方案,为此,库仑撰写了《简单机械的理论》一文。这篇文章一发表就引起了人们的注意,他因此成为科学院成员。在研究这个问题时,他发明了扭秤(约 1784 年),英国的一位神父米歇尔也发明了扭秤。后来,卡文迪许用扭秤测地球的密度。

库仑用扭秤进行了大量研究,并在一系列论文中进行了详细叙述。1789 年,在攻打巴士底狱的革命风暴中,库仑决定离开巴黎,到他在布洛瓦附近的一小块领地上去躲一下,因此他辞去了官方、科学院和军队中的所有职务,过起了半隐居的生活,但他并没有中断自己的研究工作。当拿破仑 1799 年执政时,他重新回到巴黎居住,直到 1860 年去世。我们知道富兰克林提出了电的单流向理论,还做了风筝实验证明闪电的本质。但所有这些都是定性的认识,人们还缺乏带电体之间相互作用的定量知识。库仑解决了这一问题,他还提出了有关电力和磁力的定律。他的成果使静电学迈上第一个新台阶,从而结束了物理学静电学这一分支的第一个重要发展时期。

1. 库仑的电秤

库仑用实验确定了带电物体之间相互排斥的定律。在 1784 年的那篇获奖论文中,库仑通过实验发现了金属丝扭力的定律。他发现,这种扭力和金属丝直径的四分之一次方成正比，和扭转角度成正比，而与金属丝的长度成反比。比例常数可以通过实验测定，实验证明它取决于所用金属的性质。库仑所用的电秤测量精度非常高，无论物体所带的电量多么微小，均可用它精确测量出物体所处的状态和所受到的静电力。

2. 库仑定律

带同种电荷的两个小球间的斥力和这两个小球中心之间的距离的平方成反比，这就是有名的库仑定律，即电的基本定律。为了测定这一基本定律，库仑做了如下实验：使一个小导体 A（其实就是一支大头针，插在用西班牙蜡制成的绝缘棒上）带上电，然后把它伸到电秤的一个孔里，接触另一个球 B，B 球与 A 球接触。将小导体离开，这时两球带上相同的等量电荷，互相排斥，A、B 离开一段距离，这段距离可以利用装置上的刻度直接算出，然后用一个力将 A 球驱向 B 球，同样可计算出该力的大小。研究扭力的大小与两球距离的关系，就可以确定斥力定律。库仑于 1784 年 6 月向科学院展示他的成果，使人们大开眼界。异种电荷之间的作用是相互吸引，测定异种电荷之间吸引力的关系比较麻烦，但是库仑还是设法解决了困难。经过反复的测量，库仑得出结论，两个带异种电荷的小球之间的吸引力与两球中心间距离的平方成反比。这个结果和斥力定律是一样的。后来库仑还利用实验得出了另一个重要的结论：磁流体间引力或斥力的大小与磁流体的密度成正比，与磁流体微小颗粒间距离的开方成反比，从而形成了一个比较完美统一的平方反比定律。由于发现了库仑定律，库仑的名字还成了电荷的基本单位。

二、电气化的先驱

打开任何一本电学方面的书，伏特、安培、欧姆等电学单位会出现在你眼前，但你知道这些单位是怎么来的吗？你或许不知道电流的最早发现者是一位医生，而不是一位物理学家？

（一）奇妙的青蛙腿——伽伐尼电流

电流的发现，使电流研究开始由静电转向动电的领域，并成为后来世界走上电气化的重要跳板。那么，电流最初是怎么发现的呢？

伽伐尼是意大利的解剖学和医学教授。那个时候，在实验室里放上起电机是件很时髦的事，伽伐尼的实验桌上也有这样的一台仪器。他的妻子根据丈夫的嘱咐用蛙腿做菜肴，她把剥去皮的青蛙随手放在起电机旁的金属板上，并取了一把解剖刀，解剖刀很偶然地触及青蛙的腿神经，这时起电机刚好飞过一个火花，青蛙腿猛地抽搐了一下。妻子惊讶地叫了起来，引起了伽伐尼的注意，于是他立即重复了这个实验。

电流的发现者伽伐尼

在1791年发表的《论在肌肉运动中的电力》一文中，他如下记述当时的经历："我把青蛙放在桌上，注意到了完全是意外的一种情况，在桌子上还有一部起电机……我的一个助手偶然把解剖刀的刀尖碰到青蛙腿上的神经……另一个助手发现，当起电机的起电器上的导体发出火花时，这只青蛙抽动了一下……因这现象而惊异的他立即引起了我的注意，虽然我当时考虑着完全另外的事情，并且是全神贯注于自己的思想的。"伽伐尼在重复这个实验的时候，他观察到了同样的现象。他发现，用金属接触神经和发出电火花都是必要条件。之后，他又以严谨的科学态度，选择不同的条件，在不同的日子做了这类实验。起先，他用铜丝与铁窗连着，在雨天和晴天做实验，他发现无论是晴天还是雨天，青蛙腿都发生了痉挛。于是他认为这是"大气电"的作用。现在我们知道，他得出这个结论，是受了富兰克林大气电实验的影响。但是后来，他找了一间密闭的房间，将青蛙放在铁板上，用铜丝去触它，结果跟以往一样，蛙腿也发生了痉挛性收缩，这就排除了外来电的可能。在上面提到的论文中，他继续写道："我选择不同的日子，不同的时候，用各种不同的金属多次重复，总是得到相同的结果，只是在使用某些金属时，收缩更加强烈而已。以后，我又用各种不同的物体来做这个实验，但是用诸如玻璃、橡胶、松香、石头和干木头来代替金属导体时，就不会发生这样的现象。"这些现象使伽伐尼猜想到，在动物体内存在着某种电，如果使神经和肌肉与两种不同的金属接触，再使这两种金属相接触，这种电就会被激发出来，所以这很可能是从神经传到肌肉的特殊的电流质引起的"动物电"。每根肌纤维就是一个小电容器，放电时便产生收缩。伽伐尼的解释由于缺少必要的知识，并不正确。青蛙腿抽搐是因为青蛙腿上的神经受到了电刺激，产生新的生物电，后者沿神经传导到肌肉，引起了肌肉的紧张收缩。

但伽伐尼的发现具有伟大的科学意义。伽伐尼的发现公布以后，立即引起了强烈的反响。但这时人们才发现，瑞士学者苏尔泽早在 1750 年就谈到过类似的发现。他将银片和铅片的一端互相接触，另一端用舌头夹住，舌头则感到有点麻木和酸味，既不是单片银的味道，也不是单片铅的味道。他想到，这可能是两种金属接触时，金属中的微小粒子发生震动而引起舌头神经的兴奋产生的感觉。为此苏尔泽做了另一个实验来进一步研究这个现象。他将一个盛水的锡杯子放在银台上，舌头就明显地感觉到酸味，这时已构成电流回路。但是苏尔泽没有继续研究下去。伽伐尼的成功再次证明，机遇只属于那些有准备的头脑！

伽伐尼的论文发表以后，不少人开始接受他提出的"动物电"术语，因为那时人们已了解到一些鱼类就是带电的，如电鳗，可以通过放电（高达 75V）攻击敌人，所以别的动物体内贮有这种动物电也并不稀奇。

（二）伏打电池——世界上第一个电池

我们日常生活中可以见到各种各样的电池，你可知道这世界上的第一个电池是什么样的，它具有怎样的历史意义？

1. 伏打序列

伏打在电的研究上，发现了金属的排列与正负电有关，为电池的出现打下了基础。1781 年，伏打曾经对已有的验电器进行改造，制成了能够测定微量电荷的验电器。他把该验电器叫做麦秸验电器。次年，他又给验电器配上电容器，制成能用以测量低电压的电学仪器。1775 年他发明了起电盘装置。他在给普利斯特列的信中描写了这种起电盘装置：在一个用丝绸吊起的金属盆中，放着树脂和沥青混合物的圆块，先使其带上电；盆盖的内外侧由于受到感应而带上不同的电荷，用手接触外侧使一种电荷消失，就可以由盆盖上得到与圆块上相反的电荷。只要圆块上有电，就可以不断地从盆盖上得到电荷。伏打的这些发明为他日后研究"动物电"创造了条件。

当伽伐尼的发现公布后，伏打非常震惊，立即着手这方面的研究。为了验证电的性质，伏打将一块金币和一块银币顶住舌头，用导线将两者连起来，舌头就感到了苦味。他将两种金属连接起来，一头接触眼皮上部一头用嘴含住，当刚一接触的瞬间，奇异的事发生了，居然产生了光的感觉！伏打开始认识到，金属不仅是导体，而且能够产生电；电不仅能使青蛙腿产生运动，而且能够影响视觉和味觉神经。这一结论很快引起了人们的广泛关注。由于天才的头脑，在对伽伐尼的动物

电池发明者伏打

电研究中，他很快意识到必须把这一效应的物理因素放到首要地位。他认为，青蛙的肌肉和神经中是不存在电的，是不同金属与湿的物体的接触产生了电的流动，蛙腿只是起到了验电器的作用。1793年12月，伏打在一封信中公开提出了反对伽伐尼动物电的观点，他一再强调电流在本质上是由金属的接触产生的，与金属板是否压在活的或死的动物体上无关。他倡导用"金属电"来代替"动物电"这个名称。伏打的观点一公布，犹如一颗重磅炸弹，引起了人们激烈的争论。

伽伐尼将青蛙的神经与青蛙的脊椎和腿接触，同样引起蛙的收缩，他用这个实验来反对电来自金属接触的说法。尽管他们各自的解释都不正确，但是他们的发现和争论却是具有非凡的意义。伏打坚持了自己的研究方向和观点，新的发现和发明接踵而来。在1796年的一封信中，伏打把金属（他把黄铁矿和木炭也包括在内）称为第一类导体或湿导体。他指出："把干的导体（即第一类导体）与湿的导体（即第二类导体）接触，就会引起电的扰动，产生电运动；用各种金属——组合搭配的方法，可以研究两种金属相接触产生电的现象。"他发现，同一种金属与某一种金属接触时带正电，与另一种金属接触时带负电。所以，金属究竟带何种电，取决于它，以及与它接触的金属的性质。如锌和铜接触，前者带正电，后者带负电；而铜和金接触时，铜则带正电，金带负电。当然，现在我们知道金属的这些性质，是跟它们失去

电子的能力大小有关的：失去电子能力大的金属在实验中失去电子而带正电，能力小的金属获得电子而带上了负电。1797 年，伏打公布了这些研究成果，不少学者感到惊讶。在大量实验的基础上，伏打确定了一个金属序列，只要按这个顺序将任意的两种金属接触，排在前面的那种金属将带正电，排在后面的那种金属将带负电。伏打排出的这个序列是：锌、铅、锡、铁、铜、银、金、石墨、木炭，这就是著名的伏打序列。后来他还进一步发现，如果将不同的几种金属依次连接起来，其总的电位差与中间的金属种类无关，只与首、尾两端的金属性质有关。

2. 伏打电池

伏打将两块第一类导体与浸有酸溶液的湿布接触，再用导线将两块第一类导体连接起来，发现导线中产生了电流。伏打称这种电池为伽伐尼电池。这个电池大概是我们今天所用的许多型号、种类的电池的始祖。1800 年 3 月 20 日，伏打把他的发现写信告诉了英国皇家学会会长班克斯勋爵，在信中他写道："无疑你们会对我所要介绍的装置感到惊讶，只是用一些不同的导体按一定的方式叠置起来的装置。用 30 片、40 片、60 片甚至更多的铜片（当然最好是银片），将它们中的每一片与一片锡片（最好是锌片）接触，然后充一层水或导电性能比水更好的食用盐水、碱水等液层，或填上一层用这些液体浸透的纸皮或皮革等……就能产生相当多的电荷。"这就是有名的伏打电池。他通过手、额、鼻、耳、皮肤等与这些装置的两极接通，直接体会受到电刺激的各种感受，感到了皮肤的刺疼、舌头的痉挛、眼睛的光感觉、耳内的轰鸣声和脑部的振荡等。

伏打电池的发明，使人们第一次获得了比较强的、稳定而持续的电流，为科学家们从对静电的研究转入对动电的研究创造了物质条件，导致了电解化学、电磁感应等一系列重大的科学发现，加深了人们对光、热、磁等化学变化之间关系的认识；伏打电池的发明还开辟了电力应用的广阔道路，在这个处处都离不开电力的年代，我们不应该忘记先辈科学家所作的贡献。后来有人对伏打电池做过一些改进，在很长一段时间里它成为仅有的实用电池。

由于伏打电池电极的极化损耗，电池所能提供的电流越来越小，以至最后失去使用价值，而且这个过程发生很快，这一点制约了伏打电池更广泛的应用。为了克服上述缺点，大约从 1830 年开始，人们开始为获得比较稳定的电池而努力，其中比较成功的有丹聂尔、格罗夫和本生。丹聂尔在 1836 年发明的电池，在浓硫酸铜和稀硫酸之间用动物膜融开，后来又用多孔的陶土杯代替了动物膜。格罗夫在 1839 年用不稳定的硝酸制作伽伐尼电池，他用锌作成一个上下开关的圆筒，在稀硫酸中浸过，然后放进一个陶瓷容器中，注入硝酸并放入白金作为另一极，这就是"格罗夫电池"。本生在 1841 年建议用碳代替昂贵的白金作为一极。1803 年李特尔首次提出蓄电池或二次电池。到 1859 年，格罗夫制造出了真正实用的蓄电池。

（三）欧姆定律

伽伐尼电池发明后，人们就对电流现象做了广泛而深入的研究。人们在使用电池的过程中，注意到电流通过导线时，导线很容易灼热起来。1805 年，李特尔用 400 对直径为 4 英寸的金属板作电池，用 2 英寸长的铁丝连接起来，铁丝灼热了。他又用 100 对直径为 8 英寸的金属作为电池，结果使 32 英寸长的同样粗细的铁丝灼热。这表明增大极板面积可以提高伽伐尼电池的功效。这些现象在我们今天看来很简单，但在当时那个基础科学刚刚起步的年代要解释它们却不容易。戴维注意到接通和断开电路都有电火花发生，于是用几百对金属板作为一个大电池，让电流通过强碱，发现电流热足以使碱熔解。戴维还研究了物体的导电性能，发现不同的金属导电性能不同，以银最佳、铁最劣；他还用金丝和银丝连成回路，用加热和冷却的方法进行对比，发现了它们的导电能力都随温度的升高而降低。戴维发现，金属导线的导电性能与导线的长度成反比，与横截面积成正比。李特尔在研究中还得到"在电动力相等的情况下，电池的效果依赖于电池本身和回路的抵抗"的结果，这已从物理内容上接近于 21 年后欧姆的发现了。

德国物理学家欧姆极富有才华，但他的一生始终在孤独与困难的环境中度过，尽管如此，他还是始终坚持科学研究。他

电流公式发明者欧姆

长期担任中学教师，热爱科学研究，但是由于缺乏资料和仪器，他的研究总显得困难重重。他的父亲是一个锁匠，他从小受父亲影响，学到了熟练的机械技能，很多仪器都是他自己动手制造的。

  1826 年欧姆研究了导电性问题，他从傅立叶发现的热传导规律受到了很大的启发：导热杆中两点之间的热流与两点的温度差成正比。因而欧姆认为，电流相互作用与此很相似，猜想导线中两点之间的电流与它们之间的某种驱动力成正比，他把它称作"验电力"，即今天所称的电势差。欧姆花了很多时间和很大精力在这个方向上探索。开始，他用来做实验的电源是伏打电池，效果很不理想，因为电流是不稳定的。后来他接受波根道的建议，改用 1822 年由塞贝克发明的温差电池作电源，从而保证了实验中电流的稳定性。但是，如何测定电流的强度在当时还是尚未解决的一个难题。后来他创造性地把奥丝特关于电流磁效应的发现和库仑的扭秤法结合起来，巧妙地设计了一个电流扭力天平：用一个钮丝悬挂一磁针，让通电导线与该磁针都沿子午线方向平等放置；再用一个铋和铜温差电池的一端浸在开水里，另一端浸在碎冰中，并用两个水银槽做两极，当两个水银槽用导体连续成回路时，温度差产生的电势差就形成了电流，电流的强度就由磁针的扭转角表示出来。欧姆假定磁针的偏转角与导线中的电流强度成正比，这样，他就把一个物理量转换成为常量来测量。欧姆把"电流强度"与"热流量"或"水流量"相比，把"验电力"（电势差）与"温度降落"或"高度差"相比，按照如此直观的概念对电流（传导）作出了类似于"热流"或"水流"的分析，从而得出了以他的名字命名的重要定律。在实验中他用粗细相同的 8 根铜导线，其长度分别为 2、4、6、10、18、34、66、130 英寸，把它们分别接进回路中，测出每一次线路中的电流强度，从而得到了一组数据。通过对这组数据的分析，他得出了一个等式：

$$X = \frac{a}{b+x}$$

式中 x 表示导线长度，X 为其磁效强度，a 和 b 依赖于激发力（温度差）和电路其余部分电阻的常数。实际上 a 表示电动势，b + x 表示总电阻，X 表示电流强度。这个结果发表在 1826 年的论文《金属导电定律的测定》中，但他的这篇论文很少为人所知。第二年他又出版了《动电电路的数学研究》一书，至此他的工作才受到重视。在这本书中，他把实验结果总结为公式：

$$S = \nu E$$

式中 S 表示电流，E 表示电动力，即导线两端的电势差，ν 为传导率，其倒数即为电阻。这就是著名的欧姆定律。

欧姆本来希望他可以从上述著作中获益，但由于人们的社会偏见，《动电电路的数学研究》这本书的出版反而给他招来诋毁，教授们认为欧姆只不过是一个中学教师；他的理论被一些人说成纯属空洞的编造，毫无观测事实的根据；甚至于他的专著也被指责是损害了自然界的尊严。直到 1833 年，由于国王的任命，欧姆担任了一个综合技术学校的物理教师，他的研究工作才在俄国、英国和美国等国逐渐受到重视，1847 年英国皇家学会授予他最高荣誉——科普利金牌，这才引起德国科学界的轰动。1849 年，他被任命为慕尼黑大学的非常任教授；1852 年，65 岁的他当上了教授，但两年后就去世了。人们为了纪念他对电流研究的贡献，将他的名字定为电阻的单位。

三、奥斯特、安培与电流磁效应

18 世纪末叶，人们已经积累了相当多的有关电和磁的感性认识。库仑发现了电场力的平方反比定律；富兰克林的电学实验也已广泛被人们所知；伽伐尼发现了不同金属相互接触时产生的电效应——但他错误地把它解释为动物电；伏打在 18 世纪末正确解释了伽伐尼的结果，并发明了伏打电池即电堆；欧姆发现了关于电流强度与电阻的关系。当时，除了对电场力可以在相隔一定距离时相互作用这个带有共同性的问题未能作出解释外，还存在一个本质性问题，就是人们对电与磁之间的联系缺乏了解，认为二者是无关的。这一具有极其重要意义的联系，乃是一切电磁现象的基础，它是在 1820 年被丹麦物理学家奥斯特发现的。

（一）从学徒到学家

奥斯特是一位药剂师的儿子，1777 年 8 月 11 日生于丹麦的鲁德克宾镇。早年他只受到一些马马虎虎的教育，13 岁跟父亲学徒，学徒期间，他对自然科学发生了兴趣，并决定以此为业。1794 年奥斯特进入哥本哈根大学，次年通过哲学考试，1797年又通过药物学考试。两年以后，他以一篇论述形而上学的论文获得哲学博士学位。这时，人们并不认为奥斯特是自然科学家，而是一位哲学家。但是不久以后，他就转向了实验物理学研究。奥斯特公开发表的第一篇文章论述了电力与化学力的同一性，这篇论文后来成为柏刘利乌斯发展电化学体系的基础。在19世纪的前20年里，奥斯特研究了许多不同的问题，其中包括水的可压缩性和运用电流爆破采矿。

1820年，奥斯特在哥本哈根大学任物理学教授。在一次给学生做实验时，他首次发现了电与磁之间的联系——桌子上放的伏打电池和指南针证实了他正在寻找电与磁之间的联系。

1820年7月21日，奥斯特在向科学界散发的一本小册子中宣布了他的发现——电流周围存在着磁场。作为一个物理学家，他的地位骤然上升。他得到了广泛的赞誉，包括英国皇家学会和法兰西科学院在内的许多学术机构授予他，名誉成员的称号。在随后的旅行中，他会见了许多同行，其中有戴维和法拉第。毫无疑问，法拉第后来的电磁感应实验，很大程度上应归功于奥斯特的启发。安培了解到奥斯特的发现后，立即着手进行研究，很快就作出了一个重要贡献——发现了两个电流之间也存在作用力，并求出了电流所产生的磁场大小。

奥斯特创建了自然科学促进会，并在1829年创办了哥本哈根工学院，他任该学院院长，直至1851年3月9日逝世。自然科学促进会的目的是使科学更直接地为公众服务，奥斯特认为这一事业极其重要，他为此花费了大量的时间和精力。

（二）电流产生力

1820年7月21日，奥斯特在哥本哈根用拉丁文写了一份致欧洲同行的长达4页的快报。这份快报的题目是《关于电流对磁针影响的实验》。物理学家们难于理解奥斯特这篇文章某些地方的风格及文风的"真实含义"。奥斯特宣布：电流对放在其附近的磁针产生力的作用。这份快报引起了巨大的轰动，快报的译文很快就在许多国家出版了。英文刊登在《哲学学报》上，法文刊登在《哲学杂志》和《物理学和化学编年史》上，意大利文刊登在《科学院通报》上，德文刊登在斯万格尔的《物理学和化学杂志》上以及吉尔伯特的

《物理学编年史》上。电磁时代已经开始了。

1820年9月25日,安培在科学院报告说,电流不仅对磁针有力的作用,而且还对第二个电流产生力的作用。当电流沿着同一方向流动时,通电导线相互吸引,当电流沿着相反方向流动时,通电导线相互排斥。接着安培开始研究"导线回路",即制成长方形或者环形的弯曲导线。为了加强作用,他用导线绕成一个螺旋形的"线圈"(各匝之间是相互绝缘的)。当安培演示这种通电线圈就像真的指南针一样指向地球的北极和南极时,引起了极大的轰动。有人评论说:"这个消息一公之于众,不仅物理学家,而且还有大批自然科学工作者,医生、科学的业余爱好者,甚至那些一般不熟悉科学研究的人们,立即就以闻所未闻的热情去掌握这一新的发现。"

电动力学的奠基人安培

四、法拉第和电磁感应

1791年9月22日,法拉第出生于英国。由于家庭贫穷,法拉第幼年没有受到良好的教育,第13岁时他开始了装订工的学徒生涯。这期间,他读了很多书,其中《关于化学的对话》影响了法拉第的一生。7年后,法拉第学徒期满,当了正式装订工,然而科学的吸引力扰得他不能安心工作。法拉第想到皇家学会去,为科学服务。他多次请求皇家学会的会长,但都遭到了拒绝。1812年10月,戴维做试验时眼睛受伤,雇佣法拉第,从此他走上了科学研究之路。1816年,法拉第写了他的第一篇科学论文。1820年10月1日戴维从外国回到了实验室,向法拉第讲述了奥斯特的实验。法拉第对

电磁感应的发明法拉

· 204 ·

这个实验很感兴趣，他们两个重做了这个实验，这时他们认为，电流对磁针的两极所产生的作用力是排斥或者是相吸的。1821年，在一个实验中，法拉第把磁铁的一个极固定，放到通电导体旁边，于是磁铁棒的另一个极围绕着通电导线转动。从此，法拉第就第一次设计出了我们今天称为电动机的东西。

（一）法拉第的伟大发现

电能能够转化为机械能，机械能也能转化为电能，自然界原来是如此和谐完美，我们不禁为之惊叹，为之陶醉。

早在1821年，安培已开始探求磁产生电的途径，但他受旧思想的束缚，仍然用固定线圈中的稳定电流对观察到的现象进行解释，这样，安培就与这一效应的发现失之交臂了。安培的失败并没有影响法拉第的探索步伐，他为此进行了10年的辛勤劳动，最初，他试图用强磁铁靠近闭合导线或用强电流使邻近的闭合导线中产生出稳定的电流，但都一次次失败了。

假如根据奥斯特的看法，被推动的电荷对磁铁产生的作用，也就说"产生磁"，那么被推动的磁铁也应该产生电。

法拉第终于发现了他那种长期寻找的效应。他的实验装置类似于我们今天的变压器：在一边接上一个伏打电池（法拉第称为A）和一个中断电流的开关；在另一边（称为B）接上一个电流显示器（即当有电流时，显示出偏转的一个磁针）。接通A的电流时，B电路上的测量仪显示短暂的偏转，然后，指针立即又回到0位；当A路中的电流被中断时，也出现一偏转（但向另一个方向偏转）。法拉第本来希望，在整个电流动过程中，在A和B电路中都有电流产生，然而磁针则准确无误地表明：只在"开"和"关"的时刻有效应存在。在发现这个现象数周之后，法拉第很快发现，永久磁铁也可以用于感应电。当人在一线圈附近尽可能快速地移动一磁铁时，这个线圈中就产生感应电压把线圈直接接到一个电流显示仪上，便显示出这个电压。10月17日，法拉第在一个直径为3/4英寸、长8英寸的空心圆纸筒上绕了8层铜线圈，把8层铜线圈并联后再接到电流计上，然后把一直径3/4英寸、长8.5英寸的条形磁铁一端刚好放进螺线管的一端，然后把这条形磁棒迅速地插入整个螺线管，电流计的指针转动了；抽出磁棒时，指针又动了，但转动的方向相反。每次把磁棒插入或拉出时，这效应会重复，因而电的波动只是当磁铁靠近而不是当磁铁停止在那里产生的。这就是一个原始的发电机，它通过磁体的机械运动而产生电流。

在这一年的圣诞节前夕，法拉第在朋友们面前表演了一个实验：把一个直径12英寸厚、约1/5英寸的铜盘装在水平的黄铜轴上，铜盘的边缘伸到一个水平固定的马蹄形磁铁的两极之间。铜盘的中轴连接一根导线，边丝同另一根导线保持接触，两根导线同一个电流计相连，这样形成一个回路。当铜盘转动起来后，电流计的指针就摆过一个角度，转动速度越快，指导转过的角度也越大；如果铜盘反向转动，指针则向相反方向摆动。当在场的一个贵夫人取笑地问："先生，你发明这个玩意儿有什么用呢？"法拉第回答说："夫人，新生的婴儿又有什么用呢？"法拉第一共做了几十个类似的实验，他最终认识到感应电流是如何产生的。

1831年11月24日法拉第写了一篇论文，他把可以产生感应电流的情况概括成5类，正确地指出了感应电流与源电流的变化有关，而不与源电流本身有关。法拉第将这一现象与导体上的感应电作了类比，把它命名为"电磁感应"。那么，"电磁感应"现象如何解释呢？法拉第在1832年的第一份报告中，采用了笛卡儿发明的磁力线这个概念。按照法拉第的解释，感应电流是导体切割磁力线产生的，电流方向由切割磁力线的方向决定。这就是我们今天还常常用到的"左/右手定则"，该方法就起源于法拉第。后来法拉第确信，贯穿空间的磁力线具有物理学的真实性，它如同我们身边和桌椅一样是实际存在着的。1838年法拉第用类似的方式解释了从负电荷或正电荷出发的电力线所引起的电感应。

法拉第就这样逐渐地摸索，创立磁力场和电力场的概念。然而，专业同行对此的反应是怀恨而带敌意的。据他的侄女记载，法拉第曾抱怨人们对他的不理解："理解磁力线的人何等少啊！尽管所有的研究都证实了我多年来所发展的有关见解，但他们却视而不见……我可以等待，因为我坚信，我的见解是正确的。"尽管法拉第没有足够的时间等待他的理论被世人承认，但他的伟大发现却改写了人类的历史，从此蒸汽时代逐渐过渡到电气时代。磁生电的发现，使法拉第的名字传遍了世界，但法拉第没有沉醉在过去的成功上，他依旧围着围裙，躲在实验室里，静静地进行着一个又一个新的研究。他冒着生命危险，证明了导体内外空间的区别；发明了贮存电的方法；发现了著名的电解定律；证明了所有的电都是相同的这一结论，从中澄清了长期以来关于电的各种说法。法拉第醉心于电磁的研究，随着研究的深入，新的发明接踵而来，他发现了磁与光的关系、磁致旋光效应（以后称为法拉第效应）、物质的抗磁性等。1846 年，由于他出色的贡献而获得了伦福德奖章和皇家奖章，在皇家学会的历史上将两枚奖章授予同一个人，这是很罕见的。1867 年 8 月 25 日，法拉第与世长辞。

法拉第的成功一方面归功于他长年累月锲而不舍地执著追求的精神，更重要的方面是观念的革新。在那个以牛顿机械力学体系解释世界的时代，坚信电力线、磁力线这样一些空虚的实在，的确需要强有力的实验证据和创新精神。

（二）楞次定律

德国物理学家楞次得知了法拉第发现电磁感应的消息后，仔细研究了电磁感应的全过程。1832 年 11 月 7 日，楞次提出了关于磁体突然移近或远离线圈时所产生的作用的研究报告，指出感应电动势与绕组导线的材料和直径无关，也与线圈的直径无关。1833 年 11 月 29 日，楞次又提出了《论如何确定由电动力感应所引起的伽伐尼电流的方向》的论文。他分析了法拉第、安培等人的实验，从而得出了被称为"楞次定律"的著名定律："如果金属导体接近一电流或磁体，那么在这导体中就会产生伽伐尼电流，这个电流的方向是这样的：它倾向于使导体发生与实际的位移方向相反的移动。"楞次的定律表明，感生电流所形成的磁场的作用，总是补偿施感磁场的变化，也是阻碍施感磁体的运动，这个定律包含了深刻的物理本质，它将感生电流的产生同力学做功过程联系起来了，成为人们分析电磁现象的一把利剑。

五、电磁理论大厦

法拉第具有深刻的物理学洞察力，然而，他却不能够用数学语言来表达自己的思想，这或许是这位天才的悲哀，也许是那个时代的悲哀。在他上小学时，他只学过加、减、乘、除的计算。他开玩笑说："我一生中所做过的唯一的一次数学运算,是当我有一次被允许转动计算机的曲柄时。"法拉第的直觉和想象力都是天才的,然而他不能清楚地表述自己的想法使得他人能够理解,因此同行们(完全错误地)认为,他的思想是含糊不清的,甚至是杂乱无章的——这太不公平了,麦克斯韦在这里认清了自己的任务。他在爱丁堡和剑桥大学学习了数学,而且24岁时就立下终身大志,把法拉第的想法及思想用数学方式精确地表达出来。

(一) 麦克斯韦的理想

"数学能说明吗?""能!"麦克斯韦正是用数学来表达他心中的"理想",来表达法拉第的思想,来替法拉第鸣不平。

法拉第所提供的是一部伟大语言图画,不是像笛卡儿《哲学的原理》那种想象物,而是仔细地对自然观察的结果,但自牛顿以来,科学家们对于"语言的物理学"极不信任,他们要求一种"公式的物理学"。麦克斯韦深刻地领会了法拉第的思想,把它改造为数学的形式表达了出来,使法拉第的想法终于被人们所理解。1855年,麦克斯韦在剑桥哲学学会上作了题为《关于法拉第的磁力线》的报告,从此以后他的话常常被引用:"我的方法完全是法拉第在研究中所遵循的那种方法。……人们常常把这种方法视为非专业数学家的方法,我希望人们从我的阐述中可以看到,我并不试图提出一种科学的物理学理论,我几乎没有做过一次实验。我的目的仅仅在于,如何用法拉第的方法和概念把他所发现的现象之间各种相互关系最佳地阐述清楚。"

麦克斯韦设想的电磁现象发生的空间,充满着一种人们在古代概念中称为"以太"的流体,正像钟的声音通过空气媒介传到我们耳中一样,在麦克斯韦看来,"以太"就是电磁现象的载体。麦克斯韦提出的公式体系,描述了电磁领域中法拉第和其他人所发现的全部效应。

电磁波规律发现者麦克斯韦

（二）赫兹实验

赫兹于1857年2月22日出生于德国的汉堡。他从当律师和市议员的父亲身上继承了对人文科学的热爱，还跟父亲学会了多种语言。在12岁生日时，父母给他的生日礼物是一条刨木头的长板凳和一套木工工具。他利用这套工具独立地做起了小凳子、小桌子、小柜子。赫兹从小就培养起对科学的热爱，并表现出了未来实验物理大师的才华。

麦克斯韦曾设想，辐射应当由电振荡产生，并以光速通过空间自由传播。赫兹正是以麦克斯韦的设想为出发点，开始了他的实验。经过不断努力，他发现了电磁效应可以通过空间传播；他还测量了这种传播的速度和电波的波长；他还用反射、折射、偏振实验证明了电波的横波性。就这样，他完美地证实了光的电磁特性与麦克斯韦的理论是一致的。赫兹的成功不仅促使通信工业得到发展，更重要的是给出了有关光的波动本性的更清楚的图像，证实了麦克斯韦的伟大预言。

1886年9月底，赫兹开始了高速电振荡实验。他采用了变压器中的高交变电压，把它们放在两根两端带金属球的导线上。当他使这两根导线相互靠近时，振荡电路通过空间蔓延到第二个振荡电路上，穿过空间的这种东西就是电波。1886年11月13日，他成功地把他的电波跨越1.5米的距离传递到第二个"振荡电路"上去。这样，他就首次设计了电波发射机和电波接收机。更重要的是，该实验证实了电波的真实存在。今天，我们无线所使用的电报及无线电技术就是赫兹实验的"最重要的收获"。为了纪念赫兹的重要贡献，他的名字被人们用为波的频率单位。

1894年1月1日，37岁的赫兹英逝早年。赫尔曼·封·赫尔姆霍茨在感人肺腑的悼词中这样说："他被神的嫉妒所杀害。"

在近代史上，人们注意到一个有趣的

电波真实存在的证明者赫兹

事：牛顿生于伽利略死的那年（1642年），牛顿完成了伽利略开创的力学体系。牛顿的自然观受到法拉第的挑战，从此开始塌陷。麦克斯韦生于法拉第发现电磁感应的那一年（1831年），麦克斯韦完成了法拉第开始的电磁学理论。1879年是麦克斯韦逝世的一年，这一年爱因斯坦诞生，而爱因斯坦的狭义相对论又恰恰是在麦克斯韦的基础上提出来的，并使电磁学更加完美。科技不断发展，随着人们对世界的认识不断加深，爱因斯坦提出的相对论也一定会被新的理论所取代，而物理学也会进入一个全新的发展时期。

在电磁领域这一系列激动人心的重要发现，都是一些年龄在30—40岁左右的年轻人作出的杰出贡献。是学术的迅速交流、传播保证了他们在短时间里前赴后继，以惊人的速度将这一学科推向高潮，为现代文明铸造了宏伟而坚实的基石。

电磁的世界，是一个摸不着、看不见的世界，但又真切地存在于我们的周围。从机械体系向非机械体系转变的伟大时期，人们的观念又发生了重大的转变。但与以前相比，不再那么痛苦，更多的是轻松、愉快和激动，因为人类已经依靠科学的进步让自己成熟起来。在未来，我们还需怕什么不可思议的事情发生的呢？至少不会因为"不可思议"而阻止新生事物的诞生。

第十一章　第二次技术革命

法拉第—麦克斯韦的电磁理论宣告了电气时代的到来。由于电具有易于传输能量、可作信息载体和操作简易等优点，使人类进入了前人从未想过的新时期。

瓦特发明的蒸汽机使人类社会向前迈了一大步，正当蒸汽机的浓烟弥漫在欧洲上空时，一种新的自然力——电力悄然产生了。它的诞生开创了人类的电气时代，使人类社会进入了以电的广泛应用为标志的第二次产业革命。

一、19世纪最令人震惊的发明——电机

在19世纪的科学技术发明史上，没有什么发明可与电机的发明相媲美。

电机是电动机和发电机的总称。巧合的是，电动机和发电机最初的实验模型，都出自同一个人——近代电磁学的伟大奠基者法拉第。

1813年，法拉第40岁时，因为发现了感应电流而载入史册。自进行电转化为磁的实验之后，法拉第开始致力于磁转化为电的实验，因此他未继续进行电动机的研制，而是致力于发电机的探索。1831年8月29日，这一天是历史上光辉的一天，法拉第经过9年的努力，终于发现了感应电流，电力时代的曙光照到了人间。后来，德国人西门子发明了自馈发电机，完成了实用电机雏形。美国人爱迪生改进并完善了西门子的发电机，原来只供通讯用的发电机，经过爱迪生的努力可以用在照明和动力方面，电机得到了广泛应用，迎来了第二次产业革命。

（一）电动机和发电机的发明

在奥斯特发现电的磁效应之后，人们对电最感兴趣的研究方向，自然是如何把电能转化为动能。继法拉第在1821年发明最初的直流电动机的实验装置后，有不少人对电动机进行了类似的实验研究，其中成就最为卓著的是在革新电磁铁方面作出过重要贡献的美国电学家亨利。

亨利在1829年革新成功电磁铁之后，开始致力于电动机的研究。1831年，他在一次实验中也发现了感应电流。同年，亨利试制出了一台电动机的实验模型。亨利的电动机虽然只是一种实验装置，但由于他的装置中应用了电磁铁，因而它所产生的磁能较大，因此产生的动能也就比法拉第的装置所产生的动能要大得多。所以说，亨利的电动机实验模型是继法拉第在1821年所制的那种模型后的一大进步，是向实用电动机发展进程中跨出的重要的一步。

亨利试制成功第一台电动机的实验模型之后，人们试图把这种电动机的实验模型转变成可供实用的电动机。首先在这方面作出重要贡献的是德国电学家雅可比。1834年，雅可比以亨利的电动机实验模型为基础，对这种实验模型做了一些重要革新。把亨利模型中的水平电磁铁改为转动的电枢，加装了脉动转距和换向器。由于进行了较大的革新，雅可比在同年5月装出了第一台样机。这样，雅可比就最先把亨利的那种电动机的实验模型变成了一种最初始的可供实用的电动机，从而使电动机完成了从实验模型到实用电动机的转化。

雅可比的双重式电动机最初还是以大功率的伏打电池为电源的。到了40年代，由皮克希发明的永磁式发电机在几经改革后已投产实用，所以雅可比的这种双重式电动机就可以用皮克希的永磁式发电机为电源了。1849年前后，当庞大而笨重的永磁式发电机已能为工业提供电源时，雅可比的双重式电动机即成为把电能转变为机械能的配套的动力机。当雅可比的双重式电动机与皮克希的永磁式发电机一齐运转之后，人们就从电力中获得了真正的动力。

由于电动机的发展，反过来又对发电机提出了新的需求。同时，由于永磁式发电机已能为当时的电解工业提供电，电解工业反过来对发电机进一步提出了需求。正是在电力工业与电解工业的双重推动下，发电机本身又迈向了新的里程。要提高发电机的功率，其重要途径之一是为发电机安装更加强大的磁铁。可是，永磁铁本身所产生的磁力有限。这时，人们便向寻找新的更强大的磁铁这一目标进军了。1854 年，丹麦电学工程师乔尔塞为在发电机中引入电磁铁进行了最初的尝试。他除了在发电机中装有永磁铁外，另外加装了电磁铁、从而试制成功了一种永磁铁和电磁铁混合激磁的混激式发电机。这种混激式发电机的功率与永磁式发电机的功率相比，显然有明显的提高。乔尔塞的这种混激式发电机，后来成为自激式发电机的先驱。乔尔塞的混激式发电机发明之后，英国电学家惠斯通（1802—1875 年）发明了自激式发电机。1857 年，惠斯通试制成功了一种自激式发电机。这种自激式发电机的激磁机构完全采用电磁铁，而且磁铁所需的电力则由一个伏打电池组组成的独立电源来提供。这种自激式发电机的功率，当然要比永磁式发电机和混激式发电机的功率大得多。

在惠斯通的自激式发电机问世 10 年之后，一种真正的自激式发电机——自馈式发电机在德国和英国相继被发明了。在德国，发明自馈式发电机的是电学工程师西门子（1816—1892 年）。从青年时代起，西门子就致力于实用技术的研究。1847 年，他成立了以生产电器设备为主的西门子公司。西门子公司不但从事电器设备的生产，而且还附设从事电器设备研究的科学实验室。这就使他的公司比别的公司更具有竞争力。西门子在看清发电机的革新方向之后，就沿这一方向进行了一些探索性的研究。由于当时条件的限制，继续以电池作为电磁铁的电源这种路走不通。西门子经过一段时间探索，似乎突然看到了某种希望。他想，发电机本身不是一种比伏打电池更强大的电源吗？如果把发电机上产生的电流部分地引入电磁铁，这样便可以使电磁铁得到一种自馈电流。当然，这股自馈电流只是发电机能产生电流中的很小的一部分。尽管如此，它毕竟还是比伏打电池能提供的电流强大得多。

根据对自馈原理的最初设想，西门子开始了他的新的发电机的研制工作。1867 年，西门子终于试制出了第一台自馈式发电机。在这种自馈式发电机中，仍然装有一个使发电机得以启动的伏打电池。而当发电机一旦启动产生电流之后，即把发电机所产生的部分电流引到电磁铁上。这样，电磁铁即被大大强化，发电机的功率随之大大提高。

（二）第二次工业革命的兴起

到了 19 世纪 60 年代末，特别是西门子发明了自馈式发电机之后，电机作为新的工业革命的一只翅膀，促使第二次工业革命逐渐腾飞。到了 70 年代末，由于内燃机的发明，新的工业革命的另一翅膀也开始长成。自此之后，第二次工业革命即在电机和热机双翼的支撑下迅速起飞了。

在新的工业革命中，电机比热机更先成为工业革命的骏马。它最初冒出的星星火花，已成为新的工业革命的烈焰。同第一次工业革命相比，巴本在实验室发明的蒸汽泵是 1680 年，而瓦特发明双向式蒸汽机是 1782 年，其间从实验科学的成就转化为直接的社会生产力的时间为 100 余年；而从法拉第和亨利同时发现感应电流的 1831 年算起，到西门子发明自馈式发电机的 1867 年为止，其间不过花了 36 年，电磁学的实验成果就转化成了直接的社会生产力。这说明，在 19 世纪的科学技术史上，理论科学与实验科学的成果转化为直接社会生产力所需要的时间，同 18 世纪相比，其周期已大大缩短。19 世纪 60 年代末最初兴起的电机，基本上都是直流电机。随着第二次工业革命的进一步发展和科学技术的不断进步，到了 70 年代末 80 年代初，交流电机迅速发展起来。此后，大小发电站相继建立，高压输电网相继架设，电力生产蓬勃发展，电器发明层出不穷。电机和热机一道在 19 世纪 80 年代使第二次工业革命进入它的第一个高峰发展时期。

二、硕果累累的大发明家——爱迪生

大发明家爱迪生的大名恐怕早已家喻户晓了。让我们看看爱迪生是怎样将电和实际运用紧密联系在一起的。

（一）早年的爱迪生

出身低微、生活贫困、当过报童的爱迪生亲自设计、试制，做出了电灯、留声机、电影摄影机等一千多种发明创造。

爱迪生，1847 年 2 月 11 日出生在美国俄亥俄州的米兰镇。爱迪生一生中只在学校读过3个月的书。学校里的教师和同学，都把他当做一个愚笨的孩子来对待。幸运的是爱迪生有一位好母亲。当深感在学校小爱迪生不能受到很好的教育时，母亲就决定自己教他。这样，他一面在父亲的木工厂做工，一面由母亲来教他读书写字。爱迪生学习非常勤奋，无奈11岁的时候，由于家里经济困难，他被迫开始赶马车。12岁，他当上了火车上的卖报童，坐着火车到沿途各个车站卖报纸，每天早晨6点钟起床，晚上11点钟睡觉，虽一天

伟大的发明家爱迪生

十几个钟头的工作，却并未影响他的试验兴趣。他把积攒下来的钱，除了交给家里一部分外，全买了化学药品。他在火车上的吸烟室搞了个小试验室，利用车没到站的时间，做着各种有趣的实验。有时他甚至一天工作20个小时。年幼的爱迪生，为了弄明白电报机是怎么回事，从自己家到邻居家，挂了一条铁丝当电线，用玻璃瓶子当电线的绝缘体，用破布条缠起来做电磁线圈的绝缘物，并用小块铜簧当做电报机键，自己编一些很简单的电码，他和邻居家的小孩每天深夜练习发报。就是用这些极简陋的东西，爱迪生弄明白了电报机的一些原理。爱迪生15岁那年，有一回因火车开动时震动太大，小试验室里的一瓶磷被震翻了。磷遇到了空气马上燃烧起来，引起了一场大火。爱迪生赶紧和火车上的人一起奋力扑救，才算没闯下大祸，但是车长盛怒之下，把爱迪生做试验的东西全扔下了车，并狠狠打了他一个耳光，爱迪生的左耳膜被振破，从此左耳便聋了。

　　身体上的伤害并没有使爱迪生灰心丧气，他继续省吃俭用，又搞起化学试验来。同年8月份，爱迪生为了救一名要被火车撞着的幼童，自己的脚、脸、手都磕破了。幼童的父亲为了报答他，就把自己收发报的技术教给了爱迪生，每星期教三次，其他时间自己练习。由于他的勤奋好学，在不到4个月的时间里，爱迪生的收发报技术已经非常熟练了，从而在火车站当上了电报员。

　　爱迪生在青年时期，由于不断地读书和试验，积累了丰富的经验。但是，

在发明创造的路上并不是一帆风顺的。爱迪生 16 岁在火车站当电报收发员的时候，曾发明了一个每分钟拍发一个信号的自动发报机。他巧妙地把挂钟同发报机的电键连接起来，每当分钟走到一定的位置时电流就接通，信号就自动发出去了。可是，火车总站的老板把他的这一带有自动化设想的发明创造扼杀了——爱迪生被解雇了！在很困难的条件下，他仍旧继续工作。有一次试验一个大感应圈时，他无意中将两个电极握在一起，遭到电击。他猛地把手往后拉，使电线从电池架上的接头脱开，结果电池箱倒了，硝酸溅了爱迪生一脸，险些弄瞎了眼睛，害得他两星期不能出门。挨打、解雇、实验中受伤……然而这一切都没有使爱迪生泄气，他克服了种种困难，坚持工作下去。

（二）发明电灯

1809 年，一个英国人用 2000 只电池，利用两个不相接触的炭极，保持一定距离而产生电弧，即高电压下的放电，发明了电弧灯。但是这种灯光线很强，灯的寿命也不长，因而不适合于一般家庭的使用。改进照明技术已成为当时社会的迫切要求，生产发展也提供了改进照明技术的必要条件。爱迪生正是在这种形势下开始了发明电灯的试验。1877 年爱迪生和其他一些人共同努力进行着这种试验。他们常常连续工作 24 小时或 36 小时，实在太累了，也只是图书当枕头，在试验台上瞌睡几小时。爱迪生在选择了硼、钉、铬等各种金属做灯丝试验后，又选择碳精丝作灯丝。他把碳精丝插在电池的两极间，虽然这个碳丝发亮了，可是随着白亮之后，碳丝就和空气中的氧气起了氧化作用而断裂了。爱迪生又选用了铱、白金等很难熔化的合金来做灯丝，但是因为电流太强，灯丝还是很快就被烧断了。为了寻找一种合宜的灯丝，爱迪生前后实验了 1600 多种材料。无数次的试验，使爱迪生总结出：一是避免灯丝很快地氧化，二是选用合适的材料作灯丝。为了避免灯丝被氧化，到了 1879 年 8 月，爱迪生设计的抽气机已能将灯泡内压力抽到大气压力的十万分之一，一个月以后又进步到将灯泡内的压力抽到大气压力的百万分之一。使玻璃泡里达到这么高的真空程度并长期保持住，这在当时很不容易。爱迪生又在灯丝上继续试验，他用普通的棉线弯成钗形，放在密封的容器里烧，加以碳化，当碳化了的棉丝慢慢冷却以后，他很小心地从密封容器里取出来，拿到玻璃匠的屋子里装进灯泡。这段路虽不长，但必须十分小心。第一根细碳丝在拿到玻璃匠的门前就折断了。经过数次失败后，第三天晚上，他成功地把碳化棉丝装进了玻璃泡。当他们接通电流以后，这盏灯亮了。这一天是1879年10月21日。这是有史以来第一根有效的电灯丝，它燃烧了40个小时后熄灭了。在这一段时间里，爱迪生和他的助手一直守护在灯旁，专心细致地观察着。

此后，爱迪生又做试验成功地把竹线碳化后作为灯丝。为了弄清楚哪一种植物纤维最好，爱迪生搜集了全世界各地的六千多种植物来试验。爱迪生第一次在市场上出售、供居民使用的，是一种竹丝灯。当时通用的照明工具是煤气灯，所以，爱迪生推广电灯必定要遭到煤气公司老板的抵制，他们千方百计地诋毁这一项新发明。后来，爱迪生改用纸条碳化后作灯丝，使灯的成本大大降低，适合家庭使用。电灯终于代替了煤气灯，并得到普遍使用。

（三）留声机→无声电影→有声电影

文字留住了知识，那么什么可以留住声音呢？

在19世纪70年代，记录人类说话的声音似乎是件不可想象的事。1877年秋季，爱迪生使之成为现实——他发明了留声机。这留声机的"唱片"是一个包着薄锡铂纸的圆筒，用一个喇叭收音，先把声波的振动转换成电流的变化，再把电流的变化转换成机械振动，使一个钢针在薄锡铂纸上划出沟来，然后再把这一过程倒转，用钢针重新在这些沟里划动，使它放出音来。你可千万别小看这架简陋的机器，它是世界上第一台有效的留声机。1888年时，爱迪生又将留声机加以改革，使它达到更完美的程度。此后，爱迪生又发明了电影。正是在此基础上，电影事业从无声电影发展到有声电影，以后又进一步发展成立体电影和彩色电影。另外，爱迪生还进行了许多电气方面的发明，像铁镍蓄电池和可以在一条线路上同时拍四重电报的电报机等。

爱迪生的实际贡献还在于推广了一整套电气系统，包括发电机、电线、保险丝、电表、插座、开关以及将这些联结起来并使之协调的技术。

三、电信电讯

爱迪生的卓越发明为近代电信技术打开了发展之门，电话、电报的产生是人类感官功能的延长。可以说是近代技术史上的重大革命。随着近代生产力的迅速发展，贸易交往急剧增加，商业情报、金融情报、军事情报需要迅速传递。运用火车、轮船传递消息，一般要几天，甚至几个月，远远跟不上形势发展的需要，人们渴望找到迅速传递信息的办法。电的发现和认识给人们带来了新的希望。

（一）莫尔斯与有线通信

1794年，法国人克拉德·恰培兄弟发明了最早的电信机，并曾在卢森堡和巴黎使用。实用电信机是利用电磁原理制成的。1832年，美国艺术家莫尔斯到欧洲旅行，了解到电磁学方面的新发现，产生了利用电磁原理研制有线电报的想法，从此走上了科学发明的艰难道路。1837年，他发明了以自己名字命名的电码编法。1838年，他终于研制成了实用电报机，在纽约进行16千米公开电信试验并获得成功。1844年，莫尔斯在华盛顿和巴尔的摩之间架设了第一条有线电报线路。

电报机的诞生给社会生活带来了巨大的影响，立刻成为科技界和工商界注视的焦点。西门子、贝尔、爱迪生等人开始向电信应用的各个领域进军。1851年，从英国的德瓦到法国的卡莱，横跨英吉利海峡，铺设了英法相连的海底电缆。1854—1856年，完成了地中海海底电缆联络网。1866年，横断大西洋连接欧美的海底电缆也铺设成功。美国也十分重视发展电信事业，在美国第一条电报线路开通后只一年后，就成立了电报公司，1845年成立了"磁力电信公司"。1856年，纽约南部俄亥俄河流域65个电信公司合并成立了美国最大电信公司——威斯汀联合公司。

（二）波波夫、马可尼和无线通信

有线电报的产生，极大地方便了人们的信息交流。但是，这需要大量的金属导线。能不能不用电线进行通信呢？

赫兹于1888年发现了电磁波，从而为无线电通信提供了可能。对无线电通信技术作出卓越贡献的有俄国物理学家、电气工程师波波夫和意大利物理学家马可尼。波波夫出生在乌拉尔的一个村庄，1877年进入彼得堡大学学习，1893年以优异成绩毕业后到俄国海军鱼雷学校任教。他认识到赫兹发现电磁波的重要意义，开始寻求远距离接收电磁波的方法。他制造出记录大气电扰动的装置，并于 1895 年 7 月安装在彼彼堡林学院的气象站。几个月后，他发表论文指出：用那样的装置可以接收人工振荡源发出的信号，条件是振荡要足够强。1896 年 3 月，他为彼得堡物理学年会表演了传送电磁波的实验，成功地把"赫兹"一词用莫尔斯电码发出。1898 年他同俄国海军一道实现了距离超过 10 千米的舰只与海岸之间的通信，次年底通信距离又增加到 50 多千米。

早期通讯工具之一

与波波夫同时代的马可尼作出了更加卓著的贡献。马可尼出生于意大利的波伦亚。1894 年，年仅 20 岁的马可尼从赫兹去世的报告中了解到电磁波的性质，于是产生了利用电磁波进行无线电通信的想法，并且利用相当简陋的装置进行了短距离的初步实验。之后，他改进了检波器，并使用垂直天线，使信号发送范围扩大到 1.5 英里。他还利用天线周围的反射器把辐射的电能汇集成一束，不使其向四面八方漫射。1896 年，他迁居伦敦，得到了有识之士的支持与合作。无线电通信的范围很快从几百米增加到几十千米。马可尼在其表兄丁·戴维斯资助下办起了无线电报有限公司。1897 年在英国南福兰角建立了一个无线电报站。1899 年 9 月，马可尼把无线电设备装在两艘美国船只上，用来把"美国杯"快艇比赛的情况向纽约市报界报导，这次成功引起了世界性轰动。1900 年，马可尼又实现了几个台站以不同波长无干扰的通信。1901 年，他在英国建设了一个高高耸立的发射塔，向空中发射的电磁波信号在大西洋彼岸被收到，从此打破了无线电报距离的限制，成为简单而快速的通信手段。为表彰马可尼对发展无线电报技术的贡献，他荣获 1909 年诺贝尔物理学奖。

早期通讯工具之二

总之，从 18 世纪的中叶到 19 世纪末，随着资本主义的发展，经济的需要成了近代新技术发展的主要动力。正如恩格斯所总结的："社会一旦有技术上的需要，则这种需要就会比十所大学更能把科学推向前进。"科学技术成了生产过程的要素，而生产过程则成了科学技术的应用；反过来科学技术的进步又大大促进了社会生产力的发展，两者就在这样一个相互促进、相辅相成的关系中不断得到发展。

（三）贝尔发明电话

美国电话发明家贝尔（1847—1922年）少年时禀赋平平，他的功课几乎都跟不上同学，屡屡补考。他的淘气贪玩全校闻名。有一次，老师在台上讲《圣经》，贝尔逮的老鼠从书包里钻了出来，在教室里乱窜，引得大家哄堂大笑，乱成一团，把老师气得直打哆嗦。后来，贝尔和祖父在一起生活了一年多。祖父是位知识渊博的声学家，他对孙子非常疼爱，管教也极其严格，经常教育贝尔要学好功课，还给他讲了许多有趣的科学知识。贝尔深情地回忆道："祖父让我意识到，对于每一个学生都该懂的普通功课，我却不知道。我时常为这种无知而羞愧。他在我心头唤起了努力奋斗的雄心。"从此以后，贝尔的兴趣发生了转移，他一面努力学好功课，一面开始对发明创造表现出巨大的热情。

在一次偶然的实验中，贝尔发现了一个有趣的现象，当电流接通和断开时，螺旋线圈会发出噪声。受此启迪，他便得到了用电传话的设想："在讲话

贝尔发明的电话机，尽管这些电话机看上去极为粗笨，却能使相隔千里的人们近在咫尺。

时，如果我能使电流的变化模拟声波的变化，那么'电传话'不就可能实现了吗？"

1783年3月，贝尔在华盛顿向亨利讲述了自己的发现和用电传话的设想。他鼓了鼓勇气问道："先生，您看我该怎么办：是发表我的设想，让别人去做，还是我自己也应努力去实现它呢？""你有了一项了不起的设想，贝尔！"被年轻人的智慧和干劲所感动的亨利和蔼地肯定说："干吧！""可是，先生，有许多制作方面的困难"，贝尔胆怯地说，"而且，我不太懂电学。""不太懂电学？"亨利先低声重复了一句，然后挥动右手，斩钉截铁地说，"掌握它！"

1875年，他受电报中运用电磁铁完成电信号和机械运动相互转换的启发，开始设计制造电磁式电话。他先把音叉放在带铁芯的线圈前，音叉振动引起铁芯作相应运动，产生了感应电流；电流信号传到导线另一头作相反转换，变为声信号。随后，贝尔又把音叉改换成能随声振动的金属片，把铁芯改成磁棒，进行反复实验，终于制成实用电话装置。1876年，贝尔的发明在美国获得专利。

1850年，美国建立了贝尔电话公司。1895年有职工15000人，1905年有职工90000人，电话事业获得了惊人的发展速度。1876年，贝尔终于实现了"电传话"的设想，给他的亨利老师争得了荣誉。

（四）能量守恒定理

蒸汽机的广泛使用在物理学和技术面前提出了一个十分重要的实际问题：怎样能在机器里消耗尽可能少的燃料而获得尽可能多的功？为了解决这一实际问题，人们开始研究各种能量形式之间的转化关系。在广泛的工业实践基础上，19世纪中叶有许多人几乎同时而又各自独立地发现了能量守恒和转化规律。

所谓能量守恒和转化规律，就是说：能量既不能消灭，也不能创造，它只能从一种形式转变成另一种形式。宇宙中总能量永远保持不变。比如，发电站把机械能转化为电能；在工厂、公司和家庭中，这些电能又转化为机械能（机器的转动）、热能（电熨斗、电热器件等）、光能（电

能量守恒和转化定律的发现者——焦耳

灯等)。各种不同形式的能量可以互相转化,并在数量上既不增加,也不减少,这是人类长期以来认识物质及其运动的总结和概括,也是认识史上的革命性飞跃。

在发现能量守恒和转化定律的许多人中,焦耳在用能量守恒和转化定律的实验来测定热功当量等方面作出了重要贡献。焦耳是19世纪英国的物理学家,生于1818年。他的父亲在离家乡不远的曼彻斯特市开酿酒厂,他从小就跟他的父亲学会了酿酒。焦耳非常好学,除了参加酿酒劳动外,其余的时间都花在学习和做实验上。通过别人的介绍,他认识了当时的化学家道尔顿(1766—1844年)。他便抓住一切机会向道尔顿请教,道尔顿也鼓励他要敢于从事科学研究工作。除了从道尔顿那里学到一些知识外,焦耳在科学上几乎是靠自学成功的。

1840年,焦耳多次做过通电导体发热的实验。这个实验的装置就像我们现在用电炉煮水一样,不过他是把金属丝直接放入水中,这是为了避免其热量损耗。实验时,测出金属丝的电阻、电流强度、通电时间和水的温度升高了几度,就可以分别算出电流做了多少功,水的热量有了多大的变化。通过这个实验,焦耳发现了这样一条定理:通电导体所产生的热量跟电流强度的平方、导体电阻和通电时间成正比例。根据这些实验结果,焦耳写成《电流析热》一文。这时候的焦耳才22岁。这篇文章成为设计电灯、电炉和各种电热器体的理论根据。焦耳第一次用实验表明:电能可以转化为热能,并且已接近于得到热功当量的概念。

此后,焦耳又进行了各种实验,探讨各种运动形式之间的能量转化关系。1843年,他通过各种实验总结撰写了《论水电解时产生的热》一文。同年8月,焦耳在考尔克市举行的学术协会上作了《论电磁的热效应和热的机械值》的报告。报告中讲了若干实验,其中之一是把水放进磁场中,让一个小电磁体在水中旋转,测量维持电磁体旋转所做的功和运动线圈中的感应电流所产生的热。实践证明,消耗的功和产生的热都与电流的平方成正比。可见,产生的热和用以产生它所做的功之间存在着恒定的比例关系。此时,焦耳计算得到:1千卡的热相当于460千克米的功。他报告的最后结论是:自然界的力量(即能)是不能毁灭的,哪里消耗了机械力(能),总能得到相当的热。

在焦耳做上述实验时,当时的技术界流行一种"热质说",即所谓热是一种"物质"，它是量不出来秤不出来的。如果使高温物体接触低温物体时，这种"热质"就从高温体流向低温体，从而达到热的平衡。但由于摩擦使两块物体都升高了温度，"热质说"遭遇到毁灭性的打击。因此，当焦耳宣布热是能的一种形式时，立刻引起了轰动，这中间既有反对，也有赞同。焦耳感到必须继续做实验，必须以大量的更精确的实验事实来证明。焦耳又做了把水压入毛细管中的实验，通过摩擦作用测得热功当量为 424.9 千克米/千卡。1844 年，焦耳研究了压缩空气所做的功以及空气温度升高之间的关系，得到热功当量值为 443.8 千克米/千卡。至 1878 年，他对此研究了近 40 年，用各种方法进行了 400 多次实验。在这近 40 年的 400 多次实验中，于 1849 年和 1878 年用摩擦使水生热的方法所得的结果是相同的，即为 423.9 千克米/千卡。一个重要的物理常数的测定，能保持 30 年（1849—1878 年）而不作较大的更正，这在物理学史上也是极为罕见的事。后来一般公认它为热功当量的焦耳值，它比现在的公认值约小 0.7%。然而从当时的条件看，其精确性不能不使人惊奇了。

可见，以细致入微的技巧控制好粗糙简陋的仪器，同样能得到先进精密仪器所能达到的精确度和准确度。而在揭示新规律的前夜，往往只有粗糙的和非专门化的设备，也只有少数人才能用这些仪器得到真实客观的数据，从而揭示重要的客观规律。否则，即使想到某种重要的关系，为得不到准确的测量结果，也得不出正确的结论。

焦耳的伟大发现之路并不是一帆风顺的。1840 年，焦耳 22 岁发现通电导体发热的规律时，有些科学界的权威就表示反对。1844 年，焦耳以压缩空气使其温度升高，从另一途径得到了热功当量。但当他要求在皇家学会宣读自己的论文时，却遭到拒绝。1847 年 6 月，在牛津举行的全国学术会议上，焦耳向大会宣读自己的论文，但是会议主席以会议内容多为借口，不让他宣读论文，只允许他对自己的实验作简要的介绍。因此，焦耳只在会上介绍了自己的实验并作了表演。大会主席原不准备讨论它，要不是已有较高学术地位的维廉·汤姆生立即站起来发言表示反对，焦耳的报告就不可能及时引起人们的注意。维廉·汤姆生是格拉斯哥大学理论物理学研究室主任，他是热质论的拥护者，并认为热不可能转为功。当时，甚至连法拉第在内的大部分物理学家都对焦耳的结论表示怀疑。直到 1850 年，来自不同途径以不同方法获得能量守恒和转化定律的许多人都先后宣布了和焦耳相同的科学结论,有的物理学家也在这方面做了努力并取得了成果。有意思的是,曾经反对焦耳的维廉·汤姆生此时也改变了自己的观点,接受了热功当量说。1851年汤姆生和焦耳共同研究热功当量,汤姆生从焦耳那里得到了他从未有过的思想,焦耳从汤姆生那里第一次听到了卡诺所做的有关方面的工作。1853年,在焦耳的帮助下,汤姆生对能量定律和转化定律作了精确的表述。

　　焦耳死于1889年10月11日。物理学上用他的名字"焦耳"作为功的单位名称。他平生的科学行动都收集在《热的新理论》以及《焦耳科学论文集》两卷本中。后人为了纪念他,把通电导体产生的热称为焦耳热,把这效应称为焦耳效应,把相当的规律称为焦耳定律。

第十二章　近代生物学的发展

巴斯德为我们打开了一扇窗，人们透过这扇窗看见了另一个精彩的世界——微生物世界，这些微生物虽然很小，小到比普通的细胞还小得多，但却无处不在。这些微生物对人类而言有利也有害。它既是人类的头号敌人，夺去了难以数计的生命；又被人类利用来杀死病毒，使人类平均寿命大大延长。

从 17 世纪末到 18 世纪初，历史造就了波意耳、牛顿、莱布尼茨等科学巨人。生物学的研究正是在这一时期发展起来的，它的出现破除了人们头脑中关于人及生物的神学观点，对生命现象进行了成功的分解和透示，揭示出许多重大生命现象的奥秘。

一、生物分类系统的诞生

分类和命名是基本的科学方法，是认识深化和科学进步的标志。地球上的生命种类是如此繁多，生命形式更是令人眼花缭乱，没有正确的分类是不可能真正认识生命界的，而得到正确的分类又是非常困难的。18 世纪前期的瑞典著名生物学家林奈成为近代生物分类学的奠基者。

（一）奇才林奈

林奈出生在瑞典司马兰省的一个牧师家庭。他的父亲非常热爱大自然，修建了一个具有相当规模的花园。幼年的林奈在这座花园一角开辟了自己的小花园。据林奈后来回忆，正是他父亲的这座花园激发了他对植物浓厚的兴趣，促使林奈后来成为一个著名的植物学家。

中小学时期的林奈学习成绩并不优秀，但他特别喜欢在野外采集各种植物并制成标本。正是这个原因，当父亲让他辍学时，林奈的物理学老师坚决反对，并将林奈安置在自己家里，教授他植物学、生物学、生理学、分类学等方面的课程。林奈最终考入瑞典的犬德大学，后又进入乌帕萨拉大学任教。离开乌帕萨拉大学之后，林奈进行了一段时间的植物考察，这对他日后的工作产生了深远的影响。此后为了获得医生的资格，他于1735年前往荷兰，同年获医学博士学位。在荷兰求学期间，林奈结识了许多的生物学家，并曾前往英国进行植物品种的交流与植物物种的考察。1738年，乌帕萨拉大学的植物学教授——林奈的老师路德维克去世，林奈继任老师的教授席位，重返乌帕萨拉大学任教。

林奈在青年时期就极其重视对生物物种的考察。早在乌帕萨拉大学任助教时，林奈就克服了重重困难，只身前往环境恶劣、气候寒冷的瑞典北部的拉帕兰地区进行植物物种考察。1732年，在对该地区的植物物种进行了初步的分类研究后，林奈编写成了《拉帕兰植物表》一书。该书不但是林奈早期的重要著作，也是瑞典当时重要的地域植物志之一。在荷兰留学时，他还曾到过克里福植物园，在那里的植物种植是林奈青年时代主要的植物种植实验活动之一，借此他熟悉了西欧地区的许多珍贵植物品种。正是在这次实验基础之上，林奈完成了他早年的另一部地域性植物志——《克里福园植物表》。

林奈为生物分类学研究奠定了比较广泛的植物物种考察和植物种植的实验基础，与此同时，他还对生物分类学的理论进行了研究。

（二）生物分类系统的确定

要建立对全部生物物种统一的分类系统，首先要确定分类的主要标准。早在中学时代，林奈就接受了法国植物学家杜纳福的人为分类法，以生殖器官为分类的主要标准的思想。他认为，人为分类法中的分类标准是可行的，在植物分类中更为适用。

林奈将自然分类法的某些优点应用在植物分类中。在确定以生殖器官为分类的主要标准的基础上，林奈积极地吸取了英国植物学家格鲁和德国植物学家卡梅拉留斯所发现的植物有性繁殖的成果，确定了以雄蕊的数目为纲、以雌蕊的数目决定目、以花区别属、以叶区别种的分类标准和原则。这种采用多级分类标准的原则，比以往的人为分类法中将生殖器官作为唯一标准的原则更为合理、严密。

林奈的动物分类的综合标准也不完全拘泥于人为分类法，同样吸取了自然分类法中的某些内容。在自然分类法的多种特性特征为依据的基础上，林奈以动物的心脏、呼吸器官、生殖器官、感觉器官和皮肤特征等多种性状为分类的综合标志，将动物分为六大纲：

（1）心脏有二心室，二心耳，血温，红色：
①胎生，哺乳纲；
②卵生，鸟纲。
（2）心脏有一心室，一心耳，血冷，红色：
①肺呼吸，两栖纲；
②腮呼吸，鱼纲。
（3）心脏有一心室，无心耳，血冷，白色：
①有触角，昆虫纲；
②有触手，蠕虫纲。

在植物和动物的分类标准分别得到确定之后，在分类学中所面临的另一重要难题是如何确定分类的等级序列。

在经过广泛的植物考察、植物种植、标本分析以及理论研究的基础上，林奈对传统的分类法的分类范畴作了一些改进：他将整个自然系统划分为"有生"与"无生"两界；把整个有生界划分为植物和动物两个亚界；亚界下分纲，其中把植物划分为二十四纲，把动物划分为六纲；纲下再分目；目下再分属；属下再分种。种是这个等级序列中的最基本的分类单位。早在17世纪末，英国植物学家雷伊最先提出"种"的概念，但他尚未把种作为分类的基本范畴。林奈继承和发展了这一概念并将它列为人为分类法的等级序列的基本概念，从而建立起了纲、目、属、种这样由四级分类概念所构成的等级序列。林奈的分类序列概念与现代分类学的区别只在于：他的属与目之间没有科，他的纲的上一级没有门，但他的这一级中有亚界。

在建立了分类的基本标志及分类等级序列后，林奈按照新的双名制命名法，对7700种植物和4400种动物统一命名，最终完成了以人为分类法为基础的生物分类系统。

在人类学方面，林奈也进行了初步的探索，他的研究可称是人类学的开端。在《自然系统》的第五版中，他把人与猿归在"灵长目"中；对于作为"灵长目"的人属，他又按人的肤色以其性状特征将人分为四大种。林奈的生物分类系统的建立，对近代生物学的发展产生了深远的影响。由他最终完成的双名制命名法和人为分类法，不仅直接奠定了近代生物分类学的基础，而且还奠定了近代生物学的基础。正是依靠他所建立的分类系统，数以千计的生物物种的等级序列得以初步划分，生物进化论正是孕育在生物分类学的基础上。而他的人为生物分类系统的完成，也为后来自然分类法的进一步发展提供了经验。就这些意义而言，林奈建立统一的生物分类系统的成就，如同牛顿把宇宙中的天体运动归纳为简明扼要的万有引力定律一样重要。

二、细胞学说的探索与确定

细胞学说的建立是技术进步带动科学进步的极好典例。

随着16世纪末到17世纪制镜工业的发展，第一代显微镜和第一代望远镜相继出现。1590年，荷兰制镜工人詹林根据他在制镜实践过程中的发现，用一个凸透镜和一个凹透镜为主要构件，发明了第一台显微镜。1608年，荷兰米德尔堡的另一个制镜商人汉斯·利波尔塞根据孩子们在玩透镜时的一次偶然发现，发明了第一台望远镜。尽管这种最原始的显微镜与望远镜都很粗糙，倍数又小，但并不妨碍它们成为人类探索未知世界的工具。显微镜的发明，为细胞学的发展奠定了基础。

（一）细胞学的先行者

谁先抓住显微镜这一新工具，谁就会取得开创性成绩。

意大利解剖学家马尔比基率先用显微镜进行解剖，由此开创了显微解剖学这一新的解剖学分支。1661年，马尔比基在显微镜下首先观察到连接微动脉和微静脉的毛细血管，从而解决了哈维发现血液循环后遗留下的一大难题。

哈维通过实验发现人心脏出去的动脉血和回到心脏的静脉血是相等的，因此，推断血液是循环的，从动脉出去，从静脉回来。但血液如何从动脉到静脉的呢？在发明显微镜之前，肉眼是不可能看到连接动静脉间的毛细血管的。

与此同时，英国的科学家胡克用显微镜观察植物的组织结构。1665年，胡克用他自制的一台复合显微镜对一植物的结构进行了观察。当他观察一种软木的组织结构时，发现其中有一些像小房间似的微小结构，胡克把这种微小结构称为植物细胞，这是生物史上最初的"细胞"的概念。

胡克的显微镜

随后，荷兰解剖学家格拉夫在1672年用显微镜观察到鸟和兔的卵巢的滤泡。荷兰的另一个生物学家施旺麦丹在显微镜下发现了红血球。从1675年到1683年期间，荷兰著名解剖学家列文胡克用显微镜进行了大量的动植物机体的解剖观察，也发现了植物细胞。此外，他还在显微镜下观察到了轮虫、滴虫、细菌以及其他微生物。他的助手哈姆最先观察到了动物精液中的精子。

但是，19世纪初期的显微镜还存在着色差现象。色差现象使观察者无法看清细胞本身的结构，对观察动植物的细胞结构产生了严重的干扰。19世纪20年代，意大利人亚米齐在消色差显微镜的基础上，成功地研制出了一种新的消色差显微镜。这种新的消色差显微镜可以基本消除色差现象，使观察者能够很清楚地观察到细胞本身的结构。因此，消色差显微镜的诞生，便使细胞学得到了新的发展。

1831年，伦敦的一位医生布朗，用消色差显微镜观察植物细胞时，首次发现了细胞的内部结构——细胞核。不过，也许是英国并没有像德国那样重视细胞学，所以他的发现并未引起本国科学界的重视，而布朗本人也没有做进一步理论方面的研究。

1835年，捷克人普金叶用消色差显微镜观察母鸡的卵细胞时，发现了细胞质。这是继细胞核之后，人们对细胞内部结构的又一重要发现。细胞核与细胞质的相继发现，使人们初步弄清了细胞本身的内部基本结构，这就为细胞学说的建立奠定了实验基础。19世纪30年代末，一个较为系统的细胞学说便由德国植物学家施莱登和动物学家施旺相继建立起来。

（二）施莱登与细胞学的建立

德国耶拿大学的施莱登教授，早年就曾对植物生理学和植物解剖学进行过较为深入的探讨。受到自然哲学思潮的影响，他开始研究植物的个体发育。施莱登认为：对植物个体发育这一植物学新领域的研究，将得到更多更深植物生理方面的认识，因此，它比研究传统的植物分类学更为重要。在这种思想的指导下，施莱登十分重视研究细胞在个体发育中的作用。他认真地研究了布朗的观察报告，通过植物解剖观察，他得到的结论与布朗的完全一致。

1883年，施莱登提出了一个关于细胞的生命特征、细胞的生理过程以及细胞的生理地位的理论，这标志着第一个较为系统的细胞学说的建立。

在细胞的生命特征方面，施莱登继承和发展了奥肯在19世纪初提出的细胞的"两重生命论"的理论。施莱登认为，细胞的基本生命特征是它的生命的两重性：即细胞具有主要生命特征——自己的生命的同时，还具有作为整个机体的组织结构的生命特征。

在细胞的生理过程方面，施莱登提出了新细胞是从老细胞产生而来的理论。他认为细胞核是产生新细胞的母体；一个新细胞起源于一个老细胞的核，接着便成为老细胞的球体中心的一个裂片，然后分离出来又形成一个独立而完整的新细胞——一代代的新细胞就这样不断从老细胞中产生出来。

在细胞的生理地位方面，施莱登提出：细胞是一切植物机体生命的基本单位。

尽管施莱登的细胞学说中还含有较明显的自然哲学的思辨成分，但是其基本内容是以当时的实验为基础的。正因为如此，施莱登的细胞学说发表之后，即为当时德国不少生物学家所接受，而且一些生理学家和胚胎学家还将施莱登的细胞学说作为生理学和胚胎学的理论基础。

德国另一个青年解剖学家施旺，把施莱登的细胞学说从植物学扩展到动物学，并进而建立起统一的细胞学说。施旺是德国卢万大学的解剖学教授，在研究细胞学之前，曾从事胚胎学和比较解剖学的研究，跟随德国著名生理学家弥勒学习生理学。弥勒极为重视施莱登的细胞学说，他试图证明动物机体的基本单位同样是细胞。在30年代中期，受到德国自然哲学思潮的影响，特别是在当时风起的胚胎个体发育学与细胞学的热流的冲击下，施旺即开始关注细胞学的进展。当弥勒要他重视施莱登的理论时，他马上投到对施莱登的细胞学的研究中去。

施旺力图在研究细胞学的同时，将其与有机体的胚胎发育史和个体发育史结合起来。1839年，他从细胞的形成机理与生命的发育过程两方面，进一步地完善了由施莱登建立起来的细胞学说。

在细胞的形成机理方面，施旺认为：细胞的形成靠两种力量起作用，一种是有机细胞的代谢力，通过新陈代谢把细胞间的物质转化为适合于细胞形成的物质；一种是有机细胞的吸引力，通过浓缩和沉淀细胞间的物质而形成细胞。这两种内在的力量使细胞具有生命，并使它在机体里具有自立性。

在生命的发育过程方面，施旺认为：无论有机体的基本部分怎样不同，总有一个普遍的发育原则，这个原则便是细胞的形成。施旺所提出的这个普遍发育原则，实际上包括两个方面的发育：一是个体本身的发育，一是细胞本身的发育。施旺认为：一切动物的个体生命发育过程，都从受精卵这个单细胞开始的，无论这些卵细胞是大如鸡蛋还是小似哺乳动物的卵，在本质上都是一致的；一切动物都是从单一细胞开始自己的个体发育史。就细胞本身的发育而言，他认为个体生命形成之后，在个体生命内仍然进行着从老细胞内发育出新细胞的过程，并以此构成个体生命的基础和条件。

施旺的认识相当正确和深刻，1839年，他发表了《动植物结构和生长相似性的显微研究》，把施莱登的细胞学说成功地引入动物学，建立起了生物学中统一的细胞学说。

法国医学家毕夏把人体组织划分为硬骨、软骨和肌肉等21种类型，并试图找出各种组织之间的生理和病理关系。施旺以毕夏的组织分类学为借鉴，把人体细胞划分为血液细胞、皮肤细胞、骨质细胞、纤维细胞、神经和肌肉细胞5种不同的类型，并试图找出各种细胞之间的生理关系。施旺所做的这些努力，对后来瑞士生物学家柯立克创立细胞生理学以及德国医学家微耳和创立细胞病理学起到了先驱的作用。

在建立细胞学说时，虽然施莱登和施旺已经具有当时发现的细胞内部结构这一实验基础，但他们更多的是依靠他们在自然哲学思潮的引导下所作的理论方面的探索。因此，学说中的某些基本内容，例如细胞本身的形成问题，在当时他们并未获得充分的实验证据。施莱登认为，新细胞是从老细胞核外的有机物质的晶体中产生出来的。他们提出这个理论后不久，这一问题被德国著名显微解剖学家冯·莫尔发现的细胞的有丝分裂这一新的实验事实所修正。

（三）细胞裂变使新细胞诞生

在施莱登与施旺尚未建立细胞学说之前，冯·莫尔就致力于细胞形成过程的实验观察与理论探讨。在20年代末他就开始进行显微解剖学研究，并与特露维拉努利斯一样发现过细胞。从1835年开始到1839年底，在4年左右的时间内，冯·莫尔在显微镜下对细胞的形成和发育过程进行了长期大量的观察，他发现了新细胞的形成过程实际上是通过老细胞的分裂来完成的。这一分裂过程是老细胞内的细胞核首先分裂，形成了两个新的细胞核。然后，以两个新细胞核为中心，使整个老细胞分裂为两个新细胞。这种新细胞的形成过程，就是细胞的有丝分裂过程。冯·莫尔发表他的实验成果不久，德国植物学家耐格里·霍夫迈斯特、瑞士动物学家柯立克、德国的动物学家莱迪希和雷马克等人，都相继发现了细胞的分裂过程，进一步证实了冯·莫尔的重要发现。

细胞分裂过程的发现，修正了施莱施与施旺的细胞学说中的某些错误。细胞学说因此获得了更可靠的实验基础，并为它的进一步发展创造了条件。

（四）细胞学的宏伟大厦

细胞学说完全是建立在实验基础上的，并随着观察到的事实的增多而不断丰富完善，19世纪初在欧洲发展成为一门新兴专门学科——细胞学。由于它的内容与植物学、动物学、胚胎学、生理学、病理学、解剖学有密切的联系，因此它一诞生，即对当时的相关学科产生了重要影响，并直接推动了这些相关学科的发展。

1. 细胞生理学

瑞士显微解剖学家柯立克早年在德国随弥勒学习生理学，这使得他极为熟悉德国当时的生理学和细胞学成就，在细胞学说的推动之下，他把细胞学的这一理论成果引入生理学之中，在 50 年代初创立了细胞生理学这一新的学科，他自己成为细胞生理学的开拓者。

2. 细胞病理学

与柯立克处于同一时期的弥勒的另一个学生——德国医学家微耳和把细胞学的理论成果引入病理学中，开创了细胞病理学这一新的学科。微耳和以施旺的细胞学说为基础，对人体的组织与病理进行了近十年的研究。1858 年，微耳和的代表作《细胞病理学》一书出版。在这部著作中，微耳和以人体病变主要是局部的细胞病变这一思想为主题，论述了他的细胞病理学的思想。后来，微耳和受德国进步党的政治思想影响，提出了带有政治倾向的观点"人体是细胞的联邦"，认为所有疾病都是局部的细胞病变，这就完全否定了人体生理和人体病理的整体性和统一性，把细胞仅作为生命的基本单位的作用推向极致，使他的细胞病理学表现出严重的局限性。但微耳和的细胞病理学说对 19 世纪后期的基础医学与临床医学起过重大的影响。

3. 遗传学

细胞学说的建立，也为遗传学开辟了道路。在细胞学说的影响下，德国植物学家耐格里提出了最初的有关遗传的细胞种质论，耐格里的这一理论又引导孟德尔进行了遗传育种实验，促成了孟德尔遗传定律的发现，为遗传学的诞生准备了充分的条件。

细胞学说在生命科学中的作用就如同原子学说在物理化学中的作用一样。无论多么巨大的机体，都是大小差不多的细胞构成；新生命和新细胞都是从细胞分裂来的；个体的增长其实就是细胞数目的增多。细胞学说使人们开始认识和了解生命的本质，给当时仍在生物学界占统治地位的神学又一沉重的打击——"神创论"和"活力论"对生命所作的种种解释就显得荒谬和多余了。

细胞学说的建立首先是显微技术诞生的成就，反过来，显微观察的需要又促进显微镜的改进，形成一个良性的循环。而且这一过程到现在仍然没有停止，科学家致力于观察活体、动态和三维的细胞；致力于细胞细微结构、超微结构甚至分子水平的观察。用倒置显微镜可以看见活的细胞结构；用荧光显微镜可以看见细胞中发荧光的特殊部分；用激光共聚显微镜可以看见立体动态的细胞内变化；用电子显微镜可以看见细胞内非常微细的结构——超微结构。

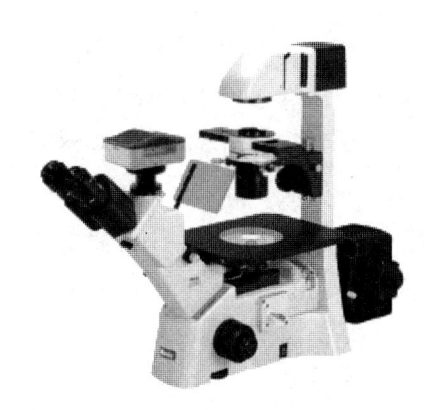

现代倒置显微镜　　　　现代双目光学显微镜

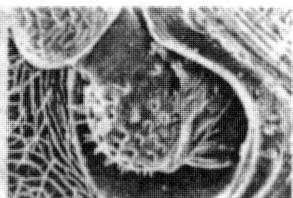

电子显微镜观察到的蚂蚁头部（左）、触角根部（中）和复眼的一部分（右）

三、划时代的人物——巴斯德

"百闻不如一见"，说明人们对于肉眼所见的现象抱有坚定的信心，而法国化学家和生物学家巴斯德却向人们展示了一个不为人知的世界，一个由无数的肉眼看不见的生命组成的世界，而且是真真切切的小幽灵，可以对人类的健康产生致命的危害。巴斯德开辟的微生物学，是19世纪生物学的重大成果之一，它和细胞学一样，对当时的许多相关学科产生了重要影响，同时，推动了相关的农业和工业生产的发展。

（一）揭开酒石酸旋光性之谜

巴斯德生于法国东部的多尔镇，曾因家境窘迫而辍学，后来他半工半读，1843年，21岁的巴斯德考入巴黎高等师范学校。当时，欧洲三大著名的有机化学家之一、法国著名的有机化学家杜马在该校任教。在杜马的影响下，青年巴斯德深深地爱上了有机化学。

1848年，巴斯德研究了酒石酸晶体的旋光性，他发现了一个重要的现象：所有右旋酒石酸盐的结晶都有半面同样方方的晶面。德国化学家米修曾提出，酒石酸的右旋光与消旋光可能和晶面有关。受此启发，巴斯德对消旋酒石酸盐的晶体进行了旋光分析，发现外消旋酒石酸盐的晶体也有半面晶面，只是晶面的方向有些向右，有些向左。为了进一步揭开其中的奥秘，巴斯德分别将晶面向右的和向左的晶体挑出来各配成溶液，用旋光仪对它们分析后发现：晶面向右的具有右旋光性，而晶面向左的具有左旋光性。巴斯德所得到的右旋酒石酸与天然的右旋酒石酸完全相同，而左旋酒石酸则是以前尚未发现过的一种新的酒石酸。当巴斯德把这两种酒石酸等量地混合一起时，就得到了与天然的外消旋酒石酸完全相同的葡萄酸。原来天然的外消旋酒石酸（葡萄酸）之所以不具有旋光性，是因为它是右旋酒石酸与左旋酒石酸的等量混合物，右旋光性与左旋光性相互抵消了。只有26岁的巴斯德，终于解开了30年来一直令化学家们感到困惑的酒石酸旋光性之谜。

巴斯德的这一研究推动了立体有机化学的发展，引起了欧洲化学界广泛的重视。为此，英国皇家学会授予巴斯德皇家伦福德奖章，法国有关机构授予他法国勋章，斯德拉斯堡大学聘请巴斯德为化学教授。

巴斯德在斯德拉斯堡任教期间，受当时的显微解剖学和细胞学的影响，以及在当时的社会生产所提出的一些题目的召唤，他逐渐从有机化学研究转向生物研究。1857年，巴斯德被他的母校巴黎高等师范学校召回，任教务主任，并为他在那里建立了一所私人实验室。在这所实验室中，巴斯德开始研究发酵问题，又由发酵问题接触到微生物，由此可始了他新的科学航程。

（二）微生物学的奠基人——巴斯德

牛奶在搁置一段时间后会变酸，人们知道这是由于牛奶本身的发酵所致。可是，人们并不知道牛奶为什么会发酵。1857年，巴斯德研究了牛奶的发酵过程。他把鲜牛奶和酸牛奶分别放在显微镜下观察，发现它们都含有同样的一些极小的生物——乳酸菌，而酸牛奶中的乳酸菌的数量远比鲜牛奶中的多。这一发现说明，牛奶变酸与这些乳酸菌的活动密切相关。在研究了这些乳酸菌的生活习惯后，他确认了正是由于这种乳酸菌的作用才使牛奶变酸。

当时，人们也不知道新酒在搁置一段时间后为什么也常常会变酸。巴斯德对新酒的发酵过程也进行了同样的比较观察，发现两种酒中都有一些极小的生物——酵母菌。同样，酸酒中的酵母菌的数量要比新酒中的多，新酒变酸正是酵母菌的发酵作用。

发现乳酸菌和酵母菌这些有代表性的微生物后，巴斯德对微生物的类型、习性、营养、繁殖、作用等方面的问题进行了初步研究。这样，生物学的又一个新兴的分支——微生学正式诞生了。

微生物学的奠基人巴斯德在做实验

微生物学在诞生之初，即在工农业生产中发挥了显著的作用，显示出了巨大的应用价值。

此前，法国不少酿酒商为葡萄酒、啤酒的变酸问题承受了巨大的经济损失。德国的细胞学家施旺曾首创加热法防止酒变酸，但未能得到推广。巴斯德也采用加热的方法进行这方面的实验。他发现，把尚未发酵或正在发酵的有机物加热到一定温度后，再让它们与空气隔绝，即可防止或终止发酵过程。1863 年，一葡萄酒厂的厂主请巴斯德帮助解决葡萄酒变酸的问题。巴斯德建议他把刚酿成的葡萄酒慢慢加热到 55℃，然后将它们装瓶并严格地密封起来，问题就可解决。葡萄酒制造商对用如此简单的方法解决这么重大的问题将信将疑。不过，他还是尝试了巴斯德提出的那个看上去十分荒谬的建议，问题果然得到了解决——在加热并密封之后，葡萄酒不但没变酸，而且也没有失去醇香。

巴斯德的这种防酸的方法日后被称为"巴斯德灭菌法"。它的推广使已濒临破产的法国酿酒业又重新兴盛起来，并且成功地解决了牛奶业中牛奶变酸的问题。

19 世纪，在法国农业中占重要地位的养蚕业，常常因一种极易蔓延的丝蚕病而遭受巨大损失。1865 年，农商部委托巴斯德对丝蚕病进行研究。通过几个月的显微解剖观察，巴斯德从病蚕中识别并分离出了两种微生物。经过实验和分析，他证实这两种微生物正是导致丝蚕病的原因，并提出了两条解决之道：第一，防止致病微生物入侵蚕卵、成蚕和蚕蛾（为此，他建立了一套识别病卵、病蚕和病蛾的方法）；第二，在感染病菌后，为了防止其蔓延，要立即将病蚕与蚕叶全部销毁。法国农商部在采纳并推广了巴斯德的这两条简便易行的方法之后，养蚕业又再度兴盛起来。

巴斯德把在丝蚕病理研究中所获得的对病菌的认识加以总结，在 19 世纪 60 年代后期提出了疾病的病菌学理论，于是，一门新的病理学——细菌学开始萌芽了。

一些医学家对微生物学的医学意义也逐渐有所认识。当时，由于笑气、乙醚和氯仿已被广泛地应用于外科手术麻醉中，外科手术得到了相应的发展。虽然那时的外科手术绝大多数都做得很好，但术后的死亡率却极高。英国著名医生李斯特从巴斯特的微生物中得到启发，认识到手术后病人的死亡可能与创口感染病菌有关。于是，他把巴斯德灭菌法的原理用于医学中，用石碳酸给创口以及手术器械和手术室消毒。这种方法立竿见影，取得了显著的效果：术后病人的死亡率从 1864 年的 45% 下降到 1868 年的 15%。

医学家们曾因为巴斯德本人没有获得医学博士学位而对他持有偏见，对巴斯德灭菌法表示怀疑，然而，巴斯德以铁的事实向医学家证明：只要把器械煮一煮、把敷料蒸一蒸，同样可起到灭菌的效果。最终，巴斯德的建议令医生们折服并加以采纳。1873 年，一位名叫达内恩的医生在巴斯德灭菌法的基础上，创造了碘酒消毒法。至今，煮沸器械和碘酒消毒仍为外科手术中主要的灭菌法。1890 年，美国外科医生霍尔斯特德和英国医生亨特分别开创了让医生戴消毒橡皮手套和口罩的先例，更为有效地减少了手术后的创口感染的机会。随着灭菌法与防菌法的不断发展和完善，细菌学成为生物学与病理学之间一门极其重要的边缘学科。

当人感染病菌时，体内就会产生针对这种病菌的抗体——生物活性蛋白质，并将那些病菌消灭掉。如将没有毒性的死的病菌给予人体，人体就可以预先产生抗体，一旦有病菌入侵就可立即消灭，这就是免疫法。天花是一种烈性传染病，中国在明朝隆庆年间（1567—1572 年）就发明了以接种人痘预防天花的人工免疫法，但这种人痘有一定的危险。到了 18 世纪后期，英国著名医生琴纳用接种牛痘取代了接种人痘。细菌学诞生之后，在免疫学原理的启发下，人们很快想到应用免疫原理来防治一些细菌性和病毒性疾病。巴斯德是最先在这方面进行试探的科学家之一。

巴斯德的免疫学原理的最大胜利，集中地表现于战胜狂犬病。根据细菌免疫学原理，巴斯德推想狂犬病是由狂犬病毒引起的。在动物实验中，他成功地获得了防治狂犬病的病原体疫苗。在征服了狂犬病之后，巴斯德成了人们心目中的科学英雄。1899 年巴斯德捐款在巴黎建立了一所"巴斯德学院"，以推进微生物学的研究和应用。

（三）微生物的应用和发展

巴斯德的崇高地位在于他把理论广泛应用于实践中，解决了许多迫在眉睫的，甚至生死攸关的重大问题。巴斯德自 1857 年就初步奠定了微生物学的基础，在此后的三十余年中，他全力把微生物学中的成就推广到许多相关学科之中。微生物学不仅成为生物学中的一个重要分支,而且为生物学的发展开辟了新的道路。

1. 医　学

在病理学方面,人们认识并发现了许多疾病的细菌性与病毒性的致病病因,为征服这些疾病打下了病理学基础;在药物学方面,人们开始寻找战胜细菌与病毒的新药物,从而发现了包括青霉素、链霉素在内的一系列抗菌素类的药物;在治疗学领域,免疫成为一种重要的防治疾病的方法。微生物学在医学中的应用,使欧洲人的平均寿命大大提高,到了20世纪初期,已由原来的40岁左右稳步上升到70岁左右。

2. 生物学

在植物学与动物学之间出现了微生物学这样一个新的学科分支,它填补了在这两门学科之间的巨大鸿沟,为生物学的发展开辟了另一个广阔的新天地。微生物种类繁多,习性各异,特别是某些兼有植物和动物的某些特性的、即非微植物也非微动物的微生物的发现为探索生命物质的统一性,特别是为探索生命起源开辟了新的思路。微生物学与动物学、植物学一起成为生物学的三门基本学科。

3. 农业和工业

微生物学的诞生及其发展,为与之相关的农业和工业提供了新的科学装备。中国北宋年间发明的胆水浸铜法,就是将细菌应用于冶金术中,不过那时的人们对微生物的利用尚处于经验性的摸索阶段。在巴斯德奠定了近代微生物学的实验基础与理论基础后,微生物学在食品、皮革、纺织、冶金、农业等方面,尤其在石油脱蜡、纺织脱浆与细菌冶金等新技术上得到了进一步的应用,为各个领域开辟了更加光明的前景。

巴斯德为我们打开了一扇窗,人们透过这扇窗看见了另一个精彩的世界——微生物世界。这些微生物虽然很小,小到只有一个细胞,往往比普通的动植物细胞还小得多,但却无处不在,其生命力比动植物还强大。在过去的漫长历史中,它们曾是人类的头号敌人,夺去了难以数计的生命。继发现了微生物之后,人类又发现了对付这些小生命的有效方法,人类的寿命大大延长。但是,某些微生物如结核杆菌、狂犬病毒、肝炎病毒等仍然不时夺去人们宝贵的生命。据统计,每个人平均每年要患4次感冒,这多是感冒病毒在作怪，我们至今还没有对付它的好办法。但同时，某些微生物又是人类的朋友，人体肠道中的大肠杆菌就是维持正常肠道功能所不可缺少的，遗传工程也正在努力让细菌为人类生产高品质的生物产品而服务。

第十三章 进化论

达尔文结束了上帝七天造就世上万物和人类的神话。进化论成为科学史上最伟大的成就之一。达尔文逝世后，人们为了纪念他，把他安葬在牛顿墓旁。

在我们地球上，最神秘的奇迹是生命，形形色色的生命形式遍及地球的各个角落，那么，这些生命类型或物种是怎样来的呢？各种生命形式间又是怎样的关系呢？神学认为是上帝创造的，而达尔文确立了相反的理论，认为生物是进化而来的。达尔文的进化论取得了惊人的成功，堪称人类历史上最伟大的科学成就之一。当然，这其中也包括了无数思想家、博物学家的不懈努力。

虽然我们已经非常熟悉生物进化这个概念，但要从大千世界中归纳出这个概念，并充分论证这个概念，却是非常难的，因为世界上的生物实在太多、太复杂。而这个艰巨而棘手工作由达尔文完成了，《物种起源》宣告这一革命性成就。达尔文在这本书中讨论了两个重大的生物学问题：一是各种生物或物种是不是进化来的，即一个物种是不是另一物种的变异？二是进化的机理是什么？关键在于变种对环境的适应问题。针对这两个问题，达尔文以其细致入微、全面丰富的生物学观察事实，提出了两个理论：一是物种在世代相传中总是处于变化之中的生物渐变论或生物进化论；二是物种的自然选择学说，即新物种产生于旧物种的连续的、轻微的、有利的变异的积累。

达尔文不仅对于科学理论有重大的贡献，而且引起了人们思想观念的革命性变革。他的勇敢无畏的正确结论来源于他长期对自然界生物的细致观察和丰富积累，来源于他严密的科学态度和勤奋的工作精神。就像进化论本身一样，是长期细微工作的有利选择和积累的结果。

一、众说纷纭的生物界

（一）古代中西方关于生物演变的思想

《黄帝内经》是中医学的第一经典，成书于两千多年前的战国时期。在《黄帝内经》中，中国古人阴阳理论和五行学说对地球上生物产生和发展进行了具体的论述，提出了地球环境中必然演化出人类生命的学说。应该说，中国人从来没有认为生物是神创造的，充其量有人认为人及动物灵魂或灵气是神安排的。

在古代西方，基督教拥护的创世论占统治地位。这个理论在《圣经》中有详细描述，其大致意思是：地球上所有事物都是上帝按照一定计划、一定目的创造出来的，而且只有几千年的历史，也就是说，整个地球，包括无生命的及有生命的，自诞生之日起就是现在这个样子，地球的年龄只有几千岁。这个理论又称物种不变论。这个观念看上去是非常幼稚荒唐的，但在近两千年的漫长岁月里却使人们坚信不疑。要知道要改变一个众所周知的固有观念是非常困难的，而改变一个载于至高无上的神圣经典里的观念更是难于登天。有趣的是，人类抱着《圣经》登上了蓝天甚至太空。

（二）近代西欧各国进化思潮

中世纪后，基督教神学思想在欧洲大部分地区占绝对统治地位，但地区不同，宗教信仰表现的程度也有差异。基督教来源于犹太教，在它的教义中，上帝具有无上的控制宇宙万物的权利，他是以人的形象高高在上的。而北欧则更多地具有泛神论倾向。泛神论中的上帝无所不在，自然界的每一个事物都充满了神性，你可在每一颗水滴、每一声海浪、每一阵松涛中感到上帝时刻与你相伴。

18世纪法国博物学家的工作为进化观念的出现铺平了道路。博物学家布丰（1707—1788年）可以说是以科学精神探讨物种问题的第一人。布丰曾担任法国皇家植物园园长，研究宇宙和物种起源，主张物种是可变的，并提出

"生物的变异是根据环境的影响而生长的"。但是，在宗教势力的压制下，他后来被迫宣布放弃他的正确观点。

布丰年轻时学过一年的物理学，而且翻译过牛顿的《流数》，因而受物理学的影响较深。他极其重视力学中关于运动和连续性的概念，认为生物分类学中诸如种、属、纲等单位，具有静止性和不连续性，所以没有什么价值。

"连续性"使布丰充分地意识到，各物种之间只显示出极细微的差别，故而可以构成一个连续的层次。然而，物种之间不能繁殖，又使他接受了物种是一个繁殖单元的看法。在研究动物物种之间存在的类似性和亲缘性时，布丰逐渐意识到现在不同的物种可能是从一个共同的祖先演化来的。在他认识的200多种不同的四足动物中，他发现它们之间有许多相似之处，于是便推测，这些四足动物可能起源于40种原始类型，甚至也可能仅起源于一对亲体。

由此可见，与其他自然哲学家不同的是，布丰将生物从共同祖先的演化过程直接放在时间的顺序中，这样，演化就不再是一种逻辑上的展开，而是现实的发展。布丰还从变异中看到了退化。他相信各个不同的生物物种都是一种或几种较为完善的原始类型退化的结果，驴子是退化的马，猪腿上有它并不使用的侧蹄，表示猪是从一个曾经使用过这种侧蹄的较为完善的原始类型退化而来的。

法国另一名伟大的博物学家居维叶（1769—1832年）却自始至终是进化观念的强烈反对者。他出生于一个新教徒家庭中，曾在诺曼底研究过海洋生物，对这一领域的研究使他于1795年获得皇家植物园的比较解剖学职位。继而又主持了巴黎自然历史博物馆的工作。他创建了古生物学，而且清楚地证明了巴黎盆地第三纪地层的每一层都含有独特的哺乳动物。而且，他发现地层越低，其中的动物与现在的差别越大。他证明了物种绝灭现象，即地球上曾经有过某些物种，但后来却完全从地球上消失了。他还是比较解剖学的创始人。在达尔文之前，没有人像居维叶那样贡献出如此多的最终支持进化论的新知识。然而，这样一位极有成就的博物学家却强烈地反对进化观念，更令人深思的是，居维叶恰恰是站在科学的立场上来驳斥进化学说的。居维叶的每一种驳斥都是很到位的，因为他有大量的解剖事实和古生物学证据。然而，同样的事实，在达尔文手中却成了进化论的证据。之所以会有如此悬殊的结果，关键原因在于居维叶对于生物体内在的和谐性和主动性以及对于适应与设计的关系等问题，缺少一种深刻的体验。所以他对生物学的认识，仅仅停留在经验事实的基础之上，缺少一种广阔的理论背景，只看到间断性、灾变、结构与功能的相互联系等，而无法洞察到任何进化信息，因此与进化观念擦肩而过。

二、拉马克物种进化观念

历史上第一次提出系统的进化观念的人是拉马克（1744—1829年），他是布丰的学生，接受并宣传布丰关于物种演变和生物从简单到复杂的观点。拉马克提出，外部环境的影响是生物体变异的直接原因，主张器官"用进废退"说。他还认为后天获得性是可以遗传的。他同物种不变论进行了激烈的斗争。

拉马克出生于法国北部一个破产的贵族家庭，年少时曾在亚眠城的一所基督教会学校念书。他17岁入伍，曾英勇地参加过法国七年战争中的许多战役，22岁因病退役，迁居巴黎。拉马克在军队时便逐渐对植物学产生兴趣，经过辛勤的工作，他写的一部三卷本《法国植物志》于1778年问世。该著作受到普遍重视和好评。

1779年，拉马克被选为科学院会员，后来又参加了赴欧洲各国的旅行。他采集各国植物标本，并与各地知名学者交流，开阔了视野，提高了认识层次。1789年，拉马克担任法国博物馆植物标本室主任，但好景不长，法国大革命随即爆发，革命后的当局由于财政方面的原因向国会议员提出废弃拉马克位置的议案，拉马克上书国会议员，陈述自己工作的重要意义以及博物馆的重大作用，幸而法国民族是一个重实际却又不失理想色彩的民族，在革命的巨浪中，博物馆得以保存和发展。

发展后的博物馆下设有11个专门的部门，其中一个部门的无脊椎动物学教授因无合适人选，最终由拉马克承担。接受这项任务是在1893年，那时他年近半百，但仍以极大的热情投入此项事业。他首次把动物界分为脊椎动物和无脊椎动物两大类，创立了无脊椎动物的古生物学，又首次提出"生物学"

这一名称。在无脊椎动物领域，拉马克辛勤耕耘，不仅理清了被林奈归于蠕虫名下的各种动物类群，而且从中收获了丰硕的理论之果。

拉马克晚年由于劳累过度而双目失明，但依然口述（由其女儿笔录）完成了《无脊椎动物杂志》的有关内容。马拉克重点讨论了适应的根源，这抓住了进化问题的要害，他用环境变化而生物就随之发生相应变化的论点来说明生物的进化，但这种假设没有事实依据。他的错误是把变异等同于适应，并认为获得性一定会遗传。拉马克关于生物具有向上发展倾向的理论以及他关于动物由主观努力引起变异的论点都是唯心的东西。用进废退是生理学现象，这是事实。但获得性能直接传递给后代则纯属假设未经证明。应该指出，获得性遗传不是拉马克第一次提出来的，而是古已有之的一种论点。他接受这个论点，并用它来说明生物的进化。

从以上分析可以看出，拉马克抓住了生物界一些重要的事实，并作出了科学的判断，但仍缺乏充分的事实支持。而他那些不正确的观点更是缺乏有效的事实根据，更多的是猜测的成分。当然，他的功绩仍然是了不起的，正如中性学说的创始人木村资生所说："拉马克是了不起的人啊！总之，生物进化的体系是他最初建立的。这是因为他否定了神造万物的概念。在那个时代，为了解释进化而提出系统性的理论，仅这一点就称得上卓越的大学者。"

三、达尔文进化理论

19世纪，一个伟大而崭新的思想——达尔文进化理论诞生了。虽然这个理论主要是着眼于生物进化，但它的影响远远地超出了生物学界，成为普遍的达尔文主义。

（一）调皮好玩的达尔文

查理·达尔文（1809—1882年）生于英国一个医生家庭。祖父、父亲都是医生。达尔文在年幼时就非常喜欢采集甲虫。由于生性调皮好动，他在学校里成绩平平，对此，他父亲很不满意，曾经训斥他说："你整天玩，打猎，玩狗，抓老鼠，不好好学习，这会给你和全家带来耻辱！"因父亲想让他将来继承祖业,达尔文在 16 岁时被送到苏格兰爱丁堡大学去学医。在那时,医学院的学习极其枯燥,不能引起达尔文的丝毫兴趣。但另一方面,通过这段时期的学习,他对人体结构有了了解。而且,他在那里认识了两个博物学者,并经常跟随他们去海边采集生物、制作标本,从而学会了怎样解剖动物、怎样对动物进行分类,以及怎样把观察结果记录下来。这些对他未来的考察及研究工作有着重大的作用。

达尔文学医不成,19 岁时又遵照父亲的意愿转到剑桥大学学习神学,以求成为一名牧师。然而,他对神学还是没有兴趣,但对打猎及收集标本的热情却丝毫未减。他在自传中提到:"我愿意举出一个例子借以证明我的热心:一天,我剥开一片老树皮,发现了两只稀有的甲虫,便用两只手各抓了一只,之后却又发现第三只新的种类,我舍不得放走,便把抓在右手的一只投进嘴里。哎呀!它却分泌出了极端辛辣的液汁,把我的舌头烫得发热,我只得把它吐掉了,结果第一只甲虫跑掉了,而第三只也没有捉到。"当时,在英国,也许是因为受牛顿力学成功的鼓舞,科学家大多被吸引去从事物理学、化学等学科的研究,而把琐碎而繁杂的博物学研究留给了神学家。因而,当时牛津及剑桥的植物学教授和地质学教授都是神学家。

在剑桥学习期间,佩利教授的自然神学著作中所体现出来的严谨、明晰的论证特色,给达尔文留下了深刻的印象,书中还详细地介绍了博物学家对于适应现象的研究。达尔文还非常喜欢亨斯罗(1796—1861 年)教授的植物学课。周末,他常常随教授到远处或海边去考察、采集标本。另外,他还结识了地质学教授塞特威克(1785—1783 年),并学会了怎样采集地质矿物标本。

1831 年夏天,达尔文毕业于剑桥大学,并取得了传教士资格,时年 22 岁。没多久,经亨斯罗教授推荐,他以一名自费博物学者的身份加入了"贝格尔"号海洋调查船的环球科学旅行。他的任务是收集沿途的地质、生物分布等资料,以为进一步研究作准备。

生物进化论的创立者达尔文

（二）环球旅行后的叛逆者

1831年12月27日，"贝格尔"号起航。这尽管是一次环球旅行，但大部分时间是在南美洲进行工作。"贝格尔"号首先航行到巴西，在南美东海岸停留了两年多，而后绕到南美西海岸，并由此到达新西兰、澳大利亚及塔斯马尼亚岛，然后又经过印度洋从南边绕过非洲好望角，经大西洋再回至巴西，最后于1836年10月2日返回英国。这次考察为期5年，规模之大、经历之多使达尔文受益匪浅。在旅行中，他细心观察了各地的地质矿物及生物类型，深入地比较了动物化石与现存动物间的联系，细致地研究了生物的地理分布。从这以后，达尔文不仅成为一名博物学家，而且他的整个世界观都发生了彻底的改变。这次活动是他一生的转折点。航海赋予达尔文如此之多的启迪，这是其他任何途径都绝对无法获得的。正如达尔文所说："当我作为一个自然学者参加贝格尔号皇家军舰的环球远征时，在南美洲看到的某些事实，有关生物的地理分布和古代与现代生物的地质关系，我深深地被这些所打动。这些事实，对一些物种起源的问题似乎投射了若干光明——这个问题，一位大哲学家曾经认为是神秘中最神秘的。"

19世纪早期，自然神学传统在英国有着极为深远的影响。达尔文原来也相信创世论。但5年的环球科学旅行，特别是在南美的科学考察，对他有许多重要的启发，促使他从一个有神论者转变为进化论者。

达尔文在南美洲看到某些哺乳类的化石，如犰狳，与现在生活的种类十分相似。这就暗示了现代犰狳是古代犰狳的后代。若它们都是上帝造的，怎么会这么巧合呢？

在南美洲东海岸采集动植物标本时，他注意到相邻地区的生物种类十分近似，而生活在距离较远地区的同类生物，彼此就有很明显的差异。上帝为什么要如此煞费心机地分布生物呢？

加拉巴哥群岛是火山群岛，离南美洲大陆最近，但即使这样，最近的距离也有600英里。这些岛上分布着自己特有的生物类型。那里有很多大龟，而且肉味鲜美。各岛上的大龟有各自的特点。有经验的人一看便会知道它是属于哪个岛上的。另外，不同岛上的地雀虽是相近的物种，但也各有各的特点。这些生物怎么可能是上帝分别创造的呢？

南美某地的 2 万多头牛，因连续 3 年的干旱而全部死亡。这表明无需造物主的干预，仅仅由于自然的原因就可引起生物界发生巨大的变化。

还有，这些岛上的生物跟南美洲大陆的种类，虽然区别很大，但也有相似之处。达尔文认为只有以物种的逐渐变异才能解释它。而且他在南美进行的地质学方面的考察，使他相信地球史上发生的变化规律，不论在非生命世界，还是在生命世界，都是古今一致的。他认为现代生物是古代生物进化的产物，整个地球的变化都遵从客观的自然规律。就这样，达尔文由过去坚定的有神论者转变为宗教的叛逆者了。

（三）马尔萨斯的启示

返回伦敦后，达尔文忙于整理从南美采回的地质、生物标本，同时也经常抽时间思考进化机制问题。当时的英国是最发达的国家，纺织工业需要大量的羊毛，城市也需要大量的肉类、乳类等食品，因而便出现了许多大型的农场和养殖场。人们在那儿集中饲养大批家畜，并进行品种改良活动。达尔文曾说："当我从事问题研究的初期，觉得要解决这个困难的问题，最有希望的途径，应从家养动物和栽培植物方面的研究着手。"于是，他大量地收集资料，拜访了许多经验丰富的育种工作者，还加入了养鸽俱乐部，研究了150多种家鸽。从中，达尔文归纳总结了育种的实践经验，得出家养生物起源于野生种类的正确结论（比如家鸽起源于岩鸽，家鸡起源于原鸡），并在此基础上提出"人工选择"原理。达尔文领悟了成功选育新品种的两个要素：一是要有选择者；二是生物要有变异。在自然界，每种生物都可变异，但自然界中的选择者在哪里呢？

1838 年，达尔文阅读了马尔萨斯著的《人口论》，顿时受到了启发。马尔萨斯认为，食物呈算术级数增长，而人口呈几何级数增长。这样，过度繁殖的人口与有限的食物资源就有了尖锐的冲突，而战争、疾病等因素因能抑制人口的过快增长便可缓解这一冲突。这个理论首次提出了种内竞争，它为达尔文的进化机制提供了依据。在此之前，博物学家们发现物种间为了各自利益，会有种间竞争，比如庄稼地里杂草丛生，便会破坏农作物的正常生长，因为杂草与农作物都需要水分和养料。但对于物种内的生存竞争，却一直被人们忽视。现在，人们意识到同一种群中不同的个体之间也具有不同的变异，有些变异比较适合于生存在某一地区的环境中，有些变异则比较不适合生存在这个地区。于是就在种群中出现了优胜劣汰即适者生存的现象。

达尔文受到马尔萨斯的启发，认识到物种间或物种内的生存竞争都是生物赖以生存的一种正常机制。而且，他也领悟到生存竞争在生物生活中的意义，意识到生物为了存活必须面对许多自然条件，而自然条件便是生物进化中的要素之一——"选择者"。令人喜爱的各种色彩斑斓的金鱼的祖先却是相貌平平的鲫鱼，这是人工选择的结果，在人工选择中，人起主导作用。事实上，自然界也必在从事着相同的工作。由于复杂多变的生存条件及漫长时间的存在，自然选择就可随时对它发挥作用——客观地保留有利变异，淘汰不利变异。具体的自然条件不同，"选择者"便不同，选择结果就会有差异。就同一时期不同地区来说，越相邻近的地区，自然条件就越相近，生物种类也就比较相似；反之，相距越远的地区，自然条件差距大，生物种类就会存在很大区别。就同一地区不同时期来看，过去的条件与现代的不一样，那么古今的生物种类便会有所差异。

（四）影响深远的《物种起源》

1844 年，达尔文写出了一份札记，此后，又不断地补充新的材料和想法，直至 1859 年 11 月 24 日，他正式出版了进化论巨著——《物种起源》。对于这本书的出版，还有一段佳话。1858 年 6 月，达尔文正全力以赴撰写有关物种起源的书籍时，收到 25 岁的青年学者华莱士（1823—1913 年）从马来群岛寄来一篇论文，希望达尔文给予审阅，并想转交赖尔发表。这篇论文的基本思想与达尔文的自然选择学说很一致。当天，达尔文给赖尔写信说："我还没见过世上竟有这么惊人巧合的事情。"达尔文认为华莱士的论文很有价值，愿意放弃自己的成果，单独发表这个年轻学者的文章。但是赖尔和著名植物学家胡克（1817—1911 年）早就知道达尔文所做的工作，他们出来干预，要求达尔文摘录出他早就写好的有关自然选择学说的文稿中的若干要点，同华莱士的论文一起在林奈学会上发表，达尔文照办了。

但 1858 年发表的自然选择学说在科学界并没有得到什么重视。很显然，人们对于这类观点并不以为然，重要的在于是否有充分的事实证明这些观点，而一篇文章中的事实自然是十分有限的。随后，在友人的催促下，达尔文终于把早已修改过几次的稿子进一步整理充实，出版了《物种起源》。该书出版当天便被抢购一空。在这部书里，达尔文详细阐述了他的进化论思想，其主要观点概括如下：

（1）生物是进化的，物种始终在变异着，由此产生新种，旧种便会灭绝。

（2）生物的进化是连续的，没有不连续的突变。"自然选择只能通过积累轻微的、连续的、有益的变异而发生作用。""自然界没有飞跃"。

（3）生物间有共同祖先，彼此间有一定的亲缘关系。

（4）自然状态下，各种产生的变异，只要具有略微的优势，就将得到较多的机会生存繁殖。反之，任何有害的变异，虽有害程度极轻微，但在严酷无情的生存竞争中，必然会被淘汰。这一过程，就是自然选择。自然选择主要是通过变异来完成的。达尔文认为，各种生物都有繁殖过剩倾向，但生物的生存资源是有限的，因而它们的生存必须通过竞争来实现。这里的竞争既包括种内竞争，又包括种间竞争，还包括生物同无机环境的竞争。适者生存，不适者淘汰。生物经自然选择后的有利性状会遗传给后代。

上述四点中，前三点讲的是进化思想，最后一点讲的是进化机制，是达尔文进化思想的核心内容。在漫长的历史过程中，经过长期的有方向的自然选择，任何细微的变异都会得到累积而成为显著的变异，由此便可导致原物种的灭绝及新物种的产生。在西伯利亚草原上放养的驯鹿，最大的天敌是狼，为了保护驯鹿，猎人主动消灭了草原上的狼。结果却是驯鹿大量繁殖，数目急剧增多，品种却迅速退化，并由于驯鹿过度啃食草原，导致该草原也退化了。狼的存在，虽然牺牲了一部分驯鹿，但它们大都是老弱病残、有轻微缺陷的，而身体健壮的驯鹿大多能逃脱狼的捕捉，它们是竞争中的获胜者，并且把优秀的素质传给后代。相反，没有了狼的制约因素，结果便会是驯鹿品种和草原的共同退化。这一事例向我们表明，正是自然选择，保持了生物界的平衡，从而使各物种能正常生存。

（五）达尔文主义的内涵

在《物种起源》这部书中体现出许多优秀的思想。

当时，西方基督教深入人心，人们都坚信《旧约·创世纪》中的上帝造人说。在神学作品中，唯有人是理性的。人的理智被看做是绝对区别于其他各种动物的智能，唯独人有灵魂。这就确定了其本质属性及其与上帝的关系。人有独特的尊严，绝对不能和动物相提并论，更不必说是从猿进化而来的了。于是在达尔文之前，有些自然学者便把整个的生命世界分成三个部分：人界、动物界和植物界。然而，达尔文相信，物种决不是由上帝分别创造的，而是从一个简单的原型演化而来的，人自然也不例外。

达尔文为此列举了大量事实，证明人与动物在解剖结构、生理功能上有着密切的联系，尤其指出人与其他灵长类动物存在惊人的一致性。许多疾病（如天花和梅毒），人与猿可以相互传染，这说明人和猿的细胞构造及血液组成上都有着惊人的相似之处。而对于人所"独享"的语言、智力等，达尔文指出：动物也有这类能力的萌芽，因而，从动物到人，没有明显的界限。首先，"人和其他动物的心理，在性质上没有什么根本的差别，更不必说只是我们有心理能力，而其他动物完全没有了"。动物和人一样，不仅拥有某些本能，还有某些复杂的情感，例如妒忌、猜疑、感激、争胜等。由于人与动物之间的难以沟通性，人们很难准确地掌握这些在动物中反映到什么程度。但是达尔文却坚定地相信，动物在某种程度上具备这类复杂的心理行为，这是不容置疑的。其次，是语言的使用。达尔文认为，动物一定有自己独特的语言，而且，狗能理解人的语言，其大致程度相当于 10 个月至 12 个月的婴儿。人在情绪特别激动时，也会像动物一样，更多地以各种手势、吼叫、脸部肌肉的活动来表达内心的情感。"人与其他动物的差别只在于，在人的一方面，

人类进化的步伐，从左到右依次为非洲南猿、直立人、尼安德塔人和现代人。

这种把各式各样的声音和各式各样的意念连接在一起的本领特别大,相比起来,几乎是无限大。而这套本领显然是有赖于他的各种心理能力的高度发达。"最后,是宗教信仰。从广义上可将宗教信仰理解为对一切神秘事物的敬畏和膜拜之情,达尔文认为,在动物中同样可发现这种情感的踪迹。一只狗对主人的深厚感情,绝对顺从,一些畏惧以及其他情感,正是宗教心理的萌芽。达尔文说:"一只狗仰面看它的主人就像瞻仰上帝一样。"

在达尔文之前,人们一直不能确定动物是否有情绪或表情。达尔文仔细观察发现,狗在攻击陌生人和讨好主人这两种完全相反的行为时,其全身的各部位姿势几乎都是完全相反的,如攻击时尾巴高高翘起,而讨好时则夹着尾巴。由此说明,狗是以动作来表达情绪,而人同样是以动作或者说肌肉活动来表达情绪。

由于进化论的产生,人们认识到各种生命形式都是进化的产物,它们有着共同的祖先,彼此间有着或远或近的亲缘关系,并且由此生物科学成了统一的科学。进化论的胜利是历史观上的胜利,从此人们知道生物都有各自的历史,都有各自的系统发育;进化论的胜利也是无神论世界观上的胜利。进化论是人类历史上最伟大的科学思想之一,人们从此把宇宙的历史分为三个部分:宇宙进化(由此引发的生命的起源)、生物进化(由此出现的人类的起源)以及人类进化(由此导致社会的起源)。人们认识到工具有自己的发展

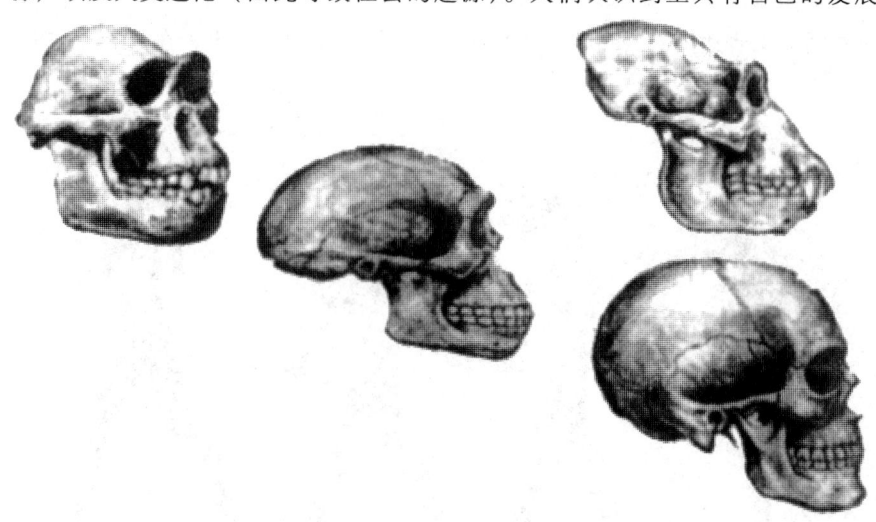

从左上至右下分别是阿法南猿、直立人和智人的头颅,容量增大,保证了现代人有聪明的智慧,而与人同祖的大猩猩(右上)却依然如故。

史，兵器有自己的发展史，文字有自己的发展史……从此，历史观成为常识。

达尔文的后半生体弱多病，但仍坚持工作。他的大部分著作都是在病中完成的。他曾说过："我一生的主要乐趣和唯一职务就是科学工作。对于科学工作的热心使我忘却或者赶走我的日常不适。"1882年4月19日，达尔文与世长辞了。他被葬在伦敦西敏寺，与牛顿的墓并排。

第十四章 运输机械革命

为了区别动物，人开始直立行走；为了跑得快，人让马来代步；滚动可以省力，人发明了车轮；凹凸带来颠簸，人把路面越修越平，火车道干脆用上了坚硬而光滑的铁轨；吃草的马有许多麻烦，人就造出了吃"油"的汽车。

使用蒸汽机之后，纺织品、煤炭、钢铁产量成倍甚至成十几倍地增长。市场商品的激增、商品交换日益频繁，向交通运输业的发展提出了迫切的要求。也正是蒸汽动力以及后来的内燃机、电机的应用，使运输机械发生了重大的变革，人类社会又进入了一个新的发展阶段。

一、漂泊的家——船

船，是一种历史悠久的水上运输工具，原始人类已经开始使用木船。可以说，自从有了人类，就有了船，原始的舟筏就是最古老的船。正是由于有了船，人类才驾驭了河流、湖泊和海洋。从中国明朝郑和下西洋到西班牙哥伦布发现美洲新大陆，无一不归功于船。

（一）舟筏与远洋航行

中国造船历史极其悠久，可追溯到新石器时代晚期的原始舟筏。到了奴隶社会的商周时期，中国即有了"刳木为舟，剡木为楫"的明确记载。相传武王伐纣，以数千兵马之众，仅在一日之内就以47只船在孟津横渡黄河。此后，船的记载不绝于史。到了明代1405—1435年间，郑和七下西洋，谱写了世界航海史上光辉的篇章。

在西方，舟船也有同样悠久的历史，基督教里就有诺亚方舟的传说。1487 年，葡萄牙人迪亚士（1450—1500 年）远航到达非洲南端的好望角。1492—1493 年，意大利人哥伦布（1451—1506 年）率领船队到达美洲。1498 年，葡萄牙人达伽马（1460—1542 年）率其船队环球航行成功。欧洲的海上远航其航海范围比郑和航海大得多，且其航海具有明显的经济动力，因此欧洲的航海直接推动了海上贸易的发展。

经济动力的推进，以及船体材料、船型选择等多种综合技术的发展决定了造船技术的发展。当哥伦布率领船队从西班牙的巴罗斯港出发时，他所乘的旗舰"圣塔玛利亚号"是一只综合了当时欧洲许多帆船优点的大船。自此之后，船体越来越大、桅杆越来越高、风帆越来越多，最后发展到九桅十二帆的大帆船。

要建造出载重大、航速快、稳性好的船，就必须从发展综合技术入手。从动力方式看，帆船是以风力和人力为主的；从推进方式看，它是以风帆和桨轮为推进方式的；从船体材料看，它是以木料为主的。由于这些局限，妨碍了海上运输量的扩大，因而使造船技术的革命显得十分紧迫。另一方面，由于瓦特蒸汽机的发明和冶金技术的发展，又为造船技术在动力和材料等方面的革命提供了现实可能性。如此在不少有志之士的不懈努力下，造船技术革命终于轰轰烈烈地开展起来了。

技术的革命总是带有显著的横向综合性，一个新产品往往涉及多种材料和技术，只有相关技术平行发展，才可能综合产生新的发展，这种综合有时需要融合全世界各国的先进技术。而科学的革命是以纵向综合为主，在综合过去和前人研究的基础上，继续向纵深推进，这种综合有时可以跨越几千年。

当时开发出许多造船与航海技术

（二）"克勒蒙号"汽船与富尔敦

最早发明汽船的人，是美国工程师菲奇。菲奇在发明第一艘汽船之后，他没有申请发明专利，当然更没有向人们公布他的发明，因而他的汽船并未引起关注。

真正产生重大影响、取得建树的是美国另一位工程师——富尔顿，因而他被人们认为是发明汽船的先驱。富尔顿早年曾在英国和其他一些造船技术比较发达的西欧国家进行过技术考察。1803年，他在巴黎发明了第一

上图为美国工程师菲奇设计制造的桨式汽船
下图为美国工程师富尔顿设计制造的汽船

艘以瓦特蒸汽机为动力、以桨轮为推进方式的船,并于同年在塞纳河下水试航。这艘汽船在逆水航行时,其速度已超过在河岸上快步前进的行人。但是由于瓦特蒸汽机刚刚被引上船,因此使得它的推进系统还不够完善,航速和稳定性方面都不够理想。同时,由于当时的拿破仑政府实行疯狂的对外扩张政策,只对军事科学技术的发明怀有兴趣,而对其他发明毫不重视,这使法国海军错过了一个赶超英国海军的绝佳机会。而在法国试制的第一艘汽船未取得应有的成功,富尔顿濒于破产。由于无法继续在法国进行汽船研制工作,富尔顿只得回到美国。在回国之后,他得到了美国另一位发明家利文斯顿(1746—1813年)的资助,这使得富尔顿得以继续进行汽船的研制工作。利文斯顿不仅是个出色的发明家,同时也是一个外交家与国务活动家。他看到富尔顿的研究具有重要的价值和远大的前途,因此在资金、材料、人力方面给予富尔顿极大的资助,从而使富尔顿能比较顺利地进行研究工作。

1806年,富尔顿正式开始他的第二艘汽船的建造工程。经过一年多的紧张施工,一艘被命名为"克勒蒙号"的汽船终于建成了。1807年,"克勒蒙号"在哈得逊河上试航成功。它不但稳定性较好,而且速度较快。其航速要比一般帆船快三分之一。这艘以瓦特蒸汽机为主要动力、以螺旋桨为推进系统、采用铁板为造船材料的新汽船,开创了造船业的新纪元。

自富尔顿的"克勒蒙号"试航成功以后,汽船制造业即在美国和欧洲许多沿海国家迅速发展起来。1819年,美国汽船"萨钠号"横渡大西洋到达英国。"萨纳号"兼用风帆与蒸汽机两种动力,还不是完全的海上汽船。1838年,完全以蒸汽机为动力的汽船"天狼星号"和"大西方号"胜利地横渡大西洋,完全证明了汽船用于海上远航的安全可靠性。

人们总觉得船航行的速度太慢,而速度越快,水的阻力就越大,为了消除水的阻力影响,英国发明家科克莱尔发明了气垫船。船底密布许多高压喷气嘴,喷出的气体形成一个气垫,把船托离水平,行驶速度就大大提高。实际上,它在陆地上同样可以行驶,上山下坡,如履平地。

二、奔驰的巨龙——火车

车是另一种极其古老的运输工具。在中国,造车史可以追溯到商周时期,甲骨文中的车字带有四个轮子。在中国河南安阳的殷墟中,人们曾发现过四马战车的遗骸。到了春秋战国时期,马车被广泛地用做战争工具和运输工具,当时马和车是连在一起的,车的唯一动力是马。在西方,车的制造也可追溯到古希腊时代。在经历了漫长的中世纪以后,直到文艺复兴时期,马车制造业才在欧洲迅速发展起来。早期的车都以人力或畜力为主要动力。在瓦特蒸汽机发明之前,马车是陆路主要的运输工具,一直持续了数千年。17世纪末至18世纪初,由于采矿业的发展,矿产品的运输成为一个极其突出的问题。那时,把煤炭与矿石运出的工具主要还是马车。在大量的使用马车的过程中,人们逐渐发现,当马车在有轨道的路上行驶时,它所拖拉的重量要比在普通的路面上大三倍多。这是运输史上一个重大的发现。

(一)前进的车轮——火车与斯蒂芬逊

1783年,在英国的一家矿山出现了第一条"铁轨"。随后,在其他矿区也相继出现铁轨。这就是英国最早的铁路运输。不过,这时在"铁路"上运行的还不是火车,而是马车。这时的"铁轨"也还不是真正的铁轨,而是包有铁皮的木轨。可见,铁路史要比火车史早一个世纪。

瓦特的蒸汽机出现以后,特里维希克将蒸汽机应用于机车上,制成了世界上第一台蒸汽机车,虽然存在许多问题,实用性不大,但使陆上运输工具的发展又向前迈进了大大的一步。

斯蒂芬逊生于一个煤矿工人家庭。由于家庭贫穷,他在8岁时即去给别人放牛。此后一直过了6年的放牧生活。1812年,斯蒂芬逊在当时的工业展览会上看到了特里维西克的蒸汽机的机车模型。这一模型激起了他研制蒸汽机车的最初愿望。由于斯蒂芬逊已具有蒸汽机车和一般机械的基础知识,加上他具有不懈的奋斗精神,经过两年多的研究试验,斯蒂芬逊终于在1814年制造出第一台具有实用价值的蒸汽机车。这台蒸汽机车在斯托克顿到达林顿的矿山铁路上试车,在装了 30 吨的货物以后,它还能以每小时 6—7 千米的速度行驶。显然,在载重和车速方面,斯蒂芬逊的机车已比特里维希克的机车有了明显的提高。

斯蒂芬逊的第一台蒸汽机车试车时,就像其他新事物刚诞生时一样,受到了许多非难,一些具有神学观念与守旧思想的人表示坚决反对。他们认为火车的隆隆声破坏了上帝给予世界的安宁,指责火车惊动了铁路两旁的生灵。他们还惊呼锅炉会爆炸,车厢会颠覆,乘客会因此遇难。有些人甚至乘马车与火车赛跑,以此取笑火车还没有马车跑得快。当然斯蒂芬逊的第一台蒸汽机车还很不完善,外形比较难看、行驶时剧烈颠簸、铁轨易遭破坏,据说试车时还曾把一位参加试车的议员和一位董事长给摔伤了。由于上述原因,斯蒂芬逊的第一台蒸汽机车在 1814 年试车时只取得了局部的成功。虽然如此,但它却为蒸汽机车的研制使用和陆路运输业的发展掀开了新的篇章。

自 1814 年第一台蒸汽机车试车之后,斯蒂芬逊继续对蒸汽机车与铁路轨道进行了各种技术研究。

首先,他把蒸汽机车的出汽管道改用小管引入烟囱的新工艺。这一革新,一方面减小了蒸汽机车本身的噪音,另一方面大大推进了烟窗的出烟速度,加速了炉中的空气循环,使煤燃烧得更加充分。这样就使得锅炉内的蒸发量大大增加,从而显著提高了蒸汽机车的动力。由于热效率的提高,机车的载重量与车速也大大提高。其次,他在机车底部加装了减震弹簧及有关部件,使得机车的抗震性能和稳定性有了显著的改善。此外,他还对铁路轨道进行了相应的改革,如将原来的生铁轨改有熟铁轨,在枕木下加铺小石块。经过这两次革新,铁轨就不会像原来那样因震动太大而断裂了。

1823 年,斯蒂芬逊任总工程师,开始在苏格兰北部的斯多克顿和达林顿之间建修第一条商用铁路。加紧进行新的蒸汽机车与车厢的制造工作。1825 年 9 月 27 日,斯蒂芬逊亲自驾驶自己设计制造的世界第一列客货两用的蒸汽机车"旅行号",在新的铁路轨道上举行了隆重的试车仪式。试车时,"旅行号"挂有 12 节车厢,载有近 100 吨货物,并带有 450 名乘客。当机车启动后,即以每小时 20 千米的速度行驶。在试车行驶过程中,还有些人骑马与机车赛跑,但他们的动机已不像他们的前任者那样了——嘲笑火车的笨拙,恰恰相反,他们嘲笑的是他们的前任者的愚蠢,历史就是这么有趣!1826 年,曼彻斯特与利物浦这两大城市之间的铁路开始修筑。3年后，斯蒂芬逊亲自驾驶他新设计制造的"火箭号"，参加了通车仪式。"火箭号"的各种技术性能指标比"旅行号"又有了进一步提高。它的车速增加到每小时50千米。1836年，斯蒂芬逊在伦敦开办了铁路设计办事处。此外，他还积极地参加了比利时、西班牙、瑞士等国家的铁路建设工作。继英国之后，其他国家的铁路运输也迅速发展起来。法国于1831年建成的第一条长38千米的铁路，1847年国内铁路干线已长达1 535千米。美国于1828年开始修建第一条铁路，1830年制造出本国产的第一台蒸汽机车，到了1840年，铁路干线已延伸到密西西比河畔，到1869年，铁路干线已经横贯美国。19世纪50年代，当第一次工业革命逐渐进入它的终结时期时，蒸汽机车进入它的全盛时期，自此之后，陆上运输的面貌大大改观，整个社会生产力也随国际上运输机械革命的重大突破而进入一个全新的发展阶段。

上图豪华包厢；中图为二等车厢；下图为敞篷车厢

（二）电力机车与内燃机车

人们对蒸汽机车不断改进和完善的同时，开始研制新动力驱动的火车。1879年，德国西门子公司制成了用电力驱动的电力机车。电力机车不仅功率大、效率高、爬坡能力强，而且克服了蒸汽机车需经常上水上煤的缺点，节省了时间，提高了速度。它于1881年首次在柏林郊区的世界第一条电气化铁路上实际运行。但遗憾的是，不知什么原因，电力机车在当时并没有引起人们的重视，致使它沉寂了几十年。到20世纪50年代，人们才开始热心于对它的研究，并使它有了迅速的发展。继电力机车之后，1924年人们又研制出了可供使用的内燃机车。内燃机车用柴油机或燃汽轮机，同电力机车相比，它有投资少、建设快，机动灵活的长处；与蒸汽机车相比，运输能力可提高35%左右。因此，内燃机车在最初的30年得到了大规模发展。

进入20世纪以来，大部分国家的铁路机车已先后完全实现了内燃机化和电力化，上世纪80年代后期，中国在世界上最后停止了蒸汽机车的生产，斯蒂芬逊的蒸汽机车进入了铁路历史的博物馆。与此同时，列车的结构得到了改进，安全技术有了显著提高，铁路桥梁和隧道建设技术更加先进，路基和轨道质量显著提高，铁路线长度有了巨大延伸。

0—60机车在巴拉摩尔州和俄亥俄州行驶

三、风驰电掣——汽车

（一）蒸汽自行车与丘尼约

　　车的历史是悠久的。在中国，传说车子是黄帝发明的。《古文史考》记载："黄帝常作车，引重致远；少昊代加牛；禹时奚仲加马。"在欧洲，生活于 15 世纪时的达·芬奇设想了一种用发条作动力的自行车，并留下了图纸。1649 年，德国钟表匠赫丘按照达·芬奇留下的设计图纸，试制出了世界上第一辆真正的自行车，它像摆钟一样，以发条为动力，时速只有 1.5 千米。赫丘的成果，引起了法国军事当局的密切关注。他们看到，如果能够制出一种高速自行车代替马匹牵引火炮，可以大大增加炮兵的机动性能。于是他们当即命令陆军炮兵大尉丘尼约进行研制。丘尼约终于在 1771 年制成了一辆以蒸汽机为动力的自行车。丘尼约的蒸汽自行车长 7.2 米，宽 2.3 米，是一种木质结构的三轮车，时速 9.5 千米，可同时乘坐 4 人。这是人类第一次把蒸汽机用到车子上，从此公路运输革命蓬蓬勃勃地发展起来。

双轮战车

（二）汽车的心脏——内燃机

　　虽然人们看到蒸汽机的使用在驯服自然力中取得了巨大的成就，但它的效率还是很低的。这是因为它是外燃机，即锅炉与汽缸分离，燃料在汽缸外燃烧，然后再将产生的蒸汽导入汽缸做功。若不在蒸汽内部点火燃烧，蒸汽机的效率就无法大幅提高。因此，人们又开始进行把锅炉和汽缸合而为一的内燃机的研制。1794年,有人进行了内燃试验。1823年,英国发明家勃朗试制成功了一台内燃引擎蒸汽机。1862年,法国科学家协罗夏奠定了内燃机理论,提出实现内燃必须保证点火前高压,燃气迅速膨胀,达到最大膨胀比等,还提出了实现内燃机活塞的具体步骤。1854年,德国工程师奥托开始研制内燃机,但屡次失败。1876年,他偶然看到刊物上登载法国工程师德罗夏的四冲程理论,受到很大启发,决心以此理论为基础重新研制,年底他就造出了一台新的以四冲程理论为依据的煤气内燃机。他第一次发现,利用飞轮的惯性可以使四冲程实现自动循环往复,这就成功地将德罗夏的四冲程理论付诸实践,这台内燃机的热效率一下子提高了14%。内燃机作为汽车的心脏,它的出现,无疑为制造出汽车提供了可能。

(三) 摩托车与戴姆勒

奥托继续进行实验和研究,使内燃机的性能更趋稳定和完美。到1880年,机器功率已由原来的4马力提高到20马力。内燃机出现之后,德国发明家戴姆勒敏感地看到了制造新型自行车辆的可能,开始了改造喷烟吐雾的蒸汽自行车辆的研究。但要把初生的内燃机用于自行车辆,必须首先解决其小型化问题。对引擎颇有研究的戴姆勒,经过4年探索制成了小型引擎,并于1883年用小型引擎制成了小型高效汽油内燃机。1885年8月,他把内燃机装在了两轮车上,制成了世界上第一辆摩托车。戴姆勒的内燃机由于改用汽油燃料而实现了内燃机的小型化和高速化,将发动机转速从过去煤气机的每分钟200转提高到了900转左右。改进后的内燃机被迅速运用于交通运输,促进了汽车工业的崛起。

福特驾驶自己制造的汽车

（四）汽车之父——本茨

19世纪中叶，燃烧汽油的内燃机制造成功，许多人设法把它装在马车上，取代马力来驱动车辆，成为"无马的马车"。德国的本茨和戴姆勒于1886年首先研制成功。其后，在英、法、美等国也相继出现，一时形成创造发明的热潮。本茨因此被誉为"汽车之父"。

本茨于1886年制成了世界上第一台小型汽缸，并用这一汽缸转动链式引擎，制成了比戴姆勒内燃机更为先进的小型高效内燃机。这一年，本茨把他的内燃机第一次安装在一辆三轮车上，制成了一辆重250千克、时速6千米的先进自行车。由于它用汽油内燃机作动力，所以被人们叫做"汽车"。但本茨的汽车还不具备今天汽车的外形。比如，他的车轮仍然是木料做的，仅按传统制造法在周围包了一圈金属，这就大大限制了车速的大幅度提高。1845年，英国工程师汤姆森想出了在轮子周围套上合适橡胶管的好主意，但直到1895年，人们才成功地把轮胎装在汽车上，从而具备了现代汽车的基本外形。本茨的汽车制成之后，官方出于经济考虑，长期阻止他正式试车，这使本茨苦恼到了极点。好在他的妻子是位勇敢的女性，她不顾官方阻碍，一天从车库里拉出车子，一阵发动后就"扑扑扑"地跑开了。马路笔直，汽车飞驶，"扑扑扑"的机器声震惊了路旁的行人。人们目瞪口呆地望着这位妇女乘坐汽车飞快驶离。跑了一圈之后，她把车子开回家里，推进车库"咔嚓"一声锁上了库门。妻子的勇敢使本茨试车成功了。今天，本茨的汽车被珍藏在德国慕尼黑科学技术博物馆里，由于保存良好，至今仍可发动。

（五）汽车的社会化

世界汽车工业最先形成于美国，亨利·福特是美国汽车工业化的先驱者，他于 1883 年开始从事汽车制造业。1903 年他创立的福特汽车公司，积极研制结构简单实用、性能完善而售价低廉的普及型轿车。1908 年 10 月正式投产 T 型汽车。该车排气量 2 892 毫升，25 马力，四缸四行程汽油机。1913 年他又创建了世界上第一条汽车装配生产流水线，并实行了工业大生产管理方式，产品系列化，零部件标准化。1914 年福特汽车年产量达到 30 万辆，1926 年达到 200 万辆；而每辆汽车的售价，由首批的 850 美元下降到 1923 年的 265 美元。由于福特不仅完成了现代汽车的总体结构模式，而且还使汽车工业走上了大规模的生产道路，因此福特汽车公司被誉为汽车现代化的先驱。可以说，从福特的 T 型汽车开始，人类才算真正地跨进了汽车时代。

第一次世界大战后，欧洲的工业遭受了极大的破坏，而美国的工业发展却突飞猛进，加上政府特别重视汽车工业，美国的汽车工业出现了飞跃。1923 年，美国汽车年产量达到 400 万辆，占全世界汽车年产总量的 91%。美国汽车工业的飞速发展，不仅使汽车工业成为美国最主要的支柱工业，也使美国经济长期称雄于世界。

自从 1913 年福特开始用流水线生产汽车以来，汽车的发动机、传动系统在生产实践中得到了进一步的改善，人们不断地把新型材料运用于汽车工业中。1980 年，美国的汽车年产量达到 1000 多万辆，成为世界上销量第一的汽车王国。陆上机动车辆的发展，大大带动了石油工业的发展，也促成了合成橡胶工业的发展。在汽车发展的同时，摩托车和自行车也获得了发展。

在这火车、汽车和轮船隆隆的行驶声中，宣告了以机器生产为标志的大工业生产体系的真正组成。

第十五章　航空航天时代

"那是一个人迈出的一小步，却是人类的一大飞跃。"公元1969年7月，来自地球的人类首次登上了月球，这个原来神秘的"广寒宫"只不过是一片荒凉。

我们的祖先很久以前就梦想着飞上天去，为了这个梦想一直在孜孜不倦地努力着。20世纪空间科学技术的发展实现并超越了这个愿望：空间飞行器从近地空间发展到远离地球36000千米的同步卫星，进一步到月球和行星际飞行；从无人卫星到载人飞船，到航天飞机和空间站。

今天，空间技术的发展迅速地从探索走向实际应用，进入了人类日常生活、经济活动、科学研究和军事活动等各个领域，在通信、广播、教育、导航定位、气象、资源开发、海洋利用、水灾等方面得到了普及。

一、飞行：梦想真成

人类受地球引力的束缚，只能在地表活动。像鸟一样在天空翱翔，像星一样在太空游弋，历来是人类梦寐以求的理想。后羿射日、嫦娥奔月等中国古代神话，反映了人们对宇宙奥秘的探索愿望。

在欧洲，意大利人达·芬奇分析了鸟的飞行原理，在1483年设计出了扑翼式飞机图纸。但由于当时科学技术水平的限制，他没能把自己的设计变成现实。

（一）浪漫的起步——热气球与飞艇

气球的发明促使了人类飞翔愿望的实现。

古代中国人最早利用热空气轻的原理发明了孔明灯。1766 年，英国人卡文迪许发现了氢，并了解到氢气比普通空气轻，这是后来用氢气球飞行的技术基础。1783 年，法国孟特格菲尔兄弟成功地把热气球上升到 1830 米的高空，而且飘飞了 1.6 千米，成为热气球升空的创始人。这次气球升空激发了飞行爱好者的热情，使气球飞行活动在 18 世纪末掀起高潮。但是热气球在高空中如果不继续加热，就会冷却下来，最终自动降落到地面。因而，氢气球和氮气球相继出现，并且成为科学考察、军事侦察等方面的重要工具。1911—1912 年间，奥地利物理学家赫斯使气球上升到 5000 米的高空，并因此证实了宇宙射线的存在。因为宇宙射线穿越大气层被吸收，在 1000 米以上的高空，宇宙射线的强度才明显增强，在 5000 米的高空，它的强度为地面强度的 2 倍。因此，赫斯获得 1936 年诺贝尔物理学奖。

后来，有人提出装上帆和桨来操纵气球的想法，这就是飞艇的原型。19 世纪末小型汽油机的出现，使操纵飞艇的制造获得成功。1900 年，德国齐柏林设计的第一艘飞艇进行试飞，以后又成立了德国飞艇航空股份有限公司，进行商业运营。接着法国也试制了飞艇。

（二）鸟类的启示——滑翔机试验

在 19 世纪后期较轻便的内燃机的出现，使得有人试图把气球改造成有发动机推进的飞行器，于是便产生了滑翔机。

人们仔细观察并试图模拟鸟的各种动作，发现鸟有时在空中不用扇动翅膀就可以作滑翔飞行。1853 年，英国发明家凯利制成了第一架载人滑翔机，并成功地载着一个 10 岁的小孩飞上了天空，开创了滑翔机实验的先河。接下来的几十年里，人们对滑翔机实验的热情始终不减，但得到的回报却是一次又一次的失败。于是就有人怀疑，是不是发明像鸟一样飞行的飞行器，就像发明永动机一样，是件永远不可能的事情。德国滑翔机实验研究者利达尔却深信人们能制造出这样的飞行器。通过多年的观察，他发表了《鸟的飞翔方法是飞上天空的基础》一书，指出人类虽然不可能像鸟儿

1891 年利达尔首次驾滑翔机在空中飞行

一样振动翅膀飞行,但却可以有一副不动的翅膀,利用风的浮动力在天空自由飞行。书中还详细介绍了人造翅膀的理想形式和构造。同时利达尔一生中还进行了两千余次滑翔实验。不幸的是,在他未能制造出飞行器之前,在1896年一次试验中,因为狂风导致机坠人亡。

(三) 实现梦想——莱特兄弟

飞行器可分为两类:一类轻于空气,一类重于空气。气球靠的就是空气浮力升空,它的总比重要比空气轻。那能不能造出比空气重的飞行器呢?人们从风筝联想到鸟儿那灵巧而结实的翅膀。就这样,人类渐渐接近了梦想了外缘。

1903年12月以前,人类还没有坐过任何比空气重的飞行器离开地面。是美国人莱特兄弟发明了世界上第一架现代意义上的飞机。

莱特兄弟出生于美国俄亥俄州代顿市,家境贫寒。年幼时他们就表现出对飞机的强烈兴趣。父亲曾送给他俩一架用飞行陀螺制作的、用橡皮筋作动力的直升机玩具,兄弟俩爱不释手,并依照着做了好几架,都成功地飞了起来。由于家境贫寒,兄弟俩都没能接受高等教育,只能靠修理自行车维持生计,但这也给了他们许多实际的经验。同时,兄弟俩都十分热心于飞行研究。他们经常阅读讨论有关飞行的报导和文献,关注着飞机研究的进程。而此时,一连串的飞行失败消息传了过来:1899年,英国技师皮尔查因试飞失事丧命;英国飞行专家马克沁试飞摔伤;法国技师亚德制作的飞机在飞行中摔得粉碎……但这一切都动摇不了兄弟俩的决心。为了获得经费,他们经营自行车生意。在制造和修理自行车的工作中,他俩掌握了大量机械和力学方面的实际知识。他们又吸取前人在飞机制造上不重视理论的教训,学习研究了许多基础理论和航空方面的文献。为了阅读利达尔的著作,他们顽强地学会了德文。

莱特兄弟的滑翔机

利达尔曾说过,"谁要飞行,谁就要模仿鸟",莱特兄弟就经常在地上仰卧着,一连几小时连续不停地观察鸟的起飞、升上天、盘旋、落地。他们发现,鸟在拐弯时,往往会将翼尖和翼边转动和扭动,以保持身体平衡。他俩首先把这种现象与空气动力学原理相结合,移植到飞机设计上。他们设计制造了一个小型风洞实验室,对各种飞机结构和翼型进行模拟实验和数字计算,研究过去飞机不能升上天空的原因,并设计新的翼型和推进器。在风洞实验中,他们发现把主翼两端之后缘都向上拉升时,就能保持左右两方的稳定,这正是鸟平衡的方法之一。为了验证他们的理论和设计,验证模型得到的启示,取得进一步改进飞机的资料,他们制造了翼端卷曲、装有活动方向舵的滑行机。从 1900 年到 1902 年,他们先后进行了 1000 多次滑翔飞行实验,获得了大量的宝贵数据。

1903 年,莱特兄弟在取得了大量滑翔飞行经验之后,计划往滑翔机上安装当时最先进的汽油活塞发动机。但安装多大的发动机合适呢?他们不清楚,而且也不懂得发动机的工作原理。于是,就一次次地往滑翔机上装砂袋进行实验,最后弄清了滑翔机的最大运载能力只有 90 千克。也就是说,安在滑翔机的发动机不能超过 90 千克,而当时人们生产出来的最小发动机至少有 140 千克。兄弟俩在一位名叫狄拉的机械工人的帮助下,经过许多曲折,终于造出了一部四汽缸、12 匹马力、重 70 千克的发动机。接着又试制了螺旋桨。就这样,一架用轻质木材为骨架、帆布为基本材料的双翼飞机制造成功,兄弟俩将其命名为"飞行者"号。该机的双层机翼能提供升力,活动方向舵可以操纵升降和左右盘旋,发动机推动旋桨,驾驶者俯卧在下层主翼正中操纵飞机。

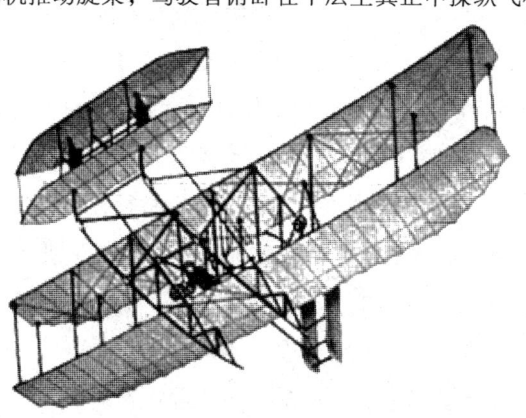

莱特兄弟 1903 年发明的飞机"飞行者"号

1903年12月17日，一个寒冷的冬日，在美国北卡罗莱那州基蒂霍克的一片荒沙丘上，浓重的冬云把整个天空遮蔽得严严实实。而莱特兄弟两个人天不亮就围着"飞行者"号忙活起来，他们这里看看，那里动动，两个人的身上都热气腾腾，因为这天是他们的杰作——"飞行者"号当众试飞的日子。前一天，莱特兄弟已在许多公共场所贴出了试飞预告，此时他们正热切地期待观众们的到来。可惜观众仅来了5名，人们对兄弟俩的举动仍是难以置信。试飞时间到了，莱特兄弟决定不再等了，小弟奥佛坐上飞机开始发动，"飞行者"号徐徐离开了沙丘。一米、二米、三米……"飞行者"号在12秒内飞行了约35米。"成功了！""飞行者"刚刚落地，沙丘上的5名观众和莱特兄弟就欢呼起来。虽然这次试飞时间很短，飞行距离也很近，但它用事实打破了"比空气重的机器不能飞行"的断言，开辟了人类航空科学技术的新纪元！

这次试飞成功，极大地鼓舞了兄弟俩。1908年他们又用"飞行者"号创造出连续飞行2小时20分23秒的新纪录。因此，他们的"飞行者"号被人们公认为世界上第一架飞机。

（四）自由的翱翔——现代飞机纵览

莱特兄弟的成功飞行很快传遍了欧洲，许多发达国家预见到飞机未来的价值，积极开展起大规模的研制工作。1906年10月14日，国际航空联合会在法国开会成立。为了刺激航空事业的迅速发展，法国专门设置一项奖金，奖给凡能绕标识往复飞行一千米的飞机制造者和驾驶者。绕过标识飞行要求飞机有良好的操纵性能，也是飞机能否进入实用阶段的一项关键性技术。1908年1月13日，法国人法尔曼驾驶他自己设计的飞机，成功地绕过标识往复飞行了一千米，使航空技术取得了一次突破，开始向实用阶段发展。1909年9月22日，第一次飞行竞赛大会在法国理姆举行，会上各种不同操作性能的飞机表演大大开阔了人们的眼界。参加者并且交流了研制飞机的技术和飞行技术，使飞机向更加实用的方向发展。其后，一系列跨海飞行竞赛活动，使飞机性能不断改进，飞机已完全进入实用阶段。应该提到的是，我国的飞行爱好者冯如、谢缵泰等也于此时在国外各自独立地研究飞机。冯如研发的飞机性能良好，1911年被运回国内，遗憾的是没有得到进一步的发展。

民用和军用飞机技术在第一次世界大战前后得到了长足的发展。1909年美国成为第一个拥有军用飞机的国家。二战后，活塞式飞机进入全盛期，同时飞机继续向飞得快、飞得高、飞得远的方向发展。涡轮式喷气发动机应运而生。1939年，德国首先研制成功以涡轮喷气发动机作动力的喷气式飞机（型号：HE178），但由于推力不大，没有显示出优越性，因而没有得到重视。1941年5月14日，英国第一架喷气式飞机（W1型）试飞成功。1949年，英国德·哈威兰公司研制出第一架喷气式大型客机"彗星1号"，使载客量一下提高一倍（达80人），飞行速度超过800千米/小时，飞行高度达1万米。20世纪60年代初，航空动力装置取得了新的突破，飞机的结构、外形、材料也相应得到发展，操纵性能和可靠性大大提高，喷气式飞机进入了第二代。第二代喷气式飞机的机身越来越光滑，机翼面积减小，翼型变薄，以减小飞机阻力。第二代喷汽机在材料上有重大突破，是采用钛合金和不锈钢做飞机的外皮，以适应高速飞行所产生高温（80℃）的要求。60年代末，喷气式飞机开始进入第三代，即现代飞机阶段。第三代喷气飞机的动力装置主要是向增加推力、降低耗油量、减少噪音、减少排放废气污染、增加寿命的方向发展，出现了能满足上述要求的高函道比涡轮风扇发动机。在结构形式和气动布局上，第三代喷气机要求在超高速飞行时有尽可能大的升力，而阻力尽量小；

美国波音767飞机的生产场景

同时应保证飞机在低速飞行时，有良好的操作性和升举特性，以确保飞机的安全。但是在这种设计思想指导下，会使飞行难度增加，因为，它们都离不开电子计算机的控制。只有借助计算机，驾驶人员才能掌握现代飞机的飞行。现代飞机在结构形式方面也取得了很大发展，钣金结构逐渐被整体结构和蜂窝心结构所代替，这些新结构不仅使飞机重量大大减轻，而且使强度大大提高。

在喷气飞机的基础上，第二次世界大战后飞机速度超过了音速，实现了超音速飞行。为了实现超音速飞行，美籍匈牙利人冯·卡门、马萨诸塞理工学院的萨克在空气动力学理论和实验方面作出了贡献。1947年10月14日，由美国飞机设计师贝尔设计的X-1号飞机首次突破了声速，实现超音速飞行。

除了上述技术突破外，还出现短距离起落、垂直升降、前掠翼、遥控飞机等技术，这些都是为适应军事需要而生产的。

此外，民用航空事业在战后有了很大发展，飞机已经成了重要的交通工具。目前世界上最大的航空工业公司——欧洲的空中公共汽车、美国的波音等，每年为全世界的空运提供成千上万架喷气式飞机。

二、火箭：冲破云霄

（一）开拓者——齐奥尔科夫斯基和戈达德

俄国科学家齐奥尔科夫斯基和美国科学家戈达德，各自在19世纪法国科幻小说家凡尔纳的《月界旅行》一书启发下，开始了对飞往月球的科学探讨。

《月界旅行》写的是三位冒险家乘坐一枚炮弹飞船，飞上月球探险的虚幻故事。该书出版后，齐奥尔科夫斯基和戈达德都立即想到了飞向空间的利器——火箭。

1857年出生于俄国森林看守人家庭的齐奥尔科夫斯基，小时因患猩红热几乎成了聋子。这一缺陷使他无法进学校学习，但是他依靠自学获得了丰富的知识，并长期从事飞行研究。他认为实现宇宙飞行的理想工具是火箭，也只能是火箭。火箭的燃料应该用液氢和液氧，同时用多级火箭来克服地球引力而飞上太空。

齐奥尔科夫斯基为火箭的制造奠定了理论基础，美国人戈达德将它付诸实践。他在1919年发表了火箭研究论文后，便转入了制造实验工作。1926年，他终于在马萨诸塞州的田野上，将一枚60米的大火箭送上了高空。这枚火箭用的是液体燃料。

（二）现代火箭鼻祖——冯·布朗

20世纪30年代，为了将火箭用于战争，希特勒政府投入很大的力量支持火箭研究。在冯·布朗的支持下，德国的火箭事业取得突破。1942年10月3日，制造并试飞成功液体火箭V-Ⅱ，最大速度为每秒1.5千米，射程300千米。火箭总重13吨、推动力27吨、最大高度80千米，其所用的推进剂是酒精和液氧的混合物。1944年V-Ⅱ型火箭被投入战争，共发射4300枚。

战后，美苏各自俘获大批德国火箭专家和设备，并成为德国火箭制造成就的继承者。科学家们施放大批V-Ⅱ型及其改进型火箭作为探空火箭来探测50千米以上的高空，获得许多宝贵的高空知识。美苏政府的军事对抗刺激火箭事业迅速发展。美苏政府和军方都看出，一旦火箭头部安装核弹，并提高它的射程和制导水平，它就会成为强大的威慑力量。到20世纪50年代下半叶，火箭事业的进步使它足以成为飞出地球的运载工具，从而促使了航天时代的到来。

（三）现代科技之花——运载火箭

运载火箭通常是由几个单级火箭组成，连接形式可以是串联式，还可以是并联式，还可以是串并联组合式。串联式运载火箭各级头尾相接，并联式各个火箭捆绑在一起，串并联组合式大多数下面级并联，上面级串联。整个运载火箭分为箭体结构、动力装置和控制系统三大部分。箭体结构有仪器舱、液体推进剂箱、尾段或尾翼；动力装置包括火箭发动机和液体推进剂输送系统；控制系统包括制导系统、姿态控制系统以及地面测试系统、瞄准发射系统和电源设备等；控制系统像飞机的驾驶员，可以操纵运载火箭，以便把卫星、飞船等有效载荷送到预定位置。计算机技术的飞速发展和微处理机的广泛应用，为火箭控制系统提供了良好的控制器件，计算机装进了运载火箭体内，成为运载火箭控制系统的重要部件之一，它担负着信息处理、信息转换及传输等重要任务。火箭飞行一旦偏离了预定轨道，计算机便会及时地提供误差信息，对错误的飞行轨道进行修正，以保证运载火箭按正确的轨道准确无误地进入预定位置。

（四）多级运载火箭争奇斗艳

近一二十年来，航天活动非常活跃，为发射载人飞船、地球同步通信卫星及空间站，各国相继研制成功各种类型的大型运载火箭。如美国的巨型火箭土星——5号，苏联的上升号、礼炮号和质子号火箭，欧洲的阿里亚娜火箭，日本的N火箭和H火箭，我国的长征运载火箭等。

用于发射登月飞船的巨型火箭土星1号由三级组成，第一级用液氧、煤油作推进剂，第二、三级用液氧液氢作推进剂，起飞重量为2930吨，推力为3450吨，直径为10米，长度为85米，运载能力低轨道137吨、登月轨道48.8吨。这是一个名符其实的庞然大物，但只需人的一个手指按一个按钮，就义无反顾飞向太空。

有"欧洲之光"美称的阿里亚娜火箭，初出茅庐，就要与美国航天飞机分庭抗礼。1984年8月一举成功地发射两枚地球同步通信卫星，更使阿里亚娜火箭荣耀一时。

三、卫星：一览众山小

（一）领头羊——苏联"旅行者"升空

当火箭技术、通信技术、自动化技术、材料技术都达到了新的高度，人类梦想的空间时代终于到来了。第一颗人造卫星是由苏联送上天的。

1957年10月4日，世界上第一颗人造地球卫星"旅行者号"在苏联拜克尔发射一场由USSR-1三级火箭送上轨道。这个直径22.8英寸，重184磅的

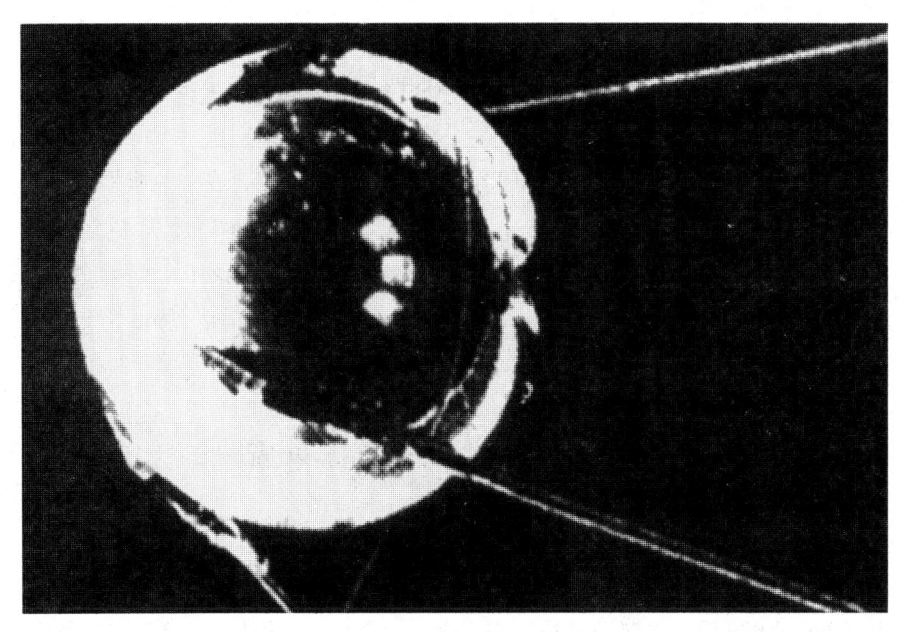

世界第一颗人造卫星

金属球体，每96.2分钟绕地球一周。它带有测量温度、压力的仪器，并利用两台无线电发射机发射信号，来研究电离层的结构。第一颗人造卫星的上天，标志着空间技术进入一个新时代。一个月后，苏联又将第二颗人造卫星"旅行者2号"送上轨道。这颗人造卫星比第一颗重，而且还将一条叫"莱卡伊"的狗连同科学仪器送上太空。如此急促的脚步，可见苏联把人送上太空的愿望是何等迫切。

整个美国对苏联将第一颗人造卫星送上天感到十分震惊，美国政界一片慌乱。1957年10月22日，副总统尼克松在旧金山演讲时，声称马上可在空间技术上赶上苏联。与此同时，美国采取了一系列紧急措施，以保证空间技术能高速发展。11月7日，总统艾森豪威尔宣布设立总统科学顾问职位。11月21日，成立了火箭和卫星研究小组。22日美国航空咨询委员会组织了一个特别委员会专门负责空间技术。1958年1月29日，艾森豪威尔宣布成立高级研究计划局，在国防部领导下，将导弹和卫星研究集中在一个组织内。

由于美国想尽快摆脱困境，急于求成，也曾闹过一场笑话。苏联卫星上天后不几天，美国海军"先锋"空间计划的负责人海根博士声称，假如一切顺利的话，11月或12月可以试发射一枚三级"先锋"火箭。被苏联弄得晕头转向的白宫领导人，竟将这次火箭发射误认为是卫星发射，并急急忙忙向

第十五章 航空航天时代

外宣布：美国将在短期内由海军发射一颗人造卫星。这种荒唐的宣布，迫使"先锋"计划的组织者将发射火箭和卫星的两步计划并成一步来完成。这可以说是"先锋"号失败的一个原因。

1957年12月6日，"先锋"（TV-3）火箭带着卫星，在一大批军政要员和新闻记者面前，仅仅上升了2米就退回到发射台上，在一团大火中烧毁。但不久之后，美国研制的第一颗人造地球卫星——"探险者1号"利用新型火箭（talas C型）于1958年1月31日在加利弗角发射发功。这颗卫星仅重18磅，每115分钟绕地球一周。

（二）据锯战——美苏争霸

美苏的空间竞赛自此拉开了序幕。

1958年3月15日，苏联第三颗人造卫星"飞行实验室"进入轨道，这颗卫星重达7 000磅，这是卫星技术的一次大的进步。为了与之抗衡，美国海军于3月17日将重仅为8磅的"先锋1号"送上轨道。"先锋1号"在重量和火箭技术上无法与苏联卫星相比，但它首先采用了太阳能电池，在卫星能源上优于苏联。

美国采取了一系列有力的措施，于1958年成立了美国国家宇航总局，力图迅速赶超苏联空间技术发展的步伐。事实上，这一切对美国空间技术的发展起到巨大的推动作用。1958年10月11日，美国成功地发射了第一颗空间科学探测卫星"先驱者1号"，飞行43小时后又重返大气层，这显示美国卫星已具有很好的操纵性能。12月18日，美国又发射了"成功计划"卫星，并第一次从太空向地面播送人的声音。苏联则于1959年1月2日发射了一颗人造卫星"梦想1号"，又一次将美国甩在后面。3月3日，美国也发射了一颗人造卫星"先驱者4号"。9月12日，苏联的"梦想2号"在月球硬着陆（即撞在月球上），使月亮上第一次出现了人造物体。1960年10月4日，苏联发射了"梦想3号"作为月球的卫星。8月10日，美国成功地回收了卫星，8月15日，苏联则将载有两条狗和其他动植物的"太空舱2号"卫星回收。在这一阶段竞赛中，苏联一直跑在前面。

1964年8月19日，美国成功地发射了第一颗同步静止地球轨道卫星（又简称为同步卫星），该卫星的周期为24小时，与地球自转精确同步。卫星轨道处在地球赤道平面内，相对于地球永远静止在一点上，它标志着火箭和卫星技术达到了一个新水平。同步卫星是极好的通讯工具，它距地面约36000千米，要求推力强大的运载火箭、复杂的轨道设计以及精确的制导和控制能力。时至今日，卫星已在国民经济和人民生活中得到了日益广泛的应用，最引人注目的是通信卫星、气象卫星和地球资源卫星。当我们坐在电视机前看世界杯的时候，这种现场的信号就是通过卫星传送，而小小的手持电话的信号同样是通过卫星传送的。

四、载人飞行：太空，并不遥远

（一）"东方1号"与加加林

在随后的几年里，美、苏两国一方面发射不同轨道和高度的人造地球卫星，探索高层大气的结构、空间磁场的分布和变化，拍摄地球表面及低空云层的图片，利用卫星进行远距离通信和军事侦察，大大地促进了空间科学及其他学科的发展；另一方面试图将宇航员送入高空，探索人类飞向其他星球的可能性。

航天器的返回是一项重要的空间技术，对于提高各类航天器的使用价值和发展载人飞船有着重大的意义。1960年8月11日，美国在经历了12次失败后，第一次回收到从卫星上弹射出来的回收舱，这是航天活动中的一项重要进展。

回收技术的发展，为载人飞船创造了条件。载人飞船要求有极高的精度和可靠性。由于飞船的重量要增到数以吨计，对运载能力也提出了新的要求。载人飞行还需要训练有素的飞行员，他们具备超群的体魄、智力和技能。

1961年4月21日上午9时7分，苏联宇航员加加林少校乘坐"东方1号"飞上了天空，在327千米的高空上，加加林逐步适应了失重的环境，顺利完成了预定的各种实验。上午10时55分，飞船从北非上空返回大气层，机械舱自动脱落，只剩生活舱在大气层中下降，离地面7700米时，加加林与坐椅一起被弹出，随降落伞徐徐下落，安全飘落到地面。这次太空飞行持续了108分钟，绕地球一周，成功地实现了人类历史上第一次太空飞行。这一创举，轰动了全世界，证明了人类可以征服太空，加加林也成为划时代的英雄。

（二）阿波罗登月计划

1959年，美国提出了"奔月"的设想，即"阿波罗登月计划"。1961年5月，美国总统肯尼迪正式批准了"阿波罗"计划。

在加加林飞出地球的43天之后，美国总统肯迪尼正式宣布："美国要在10年之内，把一个美国人送上月球，并使他重新返回地面。"

阿波罗计划主要分三步走：第一步，是"水星计划"，即将宇航员送上太空，以测试人在太空中的活动能力。这项计划很快就成功了。1963年5月15日，"冰星1号"载人发射，飞行了34小时，绕地球21圈，"水星计划"宣告结束。

第二步，是"双子星座计划"。这个计划有两个目的，一是测试人在太空中长时间停留可能引起的生理问题，二是将两个航天器在太空中对接，从而奠定登月技术的基础。该项计划实施得也比较顺利，1965年"双子星座3号"飞船做了变轨实验；同年，"双子星座7号"和"双子星座6号"做了太空会合实验，"双子星座3号"在太空中飞行了14天，宇航员的身体安然无恙。

第三步，是"土星计划"，即制造能将载人飞船送出地球进入月球轨道的大动力火箭，最终完成登月计划。1965年4月，在冯·布朗的领导下，研制出了"土星5号"火箭，它总长85米，竖起来有30层楼那么高，由三级组成，其第一级推力达3500吨。"土星5号"是"阿波罗计划"中最关键的一环，它

宇航员在月球上收集标本

的出现标志着在运载火箭技术方面，美国已经超过了苏联。"阿波罗计划"终于可以实施了。

阿波罗飞船由指令舱、服务舱和登月舱三部分组成：指令舱是飞船的核心部分，而且最终由它将宇航员送回地球；服务舱主要装燃料和宇航员的生活资料，包括氧气、食物和水；登月舱在登月时与母舱分离，宇航员由此登月。

在美国宇航员组织下，动员了2万多家厂家，120多个高等院校和科研所，400多万人参加，开发项目1300多个，共耗资250亿美元，历时9年，整个系统共使用300多万个零部件。1967年还因火箭发射台起火导致3名宇航员丧生。

美国东部时间，1969年7月21日下午4时17分40秒，"阿波罗"在月面上"静海"南部安全降落。阿姆斯特朗率先走出登月舱，一步一步走下了阶梯，在月球上留下了我们地球人的第一个脚印，他兴奋地说："这一步，对

世界第一艘载人宇宙飞船

一个人来讲只是一小步,而对整个人类却是一次飞跃。"奥尔德林紧跟其后也踏上了月球,他们在月球上微弱的引力下一跳一跳地走动,"这是一个荒凉冷寂的世界,没有生命,没有一丝绿色,故乡地球像一个明亮的圆盘悬托在月球上林立的高山丛中。"他俩将一块特制的金属牌竖立在月球地面上,并默念:"公元1969年7月,来自行星地球上的人类首次登上月球,我们为和平而来。"金属牌下放置了5位遇难宇航员的金质像章。他们在月球上两个半小

宇航员在月球上做实验

时,并将在月球上拍摄的电视片传回地球,安放了 3 种科学实验仪器,采集了 60 磅月球上的石块和土壤标本。按计划阿姆斯特朗和奥尔德林两人驾驶"登月舱"离开了月球,与在空中等候的柯林斯驾驶的"哥伦比亚号"会合,并开始返回地球。24 日,指令舱重新进入大气层,安全降落在太平洋上,阿波罗登月计划成功了。

自阿波罗 11 号登月成功之后,美国又相继进行了 6 次登月飞行(阿波罗 12 号、13 号、14 号、15 号、16 号和 17 号),除了 13 号外,其他都获得了成功。前后共有 12 名宇航员在月球上作了较久的停留(总计 302 个小时),利用"月球车"进行较远的探索,并搜集了 365.9 千克月球岩石和土壤标本。1972 年 12 月,"阿波罗 17 号"执行了计划中最后一次飞行。此后,人类又向着新目标迈进。

(三) 空间站与航天飞机

进入 70 年代以后,一个接一个的发射计划耗费了巨额资金和大量的人力、物力,但由于科学技术和军事、政治上的需要,空间竞赛活动仍有增无减。巨大的消耗迫使人们必须考虑能否让航天器重复使用?甚至一直让它待在空中,做永久性的科学考察?正是在这种思想的指导下,出现了空间实验室(空间站)和航天飞机。由于这些活动所需要的人力和物力也极多,一个国家要同时发展也是十分困难的,考虑到各自的条件,出于各自的政治、军事目的,苏联主要发展空间站,美国重点是航天飞机,他们在这两项现代技术中各显神通。

空间站是环绕地球运行的半永久性的空间实验室,用来进行长时间的科学和应用研究,世界上第一个空间站是"礼炮 1 号",它是 1971 年 4 月 19 日苏联发射的小型实验性空间站。4 月 23 日,由东方号火箭把载有 3 名宇航员的"联盟 10 号"飞船送上天空,24 日飞船和空间站对接成功,5 个半小时后飞船与空间站分离,然后飞船载着宇航员安全返回地面。6 月 7 日,空间站又与"联盟 11 号"飞船对接,飞船中的两名宇航员顺利地进入到空间站工作,经过 24 天后宇航员又回到飞船并与空间站分离,但在返回地球的途中,3 名宇航员因飞船爆裂而牺牲。1977 年 9 月 29 日,苏联又发射了"礼炮 6 号",这是最早的正式空间站。

而同时期的美国,则将研究重点放在了航天飞机的开发上。航天飞机是一种可重复使用的新型宇宙飞行器,它是运载工具和飞行器的统一体。美国的"哥伦比亚号"航天飞机于1981年2月20日进行了点火试验,完成了起飞前的主要准备工作。4月12日,"哥伦比亚号"首次飞上高空,并安全返回地面,经过修理后,又三次飞入太空,由此证明它具有反复进入太空的能力。1982年11月11日,"哥伦比亚号"完成了第五次飞行,这是航天飞机第一次进行业务飞行,主要任务是从航天飞机货舱送出两颗通信卫星。航天飞机现成为重要的航天工具。

美国"哥伦比亚"号航天飞机

(四) 中国航天事业

中国航天事业是在基础工业比较薄弱、科技水平相对落后,以及特殊的国情、特定的历史条件下发展起来的。中国独立自主地进行航天活动,以较少的投入,在较短的时间里,走出了一条适合本国国情和有自身特色的发展道路,取得了一系列重要成就。中国在卫星回收、一箭多星、低温燃料火箭技术、捆绑火箭技术以及静止轨道卫星发射与测控等许多重要技术领域已跻身世界先进行列;在遥感卫星研制及其应用、通信卫星研制及其应用、载人飞船试验以及空间微重力实验等方面均取得重大成果。

中国于1970年4月24日成功地研制并发射了第一颗人造地球卫星

"东方红一号"，成为世界上第五个独立自主研制和发射人造地球卫星的国家。

中国还独立自主地研制了 12 种不同型号的"长征"系列运载火箭，适用于发射近地轨道、地球静止轨道和太阳同步轨道卫星。"长征"系列运载火箭近地轨道最大运载能力达到 9200 千克，地球同步转移轨道最大运载能力达到 5100 千克，基本能够满足不同用户的需求。

2008 年 9 月神舟七号载人航天飞行又获得了圆满成功。我国 3 名航天员首次成功实施空间出舱活动和空间科学实验，实现了我国空间技术发展的重大跨越。这一举世瞩目的伟大成就向世界宣告，中国已成为世界上第三个独立掌握空间出舱关键技术的国家。

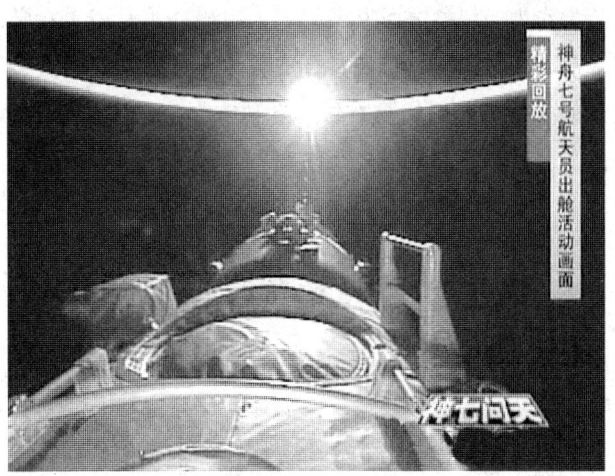

第十六章　20世纪的遗传学

克隆羊"多利"的诞生，引起了人们极大的恐慌，"多利"的出现使"克隆人"的出现不再只是幻想。当有一天出现"克隆一个你，由你领回家"的奇观时，你将怎么办？

如果将19世纪描绘成物理学的世纪，那么20世纪将毫无疑问地被看做生物学的世纪。20世纪生物学的发展中，遗传学的发展尤为引人注目，不断带来令人震惊的消息。

一、崭新的科学——古老的问题

阻碍遗传学作为一门科学而发展的最大障碍并不是由于科学家们对这一课题了解得太少，而是因为他们所掌握的遗传方面的资料"太多"——其中大多数是错误的。要在众多的带有错误和传奇色彩的生命现象中理出头绪，是十分艰难的。尤其是当宗教和科学混淆在一起时，人们自己就已经摸不着头脑了。

（一）古老的信念和神话

中国上古时期的阴阳理论明确指出，雄为阳，雌为阴，雌雄相交才可以产生新生命。可见人类早就已经知道了两性的重要性以及交配行为与繁殖后代的关系，并把这方面的知识运用在实践之中，例如，为了特殊目的对动物和人进行阉割。虽然直到17世纪，科学家们才发现植物也有性别，但是，在非常遥远的古代，亚述人就已经细心地对枣椰树进行传粉，并且还通过雄树和雌树的比例来保证丰产。

虽然在正常情况下,生殖只涉及同一种内不同性别的个体,但是关于奇怪的杂种和畸形怪胎的神话、传说和故事却使人们更加相信不寻常的交配能产生稀奇古怪的新后代,从而使流行的关于生殖的概念笼罩着神秘的色彩。神话中的生物,像半人半马、半牛半人的怪物,很容易让人们联想到这些怪物是人和动物杂交的结果。

婚配观念在历史上发生过巨大的变化,往往采取完全相反形式。最突出的是主张近亲繁殖是有益的:埃及的法老们常常与他们的姐妹或异父(母)姐妹进行婚配;希腊人则认为叔叔同侄女(或舅舅同外甥女)结婚很有好处;虽然禁止母亲同儿子的婚配,但是俄狄浦斯(俄狄浦斯是希腊神话中的底地斯王子,误杀其生父,与生母伊娥卡斯拉结婚)和伊娥卡斯拉生的后代却被认为特别优秀。

许多古代神话留下了处女生育、单性生殖和单亲繁殖的传说,如雅典娜就是全副武装地从宙斯头中跳出来的。

(二) 遗传问题的提出——拉马克

拉马克是法国杰出的生物学家,是他最早在一片混乱和朦胧中为遗传学理出点头绪的。1809年,他在《动物学哲学》中,首次突出地提出了遗传问题,并以其著名的获得性遗传理论来解释动物性状的变异和进化,但被日后生物学的实验成果否认。然而,拉马克对遗传问题的贡献却是不可磨灭的,是他最先把遗传和进化联系起来,使遗传成为人们所关注的生命现象。

(三) 遗传规律的探索——达尔文

达尔文在他的巨著《物种起源》中多次论及遗传问题,并把遗传和变异一道作为他的自然选择原理的基本范畴。达尔文提出探索遗传规律的必要性。他说:"支配遗传的诸法则,大部分是未知的。没有人能够说明同种的不同个体或异种间的同一特性,为什么有时候能够遗传,有时又不能;为什么子孙常常重现祖父或祖母的某些性状,或者重现更远祖先的性状;为什么一种特性常常从一性传给两性,或只传给一性。这些对我们来说是一个相当重要的事实。我想,我们可以相信这样一个重要的规律,即一种特征不管在生命的哪一个时期中初次出现，它有在后代里重现的倾向，虽然有些时候会提早一些。在许多情形下，都是这样。例如，头角的遗传特性，在后代里仅到快要成熟的时期才会出现；蚕的各种特性，只在相应的幼虫时期或蛹虫中出现。但是，能遗传的疾病以及其他一些事实，使我相信这种规律可以有更大的范围，即一种特性虽然没有明显的理由应该在一定的年龄出现，可是这种特性在后代出现的时期，是倾向于在父代初次出现的同一时期。我相信这一规律在解释胚胎学的法则上是极其重要的。"

达尔文的这段记述使我们可以清楚地看到两点：其一，达尔文认为遗传本身是有规律的；其二，达尔文已认识到遗传现象中某些带有规律性的问题。同拉马克相比，达尔文向前迈进了一大步，给遗传学这个当时还处于阴暗和荒凉中的神秘岛再次投射进了光明。

二、豌豆的启示——遗传学的产生

（一）遗传学的创始人——孟德尔

孟德尔是奥地利生物学家，他通过著名的豌豆杂交实验发现了现代遗传学的基本规律。孟德尔生于西里西亚的一个农民家庭，1851年他进入维也纳大学，广泛地学习了物理学、化学、动物学、昆虫学、植物学、古生物学和数学，奠定了宽阔的知识面。

1853年，31岁的孟德尔回布隆当了神父；过了不久，成为一家修道院的院长。修道院清闲的生活使得他有条件从事所喜爱的植物学的研究。他试图通过植物的杂交育种实验，来观察植物的遗传性状和遗传现象，并看看其中是否存在什么规律。

（二）分离定律

1857年，在修道院的花园里，孟德尔开始了他的豌豆杂交实验。在实验开始之前，孟德尔仔细研究了豌豆的不同性状，从中选择了7对性状明显不同的14个纯种做实验材料，即茎的高与矮、种子的圆滑与皱缩、子叶的黄色与绿色、成熟荚形的膨大与皱空、种皮的白色与灰色、未成熟荚的绿色与黄色、花位的腋生与顶生。每对性状间没有中间性状，所以被称为相对性状。

孟德尔进行了一个实验，是同一对性状间的杂交。他把豌豆进行人工授粉，杂交得到子一代后，再让他们自行授粉产生了二代。孟德尔看到，若使纯种红花豌豆与白花豌豆杂交，子一代全部开红花，只表现双亲中红花亲本的性状，白花亲本的性状似乎消失了。为了研究的方便，孟

遗传学的创始人孟德尔

德尔把在子一代表现出来的性状称为显性性状，没表现出来的性状称隐性性状。

接下来，孟德尔让开红花的子一代杂种自行授粉，产生了二代，结果他看到在子二代杂交植物中，奇迹般地出现了四分之三开红花、四分之一开白花的现象，子一代中的隐性性状在这里又表现了出来。他在七对相对性状的这种实验中，都观察到了这种现象。这说明，杂种一代的显性豌豆与亲本纯种的显性豌豆在本质上是有区别的，也就是说它们的表现型相同，但遗传性不同。这一点使孟德尔确信：虽然杂交第一代没有反映出隐性亲本的性状，但是豌豆的遗传因子确实传给了杂交一代。

孟德尔对上述现象是这样解释的：

（1）每个生殖细胞内部都有控制性状发育的因子，即我们今天所说的基因，它们是遗传性状的决定者；

（2）在体细胞中，这些因子是成对地存在着的；

（3）成对的因子在生殖细胞成熟的过程中分离，各进入一个生殖细胞中，结果每个生殖细胞只有成对因子中的一个；

（4）到了受精的时刻，精子与卵子结合为一，且各带一个因子结合在一起，因此又恢复成有一对因子。

据此，孟德尔得出了他的生物遗传分离定律，即我们今天说的遗传学第一定律。他说，生物在形成生殖的细胞时，成对的因子彼此分离，分别进入不同的生殖细胞中。因此，由于隐性因子没有消失，就会在子二代表现了出

来。从子二代所看到的相对性状的分离现象，就可知道子一代的相对因子彼此发生分离是其原因。

（三）自由组合选择定律

在分离定律的基础上，孟德尔又做了第二性状的杂交实验，取得了一系列新的成果。例如，他把具有黄色同时是圆形的、绿色同时是皱形的两种不同性状豌豆杂交，所得子一代豌豆都是黄色圆形。这里，黄色对绿色来说是显性，圆对皱形来说是显性，两个显性性状都表现了出来，两个隐性性状都没有表现出来，与孟德尔分离定律是一致的。但接着让子一代自行授粉。其子二代都出现了一个新现象，即不但生出了黄色圆滑和绿色皱缩型，还出现了黄色皱缩和绿色圆滑两种新类型。这四种类型也有一定的比例：黄色圆滑为9，绿色圆滑为3，黄色皱缩为3，绿色皱缩为1。

接着，孟德尔又实验了三对、四对以至多对性状同时遗传的情况，并对上述比例作出了解释。即两种因子中的成对因子，分别是显性和隐性因子结合的杂种，在形成生殖细胞时除成对因子要分离外，不成对因子之间的传递互不相干并且能够自由组合，而且自由组合的机会均等。这样就可以从两对杂种因子中分离出数目相等的四种配子，它们的自由结合就会结出四种不同表现型的杂种二代，出现它们之间的9∶3∶3∶1的必然规律。

根据这些结果，孟德尔提出了自由组合的遗传定律，即遗传学第二定律：生物的生殖细胞在形成过程中，不同对的等位因子可以自由组合，而且组合的机会均等，存在于不同的配子中。为了验证这一定律，孟德尔又进行了子一代与亲本的双隐性纯种杂交实验，证实了自由组合定律的正确性。

自由组合定律在育种实践中具

孟德尔在花园进行豌豆杂交实验时，发现了生物遗传规律。

有重要的意义，在杂交的子二代中出现了新类型，为培育新种提供了新方法。例如，把一种产量高但抗病菌弱的品种与一种产量不高但抗病力强的品种杂交，在子二代中就可能出现产量既高、又有强大抗病力的新品种。这就是我们今天常用的育种方法之一。

孟德尔通过8年的豌豆杂交实验，运用统计学推论的方法，得出了遗传学的重要结论，奠定了遗传学的基础。然而，孟德尔的工作在当时却没有被社会承认。

当孟德尔把他的划时代的发现抄寄给当时的瑞士著名植物学家内格利时，内格利竟不以为然地认为，数数豌豆是不可能发现遗传规律的。1865年春，孟德尔于奥地利自然科学学会第二次会议上公布了他的结果，也没有引起重视；1866年，他的论文《植物杂交实验》发表在奥地利自然科学学会本刊上，结果还是无人问津。

1884年，孟德尔默默地与世长辞了。不是时人不识珍珠，而是科学技术的发展还没有达到接受孟德尔理论的时机。他的理论走在时代前面太远了。珍珠被尘土掩埋了起来，真理一时黯淡了下来，创造了惊天动地的科学业绩的孟德尔的一生，竟是在无声无息中度过的。相反，如果孟德尔的工作受到广泛的重视和支持，必将掀起一个遗传规律研究的高潮，大大促进遗传学的纵深发展。

孟德尔的花园

三、遗传学的突破

（一）孟德尔的再发现

在 20 世纪的第一个年头，三位互不相识的生物学家各自独立地做出了支持孟德尔的发现的相同结论，从而使孟德尔遗传定律重见天日，他们是荷兰的德弗里斯、德国的柯林斯和奥地利的切马克。他们本以为自己做出了新发现，却惊奇地发现早在 1866 年孟德尔就做出了与自己一致的结论。

1906 年，英国生物学家贝择森提出了"遗传学"一词，以称呼这门研究生物遗传问题的新学科，开辟了遗传学的新纪元，使得遗传学在 20 世纪成为闪耀的明星。

（二）染色体的发现

科学家们总结了前人的成果，开始着手来解决下列问题：孟德尔提到的遗传因子是什么？

由于细胞学取得的一系列成就，直接为遗传学的发展奠定了理论和实验基础。从施莱登和施旺创立了细胞学以来，人们相继发现了细胞里的原生质，发现了体积约为细胞十分之一的细胞核，发现一切细胞都是细胞分裂自生的。1879 年，德国生物学家弗莱明发现了细胞中的染色体，又发现用碱性苯胺染料可让透明的细胞核内的微粒物质染色，从而观察细胞分裂全过程，并得出结论："细胞分裂时染色体准确均等地分装和分配。"

他用这种方法看到了细胞分裂的全过程：微粒状的染色质先聚集成丝状，再分成数目相同的两半，形成两个细胞核，生成两个细胞。因此，弗莱明把细胞分裂叫做有丝分裂。1888 年，德国生物学家瓦尔德尔称聚集的杂色质为"杂色质"，一直沿用至今。人们还发现，每种动植物的细胞里都有特定数目的染色体。在细胞分裂之前，染色体数目先增加一倍，因而有丝分裂后的子细胞具有与母细胞数目一样多的染色体；而生殖细胞经过减数分裂，每个精细胞和卵细胞的染色体数目都只有体细胞的一半。

（三）细胞学与遗传理论的结合

美国生物学家萨顿（1877—1916 年）最早提出：细胞的染色体和孟德尔的遗传因子之间存在着平行关系。因为它们都成对存在，形成配子时分离，受精后又重新配对。这使得细胞学和遗传学紧密结合起来。

1903 年，他在题为《遗传中的染色体》论文中预言：进一步的工作将证明："父本和母本的染色体联合成对及它们的以后在减数分裂中的分离……将构成孟德尔遗传定律的物质基础。"萨顿还指出：不同对的染色体的随机分组可以理解成对基因的独立分离。这些工作终于把细胞学和遗传结合起来，产生了极其丰硕的成果。就这样，细胞遗传学以崭新的姿态在生物科学界出现了。

（四）果蝇实验与基因遗传理论的验证

1909 年，美国生物学家、哥伦比亚大学生物学教授摩尔根（1866—1945 年），开始以果蝇为材料作遗传学的研究。

摩尔根出生于孟德尔发表豌豆遗传论文的 1866 年。青少年时代的摩尔根喜欢游历自然风光，多姿多彩的大自然吸引他走上了探索生物奥秘之路。1886 年，摩尔根考入霍普金斯大学研究院读研究生，主要研究生物的形态学，获得了博士学位。

摩尔根在果蝇身上发现了性别遗传机理的一个重要事实：雌果蝇细胞里的四对棒形染色体是完全成对的，卵子从这四对棒形染色体中各得一个，因此所有卵细胞中的染色体组成都是一样的；而精子中的染色体组成就不同了：雌果蝇细胞里的四对染色体里，有三对是棒形染色体，有一对是由一个棒形染色体和一个钩形染色体组成的。所以半数的精子细胞由四个棒形染色体组成，半数由三个棒形染色体和一个钩形染色体组成。棒形染色体称 X 染色体；钩形染色体叫 Y 染色体，也叫性染色体。如果由 X 染色体组成的精子使卵子受精，就发育成雌果蝇；由三个 X 染色体和一个 Y 染色体的精子使卵子受精，就发育成雄果蝇。

这个发现告诉摩尔根，生物性别的遗传是由性染色体决定的，也就是说生物性别的遗传因子在性染色体上，性染色体是性别遗传因子的物质承担者。

他在1910年发表了关于果蝇的性连锁遗传的论文，将一个基因和一个具体的染色体的行为联系起来了。

摩尔根并没有因这一项重大的发现而断定染色体就是遗传因子，他在继续进行新的实验以获得强有力的证据。1910年，摩尔根对他饲养的一群野种红眼果蝇进行了放射线照射，在子一代中获得了一只白眼雄果蝇。用这一只白眼雄果蝇与一群正常的红眼雌果蝇交配所生第一代雌雄果蝇均为红眼；他让这些第一代杂种杂交，生出的第二代果蝇白眼性状只在雄性中出现。摩尔根又使用白眼雄果蝇与纯种红眼果蝇杂交，所生第一代果蝇凡是雌性概为红眼，凡是雄性概为白眼。摩尔根联想到了果蝇的性别遗传机理，意识到白眼性状的遗传因子是和决定性别的因素联系在一起的。果蝇的白眼性状只遗传给雄性，说明白眼性状是由随性染色体遗传的，这叫做"伴性遗传"。

通过长期的实践与探索，摩尔根终于认定：染色体就是遗传因子（1909年，美国生物学家约翰逊把遗传因子改称遗传基因）的载体。这是一个伟大的结论，它为遗传基因找到了物质基础，使遗传的染色体学说不再是空洞抽象的概念；同时，它指出了某一遗传基因位于某一染色体上，为人们探索生物遗传机理开拓出了一条新路。此外，他还探索了基因的部分缺失、重复、倒位和移位等畸形变异及其意义。

摩尔根和他的学生们根据实验资料，成功地推断出了一对对基因在染色体上的具体位置，创立了染色体——遗传基因理论。

1926年，摩尔根总结了20余年的研究成果，出版了《基因论》。在这本遗传学名著中，他将遗传物质——基因描述为像念珠一样按照一定的次序排在染色体中的一种颗粒体；染色体是基因的物质承担者，每一个基因都在染色体里占据一定的位置；在细胞分裂期间，染色体都能将自己复制。同时，他还阐述了基因的连锁和互换规律，解开了生物变异之谜，弥补了达尔文进化论的不足，为人们进行杂交育种和遗传病的预防提供了理论基础。

（五）核酸的发现

核酸（DNA）的发现，已被称为20世纪的重大科学事件，但他的发现者米歇尔也受到与同孟德尔相似的遭遇：100多年前就发现了"核素"（后来发现核素呈酸性，便改称为核酸），却无人问津。

米歇尔于 1868 年获得医学博士学位以后，来到图宾根学习生理化学。他首先从事脓细胞化学的研究，脓细胞是从外科病人使用过的绷带上洗脱下来而获得的。在试图制取纯细胞核的过程中，米歇尔先用酒精把脓细胞中的脂肪物质去掉，再用猪胃黏膜的酸性提取液处理。米歇尔发现，在处理后的核中留存一种含磷很高而含硫很低的强有机酸。这种有机酸的溶解度以及它对胃蛋白酸的耐受性，暗示着这是一种新的细胞成分。他称这种新物质为"核素"。

从 1871 年到 1873 年，米歇尔继续对莱茵河的鲟鱼精子中的核素进行研究。鱼的精子头部基本上都是细胞核，是研究核素很好的材料。核素不能通过羊皮纸滤膜，被认为一种胶体物质。它十分不稳定，提取时必须非常小心，在低温下进行，速度要快。为了制备核素，米歇尔从清晨 5 点开始，就在一个低温室内紧张地工作。最后的制备物可以保存在纯酒精中。

在这之后，其他的科学家相继开始了对核酸的研究。德国生化学家科赛尔首先研究了核酸的分子结构。他将核酸水解，发现它由糖、磷酸、有机碱三种物质构成。其中有机碱又包括四种成分，他按其结构的不同，分别命名为胸腺嘧啶（C）、胞嘧啶（T）、腺嘌呤（A）、鸟嘌呤（G）。接着，科赛尔的学生俄裔美国化学家莱文发现，核酸里的糖比普通糖少一个碳原子，为了区别，他称核酸里的糖为核糖。他还发现有些核糖里少一个氧原子，于是就把它们叫脱氧核酸（DNA）。1934 年，莱文又发现了一个磷酸的片断，并推断这是核酸的一个基本成分，把它叫做核甘酸。

但上述重大的发现在当时却没有引起人们的注意。直到 1967 年，人们才真正认识到生命的遗传基因就是核酸。

（六）对蛋白质和酶的研究

作为生物大分子的基础之一的蛋白质，其名称是瑞典人柏采留斯于 1836 年提出的。蛋白质由 20 种氨基酸构成，19 世纪的生物化学家们已发现了其中的 13 种。1902 年，德国人费舍尔提出的"蛋白质的多肽结构学说"，正确地反映了蛋白质的结构。他认为蛋白质分子是由许多氨基酸和肽链相连而成的长链化合物。1907 年他在实验室中合成了 18 个氨基酸的长链。其后，生物学家们又发现了生物催化剂——酶和激素等蛋白质。

然而人们忽视了上述正确结论，在生命的本质和生物遗传机理的探索上走了弯路。20世纪初兴起的分子生物学，错误地认为蛋白质是构成细胞核的主要成分，企图由此揭开生命的本质和生物遗传之谜。分子生物学的探索揭开了蛋白质结构之谜，为人工合成蛋白质指明了道路，但它却没有达到预期目的——因为遗传基因不是细胞核里的蛋白质。

分子遗传学将注意力转向了细胞里的酶。酶是生物机体里的催化剂，它能够在常温恒压等普通条件下，高速高效地催化体内的物质代谢和能量代谢。在细胞中存在几千种酶，每种都在特定反应中起着高度专一的催化作用。也就是说，生物机体代谢的每一步，都至少要有一种酶参与完成。否则，代谢就会停止，细胞就会失去活性。生化学家由此想到，酶可能就是遗传基因。但在1941年，美国生物学家比德尔用放射线照射酶，发现酶不是基因，而是一种基因控制一种酶，从而建立了"一种基因一种酶"的学说，阐明了基因通过酶对遗传性状产生作用的问题。

（七）遗传信息载体的证明——DNA双螺旋结构

遗传基因到底在哪里？1944年，美国生化学家艾弗里用著名的"肺炎球菌转化实验"证实DNA是遗传基因。艾弗里把光滑型肺炎球菌的DNA分离出来，加入粗糙型肺炎球菌中，结果把它们全部转化成了光滑型。这一事实证明DNA上带有全部的遗传信息，而与DNA在一起的蛋白质并没有这种作用。艾弗里的发现立刻被许多科学家证实，先前没有引起人们注意的DNA，成了分子遗传研究的焦点。

DNA——遗传物质的双螺旋结构，包含了生命的全部奥秘。

1951年，英国生物学家维尔金斯和女生物物理学家弗兰克林拍出了DNA的X射线衍射图。弗兰克林对图像进行了定量测定，为DNA双螺旋结构的发现打下了基础。同年，美国生物学家沃森

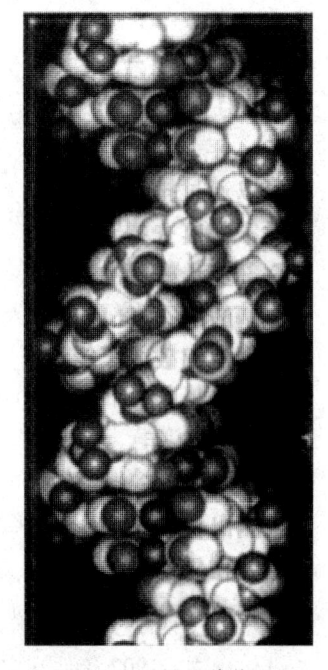

DNA的双螺旋结构

来到了卡文迪许实验室——结构学派在剑桥大学的研究基地,遇到了研究晶体结构的英国科学家克里克。他俩开始了分析 DNA 晶体结构的合作。通过汇集所有 DNA 研究资料,他们划时代地提出了核酸分子的双螺旋结构模型:双螺型由两个核糖磷酸骨架支持,像一个两边有扶手绕着同一垂直轴旋转的楼梯。两条螺旋链之间,众多的嘌呤和嘧啶沿着两骨架有规则地配对:一边的腺嘌呤(A)一定对着另一边的胸腺嘧啶(T);一边的鸟嘌呤(G)一定对着另一边的胞嘧啶(C)。在 DNA 中,由尿嘧啶(U)取代了胸腺嘧啶。所有生物的遗传信息都由这四种碱基的排列顺序决定,任何一个碱基变动都可能会引起生物体的病变或改变。

克里克和沃森根据他们的核酸模型,提出了 DNA 自我复制的机理:在复制过程中,DNA 的双螺旋先分成两个单链,每个单链以自己做"模板",用细胞里的原料合成与它配对的那半个螺旋。通过如此复制,生物便产生一代代稳定的遗传,如果 DNA 在复制过程中偶尔出点小毛病,就会造成物种的突变。

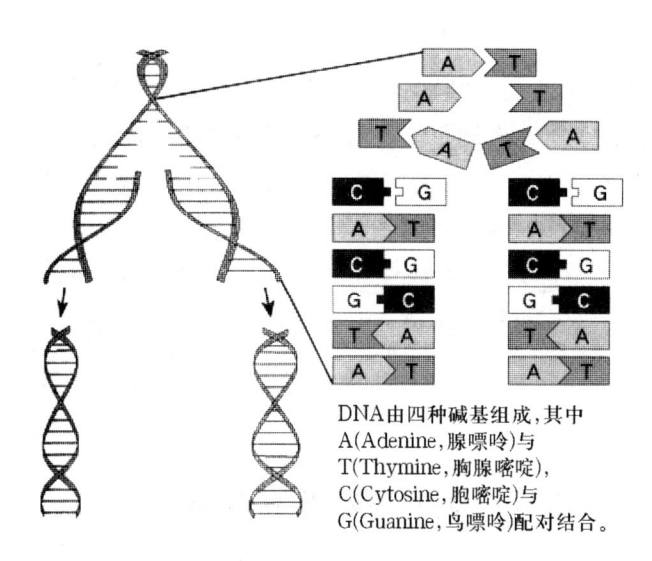

DNA 由四种碱基组成,其中
A(Adenine,腺嘌呤)与
T(Thymine,胸腺嘧啶),
C(Cytosine,胞嘧啶)与
G(Guanine,鸟嘌呤)配对结合。

DNA 是自然中的终极数位资讯

(八)生命遗传密码的破译

1944 年,量子物理学家薛定谔提出遗传密码的思想:四种碱基可以通过排列组合的方式决定 20 种氨基酸。1954 年,美国物理学家伽莫夫提出了相邻的三个核苷酸代表一种氨基酸的假说,全部遗传密码的数目是为 $4 \times 4 \times 4 = 64$ 个。但每个密码代表哪个氨基酸呢?1961 年,美国学者尼伦堡和马太根据三联体密码理论,他们破译了第一个生物遗传密码——苯丙氨酸的遗传密码 UUU。

到了 1967 年,在世界上的好几个实验室里,同时独立破译了全部 20 种氨基酸遗传密码。1969 年,64 种遗传密码的含意也全部被测出,编成了十分独特的生物遗传密码字典。

这份在生物学界通用的遗传密码向人们展示了生命世界的同一性。据此完全可以推断,地球上的生命仅起源于遥远的过去某一时刻和地点,仅此一次。那次生成的一个细胞衍生出了今日世界的芸芸众生,所以它们使用着共用的遗传密码。

四、遗传工程的"神话"

对于新的科学发现,往往要等到它产生应用价值时才会受到普遍的关注和赞扬,而在此之前,只有研究者们自己才知道它的潜在价值。

当遗传学研究进入到生物工程应用阶段时,它的魅力就一下子闪现出来。所谓遗传工程,是根据生物遗传规律,用类似工程设计的方法,把生物的遗传物质提取出来,经过人工"切割",重新组合,再放回到生物细胞里,从而改变生物的遗传密码,最终创造新的物种。这简直是把人类自己变成造物主的神话,然后,神话在科学时代,变成了活生生的现实,人类成了神话的主人。

(一)从大肠杆菌到脑激素

1973 年,美国成功地完成了世界上第一项遗传工程研究。这是一项改变生物特征、重建生物躯体的工程,因而震惊了世界。以科恩为首的一批美国科学家们,在一支试管中,将分别带着抗四环素和抗链霉素遗传信息的两个大肠杆菌的基因重组到一起,又放回到大肠杆菌中,结果出现了同时具有抗四环素和抗链霉素的菌群。这个项目的成功,证实了人类完全可以按照设想制造出新的生物。

遗传工程取得第一项震惊世界的成果，是用大肠杆菌生产出了生长激素释放抑制素（SMT）。1978年，美国科学家博耶人工合成了SMT基因，并把这个基因放到载体上，带进大肠杆菌中去，使大肠杆菌按照这个基因表达出了人的SMT。用这种方法提取50毫克的生物性物质，只需价值几美元的9升大肠杆菌培养液，这相当于过去从50万只羊的脑浆中提取的量，大大降低了成本。

（二）胰岛素和干扰素的人工合成

继生长激素释放抑制素（SMT）的生物合成之后，遗传工程在医学领域里又取得了一系列可喜的成绩，其中主要的有胰岛素和干扰素的制成。

胰岛素是控制糖尿病的主要药物，长期以来只能用猪羊的胰腺提取。1970年代末美国加利福尼亚大学的科学家，成功地将老鼠胰岛素基因置入大肠杆菌中，最先开始了胰岛素的人工合成。到了1980年代，100升培养液中获得的胰岛素就相当于一吨猪羊胰腺的提取量。

干扰素是人体内抵抗病毒感染的蛋白质，并有一定的抗癌作用。过去，科学家们只能从大量的白细胞中提取少许的干扰素，因而生产一磅干扰素成本达到100到200亿美元。现在，瑞士、美国和日本都已能用细菌生产出廉价的多种干扰素。

此外，在工业、农业、医疗及环保等方面，遗传工程越来越发挥着举足轻重的作用：在工业上，科学家们已经制造出了清除石油污染的细菌；在农业上，遗传理论在改良旧品种、创造新品种方面越来越显示出它的重要作用；在医疗领域，它成为改善人类体质、战胜疾病的重要手段之一。

（三）世纪末的炸弹——"克隆"

近些年来，遗传学领域的"克隆"技术，成为人们津津乐道的热门话题。所谓"克隆"是指通过无性繁殖的手段，由一个细胞获得遗传上相同的细胞群或个体群。利用胚胎分割技术或细胞核移植技术，可以产生遗传上相同的哺乳动物。

美国科幻小说《侏罗纪公园》描述了一些不负责任的科学家和唯利是图

的商人，从一块琥珀中的蚊子体内找到了恐龙的遗传物质 DNA，并用复制的 DNA 制造出许多活的恐龙，结果把一场灾难带给人类的可怖情景。该影片使世界震惊。

1997年，英国科学家变科幻为现实，一只在那里出生的名为"多利"的威尔士高山羊备受人们关注。它是由英国卢斯林研究所的动物胚胎学家威尔姆特领导的科研小组采用无性繁殖技术克隆出来的。这只羊与其基因母羊具有完全相同的内外特征，是一只纯粹的复制品。多利的诞生本身就具有新闻色彩，多利没有"生父"，而有两个"生母"：其中一个是根据基因特征进行复制的基因母羊，从其乳腺细胞中提取具有决定新生命的所有遗传特征的细胞核；一个提供去核的卵细胞。科学家将放入卵细胞的胞质使其融合，融合后的卵细胞再植入到第三个母羊的子宫内发育生长。150天后，母羊生下了多利。提供基因细胞的母羊并不是生产的母羊，而最终生产的母羊只相当于一个"孵化器"。这就意味着，只要有优质基因母羊的细胞，就可以随时培育出完全相同品质的羔羊。复制多利的过程完全依照基因的分子克隆技术，人们可以根据需要，像工厂流水线一样大量繁殖优质动物，特别是一些濒临灭绝的稀有珍贵动物。

多利只不过是一只复制出来的羊，却引起了人们极大的恐慌和不安。看管多利的负责人称它是"一只受上帝诅咒的羊"，因为这是在为"克隆人"做准备，而"克隆人"一旦真的出现，从伦理角度看，无异于一颗投放在全世界的生物原子弹，将人伦关系炸得模糊、混乱和颠倒。

首先，"克隆人"是对生育模式的挑战。他的出现，将彻底打破人类传统的生育概念和生育模式。克隆人的生育模式不一定非要有男性的精子与女性的卵子相结合，而只要有体细胞和卵子胞浆即可，这样单身女子或两个女同性恋者也可实现非传统但正常的生育过程。多么奇特！这绝不是天方夜谭，而是克隆技术赋予的能力。如此看来，在生育方式上，男子离开女子将一事无成，而女子离开男子仍可有所作为，这是大自然赋予女子的特权。但问题在于当人类运用这项特权时，将会给这个世界增添多少斩不断理还乱的话题！

其次，"克隆人"将冲击生育与男女婚姻紧密联系的传统模式，降低了自然生殖过程在夫妇关系中的重要性，进而冲击传统的家庭观以及权利与义务观。举例来说，一个男子的体细胞核可以由其女儿的核卵和子宫孕育出克隆人，这是完全有可能发生的事，这种父女共同协作生育出"父亲"的事情有悖于情理，让人难以想象与接受。更有甚者，以某男子（或女子）的体细胞核为"种子"，可由其妻子（或该女子）、女儿、母亲或孙女孕育出克隆人，祖孙三代接受同一来源的"种子"生出完全相同的人，那该是多么荒唐的人伦关系，令人不可思议！

美国的一位科学家曾警告说，克隆技术永远不应当公布，以免陷入无尽的罪恶之中。由于现代生物新技术的介入，生命过程出现的伦理道德观念的异化和非人性化倾向，逐渐引导人们以理性的态度去对待新出现的生命伦理问题的必要性。在新技术与人们的观念发生矛盾时，既要尊重技术，又要尊重人，就让时间去化解矛盾吧！

在宇宙中有无穷无尽的奇迹，生命则是众多奇迹的浓缩和体现。人，就是我们自己，毫无疑问是宇宙中最神圣的奇迹。古往今来，无数伟大的思想家都给予了无以复加的赞美。我们地球上的人类是宇宙演化的最高形式，宇宙演化产生了人，人反过来揭开宇宙演化的奥秘。

第十七章　原子物理学的革命

　　对大自然的探索，从无限大的宏观世界步步逼近无限小的微观世界。物质是由原子组成，原子是由电子和质子核组成，原子核又是由质子、中子和基本粒子组成。原子核的聚变与裂变，将爆发巨大的能量——核能。

　　19世纪，物理学以经典力学、热力学、统计物理学和电磁学为支柱，建立了一座宏伟而近乎完美的经典物理学大厦。1900年物理学元老威廉·汤姆逊在迎接新世纪的科学讲演中盛赞物理学大厦的完美。那时对于各种常见的物理现象，都可以用相应的理论加以说明。的确，物理的机械运动速度比光速小得多，准确地遵从牛顿力学规律；电磁现象被总结为优美的麦克斯韦方程；光的现象可用光的波动理论解释，最后也可归结为麦克斯韦方程；热现象的理论有完整的热力学的统计物理学。物理学的辉煌成就，使得不少物理学家踌躇满志、沉溺于欢快陶醉之中，从而产生了这样一种看法：物理学的大厦已告落成，今后物理学的任务只是进一步精确化，即在一些细节上作些补充和修正，使已知公式中的各个常数测得更加精确一点。然而，此刻在物理学的万里晴空中却飘来了两朵乌云，物理学上出现了一系列新的发现。这些无法用经典物理学解释的新发现，使经典物理学陷入了危机。第一朵乌云与迈克尔逊试验有关，第二朵与黑体辐射有关。正是这两朵乌云的飘动，引来了20世纪物理学革命的暴风骤雨，从而使整个自然科学进入了一个崭新的阶段。这"两朵乌云"成为20世纪伟大的物理学革命的导火索。

一、经典物理学危机

（一）肥皂泡般的梦想——"以太"学说的破灭

大家都知道，水波的传播要有水做媒介，声波的传播要有空气做媒介，它们离开了介质就不能传播。在经典物理学里面，所有东西的传播都离不开介质——不管是有形的物质还是无形的能量。太阳光穿过空气传到地球上，几十亿光年以外的星体发出的光，也能穿过宇宙空间传到地球上。光波为什么能在真空中传播？它的传播介质是什么？于是人们想到了"以太"，认为"以太"是光波的传播介质。他们还假定了整个宇宙空间都充满了"以太"，它是一种由非常小的弹性球组成的稀薄的、感觉不到的媒介。总之为了解释他们的学说，他们人为地给"以太"加上了种种属性。

19世纪时，麦克斯韦证明光是一种电磁波，他把传播光与电磁波的介质说成是一种没有重量、绝对可以渗透的"以太"。"以太"既具有电磁的性质，又具有机械力学的性质。这样，电磁理论与牛顿力学取得了协调一致。"以太"是光、电、磁的共同载体的概念为人们所普遍接受，形成了一门"以太"学。但是，此时又产生了新的问题：地球以每秒30千米的速度绕太阳运动，就必须会遇到每秒30千米的"以太风"迎面吹来，同时，它也必然对光的传播产生影响。

这个问题的产生，引起人们去探讨"以太风"存在与否。物理学的完整性促使人假定"以太"存在，实验又无法证明"以太"存在，怎么办呢？一部分物理学家相信能找到"以太"。1882年英国物理学家洛奇在《关于电的现代看法》中说，"以太"是什么，"我相信，不久就会得到解答"。为了观测"以太风"是否存在，1887年，美国实验物理学家迈克尔逊与化学家、物理学家莫雷合作，在克利夫兰进行了一个著名的实验："迈克尔逊—莫雷实验"，即"以太漂移"实验。他设计了光的干涉仪，利用了"零点法"，假设地球是在"以太海洋"中自转的，"以太风"必然在干涉仪中引起干涉条纹的移动。但是，迈克尔逊无论怎样实验都观察不到干涉条纹及其移动。1887

年，他和莫雷做了一套更准确的干涉仪重复这一实验，他们将装置放在浮于水银之上的很重的石板上，以防止震动的干扰。考虑到地球的自转，他们不分白天、黑夜地进行实验。但一切都与预想的结果相反，始终测不到干涉条纹的移动。这一著名的实验，否定了长期以来人们所相信的"以太"和"以太风"的存在。但是，这两位科学家并未立即认识到自己实验成果的重要性，迈克尔逊由于没有找到"以太漂移"的迹象而不得不宣布实验"失败"。英国物理学家瑞利本来积极支持这项实验，但它也认为实验结果带来了"真正的失望"。1893年，洛奇做了精确的钢板盘高速转动实验，以观察光速是否改变，证实"以太"是否被巨大质量带着一起运动。他设想，可以改变光速，就可以保留"以太"学说，又可以解释迈克尔逊实验，即以太随地球转动，所以测不到以太风。但是，实验结果证明，高速钢板盘对光的传播毫无影响。人们不得不怀疑："以太"是否真的存在？

旧物理学的根基发生了动摇，物理学家们困惑、徘徊起来。

（二）扑朔迷离——"紫外灾难"的产生

学过量子力学的人恐怕不会没听过"紫外灾难"这个名词，它增加了人们对经典物理学的困惑。"紫外灾难"是由埃伦菲斯总结研究物体的热辐射时提出来的，指的是传统的热力学的基本定律，对热辐射过程中的能量分布关系无法提供一个令人满意的理论解释，由此导致了整个经典物理学大厦的动摇。一块加热的铁片发红，随着温度的升高便从发红到发白，即所谓"白热"。我们知道，颜色深的物体吸收辐射的本领比较强，比如煤炭对电磁波的吸收率可达到80%左右。在经典物理学看来，黑体辐射的能量应该是连续分布的，所谓"黑体"是指吸收率是100%的理想物体。黑体不应该是真实存在的，但是，我们可以把一个表面开有一个小孔的空腔看做是一个近似的黑体。19世纪末，卢梅尔等人做了一个著名的实验，发现黑体辐射的能量不是连续的，它的波长的分布仅与黑体的温度有关。这个实验的结果简直不可思议，当时，人们都试图从经典物理学出发寻找实验的规律。失败是显而易见的，因为他们的前提和出发点都不正确。英国物理学家瑞利和物理、天文学家金斯认为，能量是一种连续变化的物理量，在波长比较长、温度比较高的时候，实验事实比较符合具体辐射公式。但是，根据瑞利和金斯按经典热学推导出来的公式，在短波区（紫外光区）随着波长的变短，辐射强度可以无止境地增加。事实上，这是不可想象的，而且它和实验数据相差十万八千里。因此，这个公式在短波的紫外光谱区遇到了不解之谜，被埃伦菲斯特称为"紫外灾难"。人们将它比作经典物理学晴空中的一朵乌云是很恰当的，"紫外灾难"是引发物理学大革命的另一导火索。

二、曙光初现——物理学三大新发现

正当经典物理学的天空被乌云笼罩之时，物理学的三大发现犹如一道闪电刺破青天，揭开了轰轰烈烈的现代物理学革命的序幕，把物理学从经典物理学推进到现代物理学阶段。这一时期，各种新发现层出不穷，大大丰富了微观世界的知识宝库。

（一）伦琴射线的发现

1895年，德国物理学家伦琴发现了X射线，一下子撼动了经典物理学理论的基础，它使人们对自己过去满怀信心描绘的那个"有秩序的世界"，还有那个近乎完美的经典物理大厦，立即产生了怀疑。奇妙的X射线用它那微弱的闪光，预示了微观世界的黎明的到来。

物理学家克鲁克斯在做放电管阴板射线实验时，已发现放在管子附近的照相底片有感光迹象。但由于他观察不细，更重要的是思想上缺乏必要的准备，便与一项重大发现失之交臂。而伦琴则认真分析了这一发现，发现了X射线，并由此获得了1901年首次颁发的诺贝尔物理奖。伦琴是一名德国物理学家，他出生于1845年，曾在荷兰机械工程学院和苏黎世物理学院学习，1869年获哲学博士学位。1870年他慕名来到德国维尔茨堡大学，拜物理学家奥盖斯德·康特教授为师，并做了他的助教。伦琴在50年的研究工作中，一共发表了50多篇论文。伦琴自始至终十分感谢他的导师康特教授。1896年伦琴在接受皇家福德奖金时，含着热泪对到场者说："我今日的这份荣誉应归功于康特教授……当年我做助教时，他始终鼓励我，即使我错了，也从不使我泄气……朋友们，研究学问犹如在黑暗中摸索，多么需要温暖、友谊和帮助啊!"伦琴在教学与研究的生涯中,也像他的老师康特教授一样,非常热爱青年,他常对自己的学生说:"人生不可无友——良师益友。"

1895年11月8日,伦琴在实验里对阴板射线进行研究。为了排除其他光的干扰,他把放电管用黑色硬纸严密包裹放进暗室。他在给放电管通电的时候,发现放在一米外的涂有荧光物质氰化铜钡的纸板发出微弱的荧光。伦琴极其敏锐地抓住了这个偶然现象,断定这是不同于阴极射线的一种未知的新射线,因为阴极射线是不能透过玻璃管的,这种现象是由于有某种"具有渗透力的射线"的存在。他把这种奇妙的看不见的射线称为"X射线"。X在代数里代表一个未知数,这表明对这种射线的性质还不了解。他的新发现,立即震惊了全世界。他那生物骨骼的X射线照片,引起了人们惊恐的好奇心。几天后,全世界的报纸都报道了这个重大发现。差不多有名望的物理学家都在重复做这个实验。此后,X射线很快被应用于医学和冶金学,从而创立了X射线学。

X射线的发现,促使物理学家们对它的本质和产生原因进行了广泛研究,又导致了新的重大发现。1912年德国物理学家苏厄用有规则间隔的晶体当做天然光栅,得到了X射线的衍射图,表明了X射线也有干涉、衍射等现象,它是波长很短的电磁波。

伦琴的实验室

X 射线的发现告诉我们，在科学探索的道路上，只有脚踏实地、打好扎实的基本功，才能抓住那稍纵即逝的机遇，最终取得成功。在伦琴发现 X 射线之前，克鲁克斯就曾多次发现在阴极线附近的底片会感光，但他只认为是偶然现象，没有去深思，他总把原因归结为底片的质量问题。而伦琴思维敏捷、想象丰富、善于捕捉在实验中发生的每一现象，并充分意识到自己发现的重要性，抓住不放，反复深入地进行研究，终于在"偶然性"中成就了伟大的发现。所以科学界把发现 X 射线归功于伦琴。正如微生物学的创始人法国著名科学家巴斯德所说："在观察的领域中，机遇只偏爱那种有准备的头脑。"

（二）贝克勒耳射线——铀

19 世纪 90 年代，天然放射性的发现把人类对微观世界的认识又向前推进了一大步。X 射线的发现，引起了更多的科学家投入到这项新发现的研究中，人们看到阴极射线轰击玻璃产生 X 射线的同时玻璃壁发绿色荧光，伦琴曾提醒人们要注意两者的联系。著名科学家彭加勒对这个现象提出了一种想法：X 射线可能与真空管玻璃上的荧光有直接联系。这个说法引起法国物理学家贝克勒耳的注意，开始着手研究这一课题。贝克勒耳在巴黎自然历史博物馆工作，那里收藏着一种荧光物质硫酸双氧铀钾，他选用这种物质做阳光曝晒实验。不凑巧的是，赶上了连续的阴天，实验只好推迟。他顺手将硫酸双氧铀钾放在包好的照相底片上，收进抽屉里。几天后，当贝克勒耳准备重做日晒曝光实验来拿底片时，惊讶地发现底片已经深度感光，感光最强的部位是硫酸双氧铀钾放置的地方。由于硫酸双氧铀钾没有日晒，故感光与荧光无关。于是他断定铀钾能放出一种新的、人们还不知道的射线，新射线是自发地从硫酸双氧铀钾中射出的。经反复实验，证明铀自发产生这种新射线，发荧光或不发荧光时都可以。再用纯铀粉实验，结果仍然一样。新射线不随时间而减弱，穿透力很强，称为贝克勒耳射线。贝克勒耳还宣称，发射穿透射线的能力，是铀的一种特殊性质。

铀是人们发现的第一种放射性物质。由于放射性物质的发现，从根本上动摇了经典物理学的"原子学说"。正如当代著名物理学家劳厄指出："几乎没有任何东西像放射性那样对原子概念的变化有那么大的贡献。"

（三）居里夫人——镭

继贝克勒耳之后，对这种新辐射线进行研究的是一对科学史上著名的夫妻科学家——居里夫妇。居里夫人——玛丽于1867年生于波兰华沙，父亲是一位波兰中学教师。玛丽中学毕业时获得金质奖章，已掌握英、德、俄、法、波兰等五国文字。1891年，玛丽进入巴黎大学学习；1893年，她获得了巴黎大学物理学硕士，次年，她获得了数学硕士学位。当玛丽与法国著名物理学家比埃尔·居里结识后，在科学征途的探索中，两人的友谊和敬慕的情感与日俱增，决心用科学去为人类造福的共同心愿，终于使他们结合在一起。当居里夫人进行博士论文答辩时，她的论文题目叫做《放射性物质的研究》。居里夫人从1897年选定这个研究题目，到1903年完成论文并获博士学位，一共经历了五年多的时间。这篇论文充分表现了居里夫人对待科学研究工作的高度敬业精神和惊人的才华；也正是这个研究题目，把居里夫人带进了科学世界的崭新领域。

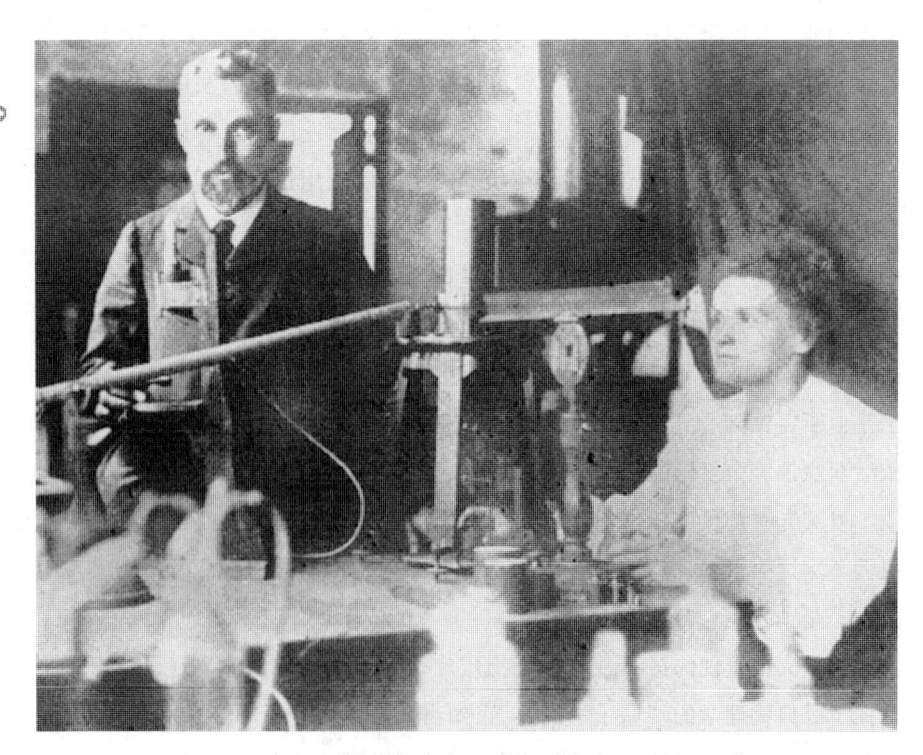

居里夫妇在实验室进行实验

那么，居里夫人是怎样选定这个研究题目，怎样发现镭的呢？1896 年，贝克勒耳的一篇报告引起了她的特别注意。贝克勒耳告诉人们，铀和钠的化合物具有一种特殊的本领，它能自动、连续地放出一种眼睛看不出的射线，这是多么神秘的一种东西啊！既然铀和钠的化合物能够不断放出射线，向外辐射能量，那么，这些能量是从哪里来的？这种与众不同的射线的性质究竟又是什么呢？……一系列的"?"顿时在居里夫人的脑海中浮现。这是多么好的一个研究题目啊！它正等待着人们进行深入的探讨，早日找出答案！铀射线的研究工作开始后，居里夫人细心地测试各种不同的化合物。在测量中，出现了一个十分意外的情况：在一种沥青铀矿中，居里夫人测得的放射性强度，比预计的强度要大得多。经过反复考虑，她认为，这种反常现象只有一种合理的解释，那就是：沥青铀矿石中，一定含有一种未知的放射性更强的元素。这时候，比埃尔已经感觉到夫人的研究太重要了，他毅然停下自己关于结晶体的研究，和妻子一起研究这种新元素。1898 年 7 月，他们终于发现了一种新的放射性元素。为了纪念居里夫人的祖国波兰，他们把这新发现的元素取名叫做"钋"。这年年底，他们又发现了一种放射线极强的未知元素，把它定名叫做"镭"。沥青铀矿中镭含量极微，许多吨的矿石，经过漫长而繁重的工作，仅能分离出一克的镭盐。为了提取纯"镭"，测定镭原子的原子量，向科学界证明镭的存在，他们夜以继日地努力工作。1902 年底，居里夫人已经提炼出十分之一克极纯净的氯化镭。在光谱分析中，它清楚地显示出镭特有的谱线，与已知的任何元素的谱线都不相同，居里夫人还第一次测出它的原子量是 225。从此，镭的存在得到了证实！

居里夫人的科学功勋卓越，然而他们却极端藐视名利。他们给后人留下的不仅是科学上的伟大成就，还有高尚的道德品质。居里夫人的一生中，共得过诺贝尔奖等十种奖；得过各个高级学术机构送来的 16 枚奖章；从 1904 年到 1933 年，世界各国授予她的博士、院士、名誉会员等各种光荣头衔，竟有 107 个。她的荣誉可以说是达到了顶点！居里夫妇担心过高的荣誉会带来灾难，最厌烦那些拥上门来不断地要求签名、照相的社会名流们。当居里夫人逝世时，爱因斯坦满怀深情地悼念说："像居里夫人这样一位崇高人物结束她的一生时，我们不要仅仅满足于回忆她的工作成果对人类已经作出的贡献。

第一流人物对于时代和历史的进程的意义，在其道德品质方面，也许比单纯的智慧成就还要大。"

（四）汤姆逊的功勋——电子问世

1898年和1899年，英国科学家汤姆逊测量了X射线在气体中所造成的离子的电荷，发现了一种新的带负电的微粒——电子。电子的发现，不仅一下子揭示出了电的本质，而且打破了几千年来人们认为原子不可再分的陈旧观念，证实了原子还有其自身的结构，揭开了人类对原子世界进军的序幕。

汤姆逊出生于英国，14岁时进入曼彻斯特大学学习。1876年，20岁的汤姆逊被保送到剑桥大学深造，成为知名教授路兹的得意门生。27岁时被选为皇家物理学会会员。伦琴射线的发现吸引了汤姆逊。他在"克鲁克斯管"的两旁加了电场，发现通电时阴极射线向正电极方向偏转。于是，他断定：阴极射线是带负电的微粒流，这种微粒在所有元素里，它应该是组成电子的更小微粒。他将这种元子粒子称为"电粒子"。1903年，汤姆逊提出了原子结构模型好似实心小球的西瓜，电子是瓜子，带负电；带正电的物质是西瓜瓤，均匀地分布在原子内，带正电的物质的体积几乎是整个原子的体积。电子在球体中游动，在静电力的作用下，电子被吸收到中心，它们又互相排斥，从而达到稳定状态。电子的发现，是19世纪末物理学的三大发现之一。

汤姆逊一生兢兢业业，奋斗不止。有一个小插曲，吉德勋爵夫妇的掌上明珠露丝小姐，早在剑桥上学时就与汤姆逊相爱了，等了多年不见回音，就提笔给他写了情书："现在，你是年轻的皇家学会会员，最崇高的汤姆逊教授，亲爱的，我们该结婚了吧？"汤姆逊壮心未酬是不愿结婚的，他回信安慰心爱的人说："再等一等，等我获得亚当斯物理学奖金时咱们再结婚，那样，你不会觉得更光荣，更幸福吗？"1890年元旦，汤姆逊获得了亚当斯物理奖。获奖的第

电子的发现者汤姆逊

二天，34 岁的汤姆逊怀着胜利与幸福的心情同露丝小姐结为百年之好。他们的姻缘一时成为剑桥大学的美谈。

三、原子核物理学

人们在探究物质结构的旅程中，逐步进入了原子世界的领域，新的科学成果为生产生活带来了巨大的原动力。

（一）叩开原子大门的路径——原子模型

三大发现打破了原子不可分的旧观念，原子存在内部成分和内部结构，成了科学的事实，但是，原子内部含有什么成分呢？这些成分之间的组织结构是怎样的呢？近代的科学家们相继提出了不同类型的原子结构模型："布丁模型"、"土星模型"、"有核行星模型"及著名的"玻尔模型"。

1. 布丁模型

汤姆逊发现电子后，深入思考了原子的结构，他吸收了开尔文的思想，于1904年提出了"葡萄干蛋糕模型"，即"布丁模型"，又称"枣糕模型"。他认为原子是个球体，带负电的电子嵌在球体的某些固定位置上，而正电荷就像"流体"一样，均匀地分布于球中，使原子球体成了一个均匀的正电球。这是最先提出的一种原子结构模型。

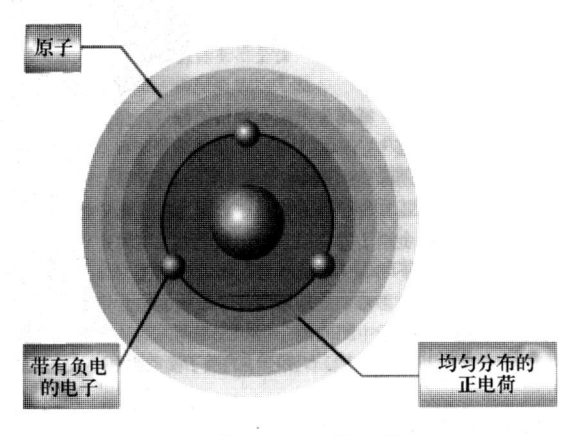

汤姆逊的原子构造模型

2. 土星模型

继汤姆逊之后，日本物理学家长半太郎提出原子结构的"土星模型"。他认为，原子中心是一个很重的带正电球体，电子带负电，均匀地分布在圆形外层，这些外层电子组成的圆环，像一个土星环。

以上两个原子结构模型，开创了原子结构研究的道路。尽管这种开始的设想包含严重的缺陷甚至错误，但它给人们的启示是不可低估的。

3. 卢瑟福与有核行星模型

进入光辉的20世纪以后，现代科技史上诞生的一位伟人便是卢瑟福。他并非出身于书香门第、望族世家，而是生长在大洋洲中一个穷乡僻壤的普通劳动人民家庭里。他凭借刻苦攻读所赢得的三次奖学金的支持，才得以享受良好的教育。他在科学上能有重大成就，除了他天赋聪明、才能杰出外，还与他谦逊好学有关。他的突出贡献是1911年提出了原子的有核行星模型。他确立了放射性的性质，提出原子结构有核模型，还培育出了一支最先进的科学研究队伍。卢瑟福一位杰出的物理学家、实验家，也是一位自然科学的唯物主义者。

1906年，卢瑟福及其助手们做了一个极其著名的实验。他们用X粒子作"炮弹"去轰击一片金属箔。实验结果发现：大部分粒子能穿越金属箔，其轨迹是直线，但是有少数α粒子却发生角度偏转，个别α粒子还会弹回来。卢瑟福把这个现象称为α粒子的散射现象。随着电子和原子核的发现，卢瑟福于1911年出提了"行星式原子结构模型"。他提出：原子核位于原子中心，集中了几乎所有的质量和全部的正电荷，正如行星围绕着恒星转动，电子围绕原子核做圆周运动。1913年盖革和马斯登用实验证实了卢瑟福的设想，从此卢瑟福模型得到公认，形成原子结构理论的一大飞跃。

在卢瑟福担任卡文迪许实验室主任期间，正是由于他的热情鼓励和循循善诱，使得他的大多数学生和合作者都在原子核物理学这一领域里，作出了自己的贡献，出现了一个光彩夺目的人才群落。当代物理学家海森堡称卢瑟福是"现代原子物理学的真正奠基

现代原子物理学的
真正奠基者——卢瑟福

者"。新西兰科学传记作家约翰·罗兰指出："当卢瑟福初露头角时，人们对于原子的研究还处于一个'渺茫'的阶段。当然，汤姆逊、贝克勒耳、居里夫人以及其他许多科学家都曾对原子这一方面的问题感兴趣；即使卢瑟福没有来到人间，人们对于原子的研究毕竟也会取得进展的。但是，不容置疑，他的影响所及，超过了同时代任何一位科学家，从而使原子的全貌变得更加清晰、明朗了。没有他，世界将以另外的样子向前发展，而科学的进展也不会与今天一样。"

4. 玻尔模型

卢瑟福模型虽然取得了很大成功，但它并非十全十美，存在两大缺点：第一是不能构成电的稳定系统；第二是与当时的原子光谱知识有矛盾。这时，玻尔提出了著名的"玻尔模型"。

玻尔是丹麦著名的物理学家。1907年进入哥本哈根大学攻读物理。学生时代他的学习成绩很出色，曾因发表关于精确测定水表面张力的论文，获得了丹麦科学院的金质奖章。玻尔与卢瑟福之间有着浓厚的私人友谊。玻尔曾说："他对我一生事业的影响是很显著的，至今我仍铭感至深，而在心底长忆斯人。"卢瑟福也曾评价他说："这个年轻的丹麦人是我遇到过的最有才智的小伙子。"玻尔在卢瑟福实验室仅工作了4个月。由于都有为科学而奋斗的共同理想，他们有很多共同语言。这段短暂而难忘的时光，使玻尔与卢瑟福开始建立起终生不渝的友谊，并使玻尔确立了自己的学术方向。

1913年，玻尔以《原子和分子的结构》为题，连续发表了3篇论文，把普朗克的量子理论应用于原子结构的问题。他的工作是以当时物理学家所公认的行星式电子模型为根据的。他提出了两条假设：

（1）定态假设：电子只能稳定地处于某些分交的状态，只能在一组特定的轨道上运动，越远离核心的稳定态，具有越高的能量。处于稳定状态的电子不能向外辐射能量。

（2）频率法则：电子可在不同定态间跃过，只有在电子跃迁的一瞬间才会吸收或发出光，其能量等于跃迁前后定态之间的能量差。

玻尔原子结构理论克服了卢瑟福的困难，出色地解释了原子的稳定性与原子光谱的分交性。玻尔继承了卢瑟福的同心圆轨道的思想，他的理论虽属于旧量子论的范围，却是从经典理论发展到量子理论的一个重要环节。量子学说的提出，为人们研究原子物理、原子核物理及跨入原子能时代打下坚定的理论基础。

（二）新的飞跃——原子核物理学的发展

因为原子核是原子的核心，它的性质决定着电子的结构和行为，所以研究核物理对进一步认识原子至关重要，而且核物理的深入研究直接导致核能开发和基本粒子研究，因而在 20 世纪科学革命中占有重要地位。在这一过程中，在科学家们的努力探索下，随着质子、中子被捕捉的精彩一刻的产生，原子核的内部奥秘终于被揭开。

1. 质子的发现

卢瑟福模型的提出，打开了人们的眼界，科学家的注意力很快指向原子核内部，怎么打开原子核的大门呢？这是通过对放射性的研究而实现的。早在 1886 年，德国物理学家戈尔茨坦从一个带孔阴极电子管发现，有一种未知射线穿过阳极孔，方向与阴极射线相反。人们猜测它是和电子相对应的带正电粒子，但在当时并没有认识它的本质。1919 年，卢瑟福用速度是 2 万千米/秒的 α 粒子作"炮弹"去轰击氮、氟、钾等元素的原子核，结果都发现有一种微粒产生，电量是 +1，质量是 1，从而发现了他自己所假设的质子。质子的含义，是"第一个"、"最重要"的意思。1920 年，卢瑟福又极富远见地设计了中子的假说。他认为，如果原子核完全由质子组成，那以某种元素的原子核所带的正电荷，在数值上一定等于那种元素的原子量，因为元素的原子量，主要是由原子核决定的，核外原子的质量是微不足道的。但是，事实上元素的原子量总是比它的原子核所带的正电荷数大一倍或一倍以上。这说明原子核里除了质子之外，必然会有一种质量和质子相仿，但却不带电的粒子存在。卢瑟福把它叫做"中子"。

2. 中子的发现

查德威克是一个视名利为粪土的科学家，在他成名后，得到国内外十多所大学的博士学位，以及一些国外科学院院士的头衔。1945 年，英国王室决定封他为爵士，他竟把王室通知书扔进了垃圾筒。后来女王伊丽莎白二世送来了御笔专谕，他才不得不去伦敦接受封爵。他曾说："学者有时需要适可而止的鼓励。但实际上，那些鼓励根本无助于学者的智慧。所以我要奉劝世人，不要把学者捧上了天,更不应该把他们当成工具。"他在皇家学会举行的大会上,痛心疾首地呼喊:"剥夺科学家的时间,等于公然摧残人类的知识和文明。"

1903 年,约里奥·居里夫妇用 α 粒子轰击钋、锂、硼原子核产生出一种神秘的穿透力很强的辐射线。1931 年,他们用这种辐射线击破原子核,得到一种不带电的粒子。他们假定这种中性粒子为中子。但是,这种中性粒子流有足够的能量在碰撞氢原子核时,将氢核打出而获得高速的质子流吗?伊·居里和约里奥·居里却无法回答这个问题。就在这段时间,查德威克从老师卢瑟福那里接受了存在中性粒子的想法,多次想从实验中寻找这种粒子,同老师一样,未能成功。得到玻特和贝克尔的实验报导,特别是又接到约里奥—居里夫人的实验报告后,真如天赐良机,查德威克沿着卢瑟福思路对以上实验提出不同看法:只有本身相当重的粒子,才能从原子核里打出质子。以上实验报导所称得到的中性 ν 射线或光子,都判断错了,它应当是寻求已久的中子。卢瑟福的科学预言又一次取得了胜利。查德威尔进行了反复的实验,进一步查明这种强穿透力的新射线不会被磁场偏折,确系中性的。1932 年 2 月,查德威克在英国《自然》杂志上发表文章,宣告中子的发现。

查德威克对中子的发现是原子核物理发展史中的一个重要里程碑,它像一把钥匙,打开了通向原子核奥秘的大门。中子的发现,给人们探索原子世界创造了更好的条件。查德威克因这个重大发现,于 1935 年获得了诺贝尔物理奖,还获得了法拉第奖、富兰克林奖等奖章。当他获得诺贝尔奖时,约里奥·居里为错过良机而抱憾终生,据说他打着自己的脑袋说:"我真笨呀!是真笨呀!"卢瑟福曾到法国讲学,讲到存在中子的可能性,约里奥·居里没有去听,认为不如自己做的实验,后来他很后悔错过那次听讲机会。由此可见,学术交流的重要性和学术思想的重要性。

以后,其他人继续做实验,从不同元素打出来了中子,这表明中子是原子核的基本组成部分。中子的发现不仅使人们对原子内部结构的认识又深化了一大步,而且为人类实现核变,利用原子能提供了可能,大大促进了实验核物理的发展。因而,中子的发现被誉为原子科学中继放射性之后的第二个重大发现。它标志着原子核的研究开始进入了一个新的时代。

3. 原子核的组成

随着电子、质子、中子的相继发现,对原子核组成的认识已是水到渠成。

1932年，科学家们总结了前人的研究工作，提出了原子核结构的理论：

(1) 原子核是由质子和中子组成的；

(2) 一个质子的质量是一个氢单位、电量是一个单位正电荷。元素原子核里质子的数目等于核所带的正电荷数，也等于元素在门捷列夫周期表里的原子序数，又等于核外电子数；

(3) 一个中子的质量是一个氢单位，电量是零，中子数目等于原子质量数与原子序数之差。

从此，一门研究原子核结构及其运动的原子核物理学诞生了。

（三）方兴未艾——基本粒子物理学的历程

基本粒子通常指比原子核更小的物质单元，如电子、中微子、介子等，都是基本粒子。基本粒子物理学进入了比原子更深一层次的物质基本粒子研究，目前已发现了400多种基本粒子。基本粒子物理学是20世纪科学的一个前沿和生长点，它通过几次革命性变革向纵深发展，又同其他科学领域融会贯通。在基本粒子物理学领域，正在酝酿着新的突破。在这个过程中，科学认识经历了一个由少到多、由浅入深的过程。

1. 中微子的发现

早在1914年查德威克就发现β射线谱与α射线谱不同，β线谱是连续分布的，α射线谱是分散的。那么，β衰变如何能满足能量守恒定律呢？

为了解释这个问题，1934年，费米建立第一个定量的中微子理论，圆满地解释了中子β衰变的困难。费米中微子理论是在与原子发光理论的类比中产生的。费米的理论显然能解释β衰变，但因中微子不带电又无静止质量，探测中微子是一件极其困难的事，物理学界接受这种理论很勉强。但随着新的实验事实不断出现，多数人相信了这个理论，而且进一步了解到质子也可以转变为中子而放出一个正电子和一个中微子。

2. 人工放射线元素

1934年1月，约里奥·居里夫妇公布了用α粒子轰击铝、镁、硼等轻元素产生人工放射性元素的实验结果。这一重大发现，表明放射性元素可以人工生产。这个科学大事件，激起了科学家们研究人工放射性元素的高潮，形成了群英并出、成果空前的核物理园地。费米先设想，如果改用中子作炮弹，也许不仅能使稳定的轻元素变成放射性元素，而且有可能使稳定的重元素变成放射性元素。费米的实验，意义最大的是用中子轰出铀的实验。1934年他第一次用中子轰击铀，果然中子被吸收，放出β射线，于是得到了第93号超铀元素的消息传开了，引起科学界的极大关注。但费米用中子轰击铀的所得物到底是什么？这个问题还有待进一步的理论分析。

3. 重核裂变实验

1938年，约里奥·居里夫妇也在进行类似费米实验的工作，他们用以往的核反应知识推断说："元素受到中子的轰击后，生成原子序数增加1的新元素。"这年，伊伦娜·居里在中子轰击铀的产物中发现一种新的放射线元素，其化学性质和铀相同，在当时人们认为这十分异常。伊伦娜撰文发表了这一新的实验成果。

哈恩和物理化学家斯特拉斯曼在德国进行类似的实验研究。斯特拉斯曼读了伊伦娜的那篇论文，立即意识到这个实验揭示了核反应的一大秘密，连忙跑去对哈恩说："你一定要读这篇报导！"哈恩在做自己的研究，不愿阅读，不当一回事。于是，斯特拉斯曼向哈恩介绍了伊伦娜文章的精华。这消息如同惊雷，哈恩把正在抽着的雪茄烟丢在办公桌上，立即同斯特拉斯曼一起跑到实验室，一连几个星期，两人反复进行中子轰击铀核的实验。起初认为生成物是镭，后来经过精确分析，认定生成物不是和铀靠近的重元素，而是和铀相隔很远的中等质量元素钡。这是他们和当时的科学界万万不想到的。论文发表之前，哈恩先把实验结果和疑难问题都告诉了在斯德哥尔摩的好朋友梅特纳，梅特纳深知哈恩工作的严肃性，他根据哈恩—斯特拉斯曼实验作出了科学判断，又用数学方法进行分析，他分析了反应前后的物质的原子量，发现核反应中出现质量亏损。1939年2月，梅特纳和弗瑞士一起在美国《自然》杂志发表论文，正确解释了哈恩—斯特拉斯曼实验。至此，重核裂变和开发原子能的物理基础正式奠定。

四、爱因斯坦与相对论的创立

阿尔伯特·爱因斯坦于1879年出生于一个犹太家庭。他在中学时，不喜欢各种强迫训练及形式主义的功课,但当他读几何时,立刻发生浓厚的兴趣,因为几何学中理论的明确,演证的步骤以及图形与说理的清楚,使他感觉到在这个杂乱无章的世界中还有秩序井然的存在。他从小对音乐有着特别的爱好。自6岁开始,他就迷上了提琴。当他母亲在钢琴上弹奏一曲莫扎特或贝多芬的奏鸣曲时,他就一动不动地站在旁边听得出神。因此他对古典音乐有了深嗜笃好。到14岁时,已经可以登台伴奏。这样,数学物理和古典音乐就成了他平生的两大伴侣。爱因斯坦在中学时代性情孤僻,不喜欢同人交往,不为师友们所喜爱。老师认为他智力迟钝,同学们给了他一个绰号"孤独小老头"。当爱因斯坦15岁时,他考入了瑞士苏黎世工业专科学校专攻物理。在那里他除了狼吞虎咽地读完了数学物理这两门课程的有关书籍之外,还涉及哲学和科学的几个有关领域。18岁时他写出了题为《关于磁场中的以太的研究现状》的第一篇论文。由于是犹太人,他早年遭到希特勒的迫害,后来移居美国。他一生孤独,有一次爱因斯坦和喜剧大师卓别林一道参加一个庆祝会,受到了当地人民的热烈欢迎。卓别林开玩笑地说:"他们欢迎我是因为他们能理解我,而他们欢迎你是由于他们不理解你。"确实,正如他自己所说,由于科学,他成了一个永远踽踽独行的孤独旅者。

爱因斯坦根据新的科学实验事实,对牛顿经典力学作了深刻的反思,吸收世纪之交的科学新思想,发挥创造天才,经过10年深思,创立狭义相对论,又经过10年钻研,创立广义相对论。爱因斯坦说过:"相对论的兴起是由于实际需要,是由于旧理论中的严重和深刻的矛盾已经无法避免了。新理论的力量在于仅用几个非常令人信服的假定,就一致而简单地解决了所有这些困难。"学过相对论的人一定会为爱因斯坦那天才的想象力所折服。相对论引起了古老物理学的彻底革命。完成了物理学第三次理论大综合,进一步奠定了日后物理学发展的基石。爱因斯坦的相对论毫无疑问具有划时代的深远意义。

早在1895年爱因斯坦在苏黎世

相对论的创立者爱因斯坦

读书时，他已经在研究光速和相对性原理问题。1902年到1909年，爱因斯坦的生活非常困难，在朋友的帮助下到瑞士专利局当了技术员，工作之余，他挤出所有可以挤出的时间去研究他的物理学问题。经过长期坚韧不拔的研究思考，1905年爱因斯坦的科学创造历程发生了根本性飞跃，实现了三个突破：提出光量子论、创立狭义相对论、提出测定布朗运动的方案。创立狭义相对论的30页论文《论动体的电动力学》于1905年发表在德国《物理学年鉴》上；同年还在该杂志上发表了《物体的惯性同它所包含的能量有关吗?》，对相对论作了重要补充。根据前面所说的"以太"探测实验，爱因斯坦提出光的传播速度并不依赖于光源本身运动的速度，不管光源是静止还是高速运动，光的速度始终是30万千米/秒，这从根本上不同于伽利略经典的相对运动原理根本不同。经过深思熟虑，爱因斯坦提出建立狭义相对论的两条基本原理。即：

（1）相对性原理：物理学定律在所有惯性系中的描述形式是相同的，即所有的惯性系是等价的，不存在特殊的惯性系。

（2）光速不变原理：在所有惯性系内，真空中的光具有相同的定值。

从古至今，人们都认为空间就是容器里面的虚空，时间跟流水一样不停地流逝，它们之间没有任何关系，而从狭义相对论的角度来看，时间、空间、物质并不是相互独立存在的，而是紧紧地联系在一起。离开了物质或者时间来谈空间是没有意义的，同样地，离开了空间或物质来谈时间也是没有意义的。运动使时间变长，使空间变短。比如说，如果你坐上高速运动的宇宙飞船，飞行10年后回到地球，也许你会发现地球上已经过了20年；或者你去测测高速运动的物体，你会发现它比静止的同样物体小了。

历史上往往出现惊人的相似事件。牛顿在故乡乌尔索普避瘟疫的一年，是他最辉煌的科学创新时代，他一生的主要成果都是在这一年里酝酿出来的。爱因斯坦的1905年，在伯尔尼当专利员的业余时间从事科学研究，也进入他最辉煌的科学创新年代，狭义相对论、光量子论、布朗运动测定三项成果，都是科学史上的重大事件，他一生的主要成就也是在这一年取得的。

狭义相对论诞生之后，有人说全世界上只有12个人理解他的理论。德国著名的物理学家普朗克最先意识到这个新理论的意义。在绝大多数物理学家还根本不能接受这个新理论时，爱因斯坦又积极地把这一理论继续向前推进。

1907年，他把研究的兴趣从狭义相对论转向它的推广。这是因为狭义相对论的使用范围仅局限于匀速直线运动体系，还不能解释加速度运动体系和万有引力问题。当狭义相对论已经在科学界赢得声誉的时候，1912年，爱因斯坦回到母校苏黎世工业专科学校任教，在他的老同学、该校数学教授格罗斯曼的协助下，找到了"黎曼几何"这种强有力的数学工具。1915年3月，爱因斯坦在普鲁士学院宣布了他们找到的引力场方程。1916年正式发表了《广义相对论原理》这篇著名论文。1919年他在介绍相对论时说："相对论有点像两层的建筑，这两层就是狭义相对论和广义相对论。狭义相对论适用于除了引力以外的一切物理现象；广义相对论则提供了引力定律以及它与自然界别种力的关系。"

爱因斯坦的后半生一直致力于"统一场论"的研究工作，企图把引力理论和电磁理论统一起来，但他没能取得成功，同时令人遗憾的是他从1925年开始，成了量子力学的反对者。但这并不影响作为20世纪的牛顿式的科学巨人爱因斯坦的光辉。爱因斯坦不但对现代科学作出了伟大贡献，而且对世界和平和人类进步事业作出了突出的贡献。爱因斯坦是人类历史上最受尊敬的科学家之一，不仅仅是因为他在物理学上的巨大贡献，还由于他的品德是真善美的统一。他说："看一个人的价值，应当看他贡献什么，而不应该看他取得什么。""人只有献身于社会，才能找出那实际上是短暂而有用的生命的意义。"他拒绝每分钟可得1 000美元的电台演说的聘请，但却肯将他的狭义相对论重抄一遍，为的是把所得600万美元的报酬全部献给西班牙人民。1955年4月18日，他临终前最后一次谈话，还是谈他最关心的两个问题：公民自由和世界和平。爱因斯坦永远活在世界人民的心中，永远为世界人民所尊敬和怀念。

五、新起点——量子论和量子力学

量子力学是现代物理学的理论基础之一。量子力学深刻地揭示微观粒子的波粒二象性的辩证本质。从此，人们对物质世界的认识，从宏观层次跨进到微观层次。量子力学的建立极大地推动着原子物理、原子核物理、光学、化学等科学理论的发展，它为现代科学技术的发展开辟了广阔的前景，然而，围绕量子力学出现的学派之多，争论之深刻，在科学史上是罕见的。其中最突出的是 20 年代后期开始到 50 年代中期为止，爱因斯坦与哥本哈根学派的争论。科学史证明，各个学派不同学术观点的争论，是推动科学发展的"杠杆"。关于量子力学上述问题的争论，至今方兴未艾。量子力学必将在争论中获得进一步的发展和完善。

（一）一个新的起点——量子论的创立

量子论是在探求解释"黑体辐射"中的"紫外灾难"的基础上产生的。当许多物理学家致力于寻找辐射强度与温度的关系，而又得不出圆满的答案苦苦探寻时，普朗克别具慧眼，把注意力放到寻找辐射强度与熵的关系上。

1. 普朗克量子假说

普朗克一生在科学上提出了许多创见，但贡献最大的还是 1900 年提出的量子假说。为了解决在黑体辐射中维恩公式和瑞利公式不能解决的问题，普朗克使用内插法把维恩公式和瑞利公式联系起来。1900 年 10 月 19 日在《维恩辐射定律的改进》一文中，公布了著名的普朗克公式。同年 12 月 24 日，普朗克在德国物理学会上宣读《关于正常光谱的能量分布定律的理论》，大胆提出量子假说：辐射是不连续的，而像物质一样，只能按个别的单元或原子来处理。这些单元的吸收和发射，服从在物理学和物理化学的其他分支中早已广泛使用的概率原理。辐射出的能量，其单元大小并不一样，而与其振荡频率成正比，所以只有拥有大量可用的能量时，振子才能拥有和发射出高频率的紫外线。因为振子拥有这样的单元的机会很少，所以其发射的机会和发射的总能量也都很小。只有某段频率适中的范围内，单元的大小适中，机会也好，发出的单元数目才可以相当大，而其总能量便到达其最高值。当时，普朗克公式在学术界受到欢迎，但意义重大的量子假说却被冷遇。普朗克在寻找他的公式的物理意义，采用波尔兹曼的连续能量分立的形式，"孤注一掷"地提出量子假说。因为思想深处受着经典理论的束缚，所以把自己的创举只作为"纯形式上的假设"。几经反复，直到 1915 年他才认清了量子论的重大意义。量子论的新主张使经典物理学的许多问题迎刃而解。在量子论的指引下，微观物理学取得重大成就，成了 20 世纪物理学的主流。

2. 玻尔的原子结构量子化轨道理论

1913 年，丹麦物理学家玻尔提出了量子假说，假说中首次提出定态概念和跃迁概念。他认为电子在特定轨道绕核做圆周运动时,不吸收也不辐射能量,这些状态称为定态,定态原子只可能具有一定的分值能量,而不能有连续的能量。这是一种全新的思想,但其中质点、轨道等名词,仍沿用经典力学的概念,所以玻尔理论仍是经典理论和量子论的混合物,不能计算光谱的亮度和光子数目。

3. 德布罗依物质波

德布罗依生于法国和厄普的一个贵族世家,早年就读于索邦大学和巴黎大学,学习历史和法学,曾获得历史学学士学位。在玻尔理论遇到困难时,他于1924年提出的描述微观粒子波动性的物质波动论,为建立量子论迈出了重大的一步。由于这一理论,他于1929年荣获诺贝尔物理学奖。当爱因斯坦发表光量子论得到密立根、康普顿的实验证实后,深刻地影响着德布罗依。德布罗依研究了光的微粒说与波动说的历史,注意到哈密顿曾讲过几何光学与经典力学的相似性,他想:"几何光学不能解释光的干涉和衍射,经典力学也不能解释微观粒子的运动。有必要创立一种具有波动特征的新力学,它与旧力学的关系,因此如同波动光学与几何光学的关系一样。"1923年,31岁的德布罗依向法国科学院递交了三份摘要,提出了物质波的假设。德布罗依的物质波理论轰动了当时整个学术界,经典物理学的卫道士们对此惊讶不解,其他大多数学者也持怀疑态度。因为,按照经典物理学的观念,粒子和波的形态是完全不同的两种物质形态;粒子性属于实物而波动性属于光和场。他们无法理解这两种性质辩证统一正是自然界一切物质的普遍性质。1924年4月在第四届索尔维国际物理学会议上,法国物理学家朗之万向爱因斯坦谈了德布罗依的研究,引起了爱因斯坦的注意。爱因斯坦十分赞赏德布罗依的工作,他说:"德布罗依的工作给我留下了深刻的印象,一幅巨大帷幕的一角卷起来了。"事实上,德布罗依的工作不仅给爱因斯坦留下了深刻的印象,而且给薛定谔以极大的启发。德布罗依的发现在两个对立的、看起来好像是互相排斥的波与微粒之间架起了一座桥梁,他继爱因斯坦之后进一步揭示了物质微粒的波粒二象性,使量子理论的研究实现了一次重大突破,直接促进量子力学的诞生。

(二)殊途同归——量子力学的诞生

1926年量子力学的建立,是现代科学技术取得的重大理论成果,它是众多物理学家共同探索的结果。寻找微观粒子的运动规律，是量子力学的根本任务。这个任务的解决，是沿着两条不同路线进行的。一个是由薛定谔为代表；另一条是由海森堡为代表。他们两个人殊途同归，用两种不同的方法创建了量子力学。

1. 薛定谔的波动力学

薛定谔，奥地利著名物理学家，一生兴趣很广，知识渊博。他通晓四国外语，并擅长写诗。他富有超群的数学才能，敏锐而深邃的洞察力。他的著述涉及领域较广，但主要的著作还是在物理学方面，如《波动力学论》等，薛定谔在科学上的重大贡献是在量子力学方面作出了奠基性的工作。为此，他于1933年获得了诺贝尔物理学奖。

在德布罗依研究的基础上，薛定谔做了进一步研究。薛定谔积极地发展了德布罗依的科学思想，于1926年建立波动力学，提出"薛定谔方程"，确定了波函数的变化规律。这是量子力学中描述微观粒子运动状态的基本定律。

2. 海森堡的矩阵力学和"测不准关系"

海森堡被公认是量子力学的另一位创始人，他是德国著名的现代物理学家。在大学期间，他已表现出非凡的才能。他的导师、著名物理学家索莫菲教授曾说："这几年来，眼看着海森堡轻易地完成了他的学业和研究，真令人产生'智者不难'的感觉，在理论上的造诣，我都自愧不如。"1925年年底，海森堡根据可以观察到的事实，即原子所吸收或发射的辐射，创建了量子力学新理论。后来他和玻尔、约尔丹等人一道迅速推进了这个理论，终于共同创立了量子力学的矩阵力学体系。这个理论在数学上与薛定谔方程等价。他们大胆地否定了古典轨道概念对微观世界的适用性，从形式上对经典力学加以改造，从而引进了一个能把微观世界那些特征现象联系起来的数学工具，这就是矩阵力学。1927年，海森堡在《量子论中运动学和力学的形象化内容》的著名论文中，第一次提出了"测不准关系"。这一原理对阐明量子力学的物理内容作出了重要贡献，是理论物理学的最伟大的成就之一。他也因此于1932年荣获诺贝尔物理学奖金。

海森堡在科学上的成就源于他敢于破旧，敢于创新，大胆思维。他曾说："在每一个崭新的认识阶段，我们永远应该以哥伦布为榜样，他勇于离开他已熟悉的世界，怀着近乎狂热的希望到大洋彼岸找到了新的大陆。"

薛定谔、海森堡的量子力学，不能处理基本粒子的产生、消失和转化等高速微观的相对性问题，为了解决这个问题，1928年狄拉克提出了"狄拉克方程"。狄拉克发展并简化了海森堡的矩阵力学。1928年，他发表了他们第一篇著作《电子的量子理论》。1930年，他出版了他的另一部名著《量子力学原理》。狄拉克的这些著作的发表，标志着量子力学基础的确立。物理学的发展又进入了一个新时代。

六、现代物理学——电子技术革命时代

在第三次科学革命的推动下，本世纪30年代初爆发了一场以原子技术、电子技术、电子计算机技术为主要内容的第三次技术革命。它对人类社会的影响比之前两次革命有过之而无不及。

（一）石破天惊——原子弹的制造

1936年，丹麦原子物理学家玻尔提出了原子核反应理论。1938年，德国物理学家哈恩和斯特拉斯曼做了用中子轰击铀的实验，使铀分裂成两片质量差不多的碎块，从而发现了原子核的核裂变反应，确立了核裂变的观点。1939年1月6日，玻尔到美国出席一次物理学家会议，把原子核分裂的消息告诉了与会的科学家们。这些人兴奋无比，很多人立即着手研究，在数周内，一再证实了铀裂变的存在，并发现了铀裂变时原子核放出的巨大能量。

1939年3月，费米便拜访了美国海军负责人，向他阐述了制造原子弹的可能性，但没有立即得到采纳。这时德国法西斯点燃的战火迅速燃遍欧洲大陆，第二次世界大战发生了。由于德国的科学家曾参与了核裂变研究，当时美国的情报证实纳粹分子正在组织人力研究链式反应，在美国的物理学家中有人感到，有必要抢在德国之前尽快制造出原子弹。1939年7月，西拉德拜访了罗斯福总统的好朋友和私人顾问、经济学家萨克斯以后，又和爱因斯坦会晤，请爱因斯坦在给罗斯福总统的信上签名，信由萨克斯交给罗斯福。这封信阐述了研制原子弹对美国安全的重要性。罗斯福再三考虑，决定支持研制原子弹的工作。1941年12月，美国制造原子弹的"曼哈顿"工程正式上马，奥本海默被任命

为洛斯一阿拉莫斯实验室主任，领导原子弹的设计和研制；康普顿负责裂变材料的制备；费米则负责原子能反应堆的建造。

1945年7月，世界上第一颗原子弹在美国西部沙漠上试验成功。人类第一次制造了这样大的能量。从此，人间核战争的可怕序幕拉开了，人类陷入了核战争的可怕阴影之中。同年8月，美国在日本的广岛和长崎分别投下了两颗原子弹，它们的爆炸是人类历史上最惨烈的第二次世界大战的尾声。这两颗原子弹的爆炸给全世界爱好和平的人们的心中涂上了不可磨灭的恐惧，这本不是那些善良的科学家想看到的。

第一颗原子弹在美国西部沙漠爆炸

上图是代号"小男孩"的原子弹
下图是代号"小胖子"的原子弹

（二）日新月异——核技术的发展

第二次世界大战后，苏联于1949年、英国于1952年，都成功地爆炸了原子弹。1964年10月，中国第一颗原子弹爆炸成功，宣告中国也加入了拥有核武器国家的行列。

在发现重大核裂变产生巨大能量的前后，物理学家们还发现把氢核聚变成中等质量的原子核之后会放出更为巨大的能量。1952年11月，美国试验成功了第一颗核聚变武器——氢弹；9个月后，氢弹的爆炸也在苏联获得成功。1967年，中国成功地爆炸了第一颗氢弹，氢在地上，尤其是在海洋中是取之不尽的，所以核聚变被人们视为最丰富的潜在能源。

同时，原子能、核能技术不仅被应用在军事方面，也开始了和平利用。1947年，美国将放射性元素的同位素应用于医疗、农业和工程技术领域。1949年美国人李荣研制成功第一台原子钟。1950年美国的国际商业机器公司（IBM公司）研制成功第一台原子能发电机，后应用于核潜艇。1954年6月，苏联人在奥布宁克斯建成了世界第一座核电站。1957年12月，美国人建成了希平港核电站，英、法、德等国也都相继建造了核电站。中国自行设计的第一座核电站——浙江秦山核电站已经于1992年正式运行发电。自1955年联合国在日内瓦召开了世界和平利用原子能会议之后，原子能的和平利用就在世

氢弹在太平洋岛上爆炸

界范围内发展起来。

人类开始探索星际奥秘，宇宙飞船以及航天飞机的轰鸣打破了太空中死一般的寂静。而原子核物理学的革命使人们对大自然的探索更加深入，从无限大的宏观世界步步逼近无限小的微观世界，探索出了一个比原子小千百万倍的原子核王国。这一切都表明，人类的认识能力已经达到非常了不起的地步，就在几百年前还是不可想象的。同样，我们无法想象几百年、几千年、几万年后的情形，那时的人类文明一定是另一幅壮丽的画卷。

（三）让不可能成为可能的超细微技术

纳米技术是在十的负九次方米（十亿分之一米）的超微小尺度下，进行物质的操作、建构或控制的技术总称。

1960年因梅曼等人发明了激光而得以实现的超微细结构以及电子显微镜的发明等，确立了纳米技术的基础。

美国的费曼在1959年时曾预测，未来的技术将能够把24册大英百科全书的全部内容都装到直径仅有1.6厘米、大小约等同于针头的面积中。随后的40年间，纳米技术不但成真，而且全世界都投入了新技术的开发研究。

在量子力学的世界中，包含电子在内的所有粒子都具有波动性，因此当电子遇到障壁时会进入其中，此时若遇到的是很薄的障壁，电子就有可能会穿越过去，这种现象被称为"穿隧效应"。但早期由于缺乏将障壁加工到10纳米以下的技术，因此无法证明这种穿隧效应是否存在。

原本研究如何提高电晶体效能的江崎玲于奈，发现了能够将障壁削薄的技术，在1957年时证实了电子波动性的穿隧效应的确存在，因而获得了1973年的诺贝尔物理学奖。

过去纳米技术，主要被用于开发超大型集成电路以及高密度的记忆媒体。但是近年来，其技术层次不断地提高，因此也被使用在医疗、生物工程、建筑、机械工程、化妆品与药品的制造以及能源环境问题的解决方法研究等方面，应用的范围相当广泛。

第十八章 信息革命

现在，电脑成为人脑的一部分；未来，人脑将成为电脑的一部分，信息高速公路使地球变成一个小村子——地球村。

当今时代，一颗闪耀的明珠——计算机，在世界的各个角落大放光芒。电子计算机是时代的骄子，是信息时代的主要标志，是新技术革命的核心技术。它是人脑的延伸，代替人的部分脑力劳动，甚至许多功能比人脑还强。电子计算机的出现和发展，使人类社会的信息处理方式发生了翻天覆地的变化，并在我们这个时代独领风骚。

一、电子计算机的历史渊源

1950 年代到 1960 年代间，电脑的发展主要是作为大学中的研究工具及研究对象。20 世纪 70 年代末期发展起来的个人电脑，在当时只能算是价值高昂的玩具。

1981 年，美国 IBM 公司开始销售商用个人电脑，用于商用计算、顾客资料管理及生产管理等的办公业务，电脑因此迅速地普及开来，而后家庭用的电脑也随之出现。1995 年，随着微软的 windows 操作系统的出现，互联网的使用使家用电脑迅速地普及到社会的每个角落。

在这段时间内，电脑本身的性能与软件的功能都大幅地改良，实现了高速化与高度机能化的运算。除了电脑之间的通讯之外，行动通讯终端设备与行动电话等资讯硬件之间也实现了高速通讯的成果。

（一）远古萌芽

自古以来，人们为了解决社会、生产、生活中的实际问题，都需要计算技术。随着社会的发展，计算问题越来越复杂，单用脑子和手计算已显得不够，于是人们发明了计算工具。我们的祖先早在春秋战国的时候，就发明了"算筹"，用投置小木棍的办法来做加减计算。唐朝末年，我国民间又出现了算盘，用小木棍将珠子串起来，进行加减乘除的四则运算，这是一种采用十进位制的先进计算工具，轻便灵巧，流传极广。

（二）近代雏形

在真正的计算机诞生之前，经历了机械计算机、差分机、分析机等几种原始雏形。近代以来，由于生产和商业的发展，手工计算已不能胜任，从而促使人们来发明新的计算机器，制钟技术的发展启示人们去寻求研制计算机器的方法。

1671年，德国著名数学家莱布尼茨设计了可以加、减、乘、除的计算机，他为此感到欣慰。他说："让一些杰出人才像奴隶般地把时间浪费在计算工作上是不值得的。如果利用计算机，这件工作可以放心交给其他任何人去做。"他进一步设想有朝一日用计算机可以完成人的理论思维。他的计算机1691年制成，但机器并不精良，运行很不理想。莱布尼茨对计算机的另一重要贡献，是最早提出系统的二进制运算法则，并说他的这个想法来自中国的八卦。1822年，英国数学家巴贝奇从法国的穿孔提花机得到启发，把提花机的程序自动控制原理和演算器结合起来，设计了用穿孔来自动控制程序的计算机。直至20世纪，巴贝奇的天才设想才被科学技术界真正理解。艾达·拜伦对巴贝奇在意大利演讲和谈话的注释，成了关于程序设计的最早著作，为现代计算机程序设计奠定了基础。一百年之后，随着人们日益频繁的交流信息的需要，电话、电报、雷达等通讯技术迅速发展起来，它们跟计算机技术、自动化技术相互渗透融合在一起，才制造出了巴贝奇理想中的计算机。

（三）第一台计算机的诞生

20世纪40年代，人们已经发明了各种各样的计算机，MARKI号、Z-3继电器通用机等相继问世。第二次世界大战期间，新式武器的出现，对计算技术的改进提出了迫切的需要，电子科学技术的进步又为这场酝酿已久的计算技术的革命提供了必要的理论和技术前提。就是在这种条件下，第一台电子数学计算机ENIAC在美国问世了。

ENIAC是第一台真正的电子计算机，它用真空电子管代替了继电器和其他半机械式装置，这是由美国宾州大学莫尔学院的莫克莱负责研制成功的，当时叫做电子数值积分计算器。

1942年8月，他提出了试制电子计算机的ENIAC方案，9月，成立了由莫克莱和埃克特领导的莫尔研制小组。经过近三年的努力，共费了48万美元，终于在1945年2月15日举行了公开表演，1947年运往阿伯丁炮场做科学计算。ENIAC主要用于军事目的，当时它是世界上最复杂的电子装置，用了18800个电子管，利用电脉冲每秒钟内能进行5000次加法运算。它的体积3000立方英尺，耗电150千瓦，重量达30吨，占地面积170平方米，可算是一个庞然大物。如今，摆在家里的个人微机的性能早已超过这个庞然大物了，更不用说小型、中型、大型或巨型计算机了。

世界第一台电子计算机

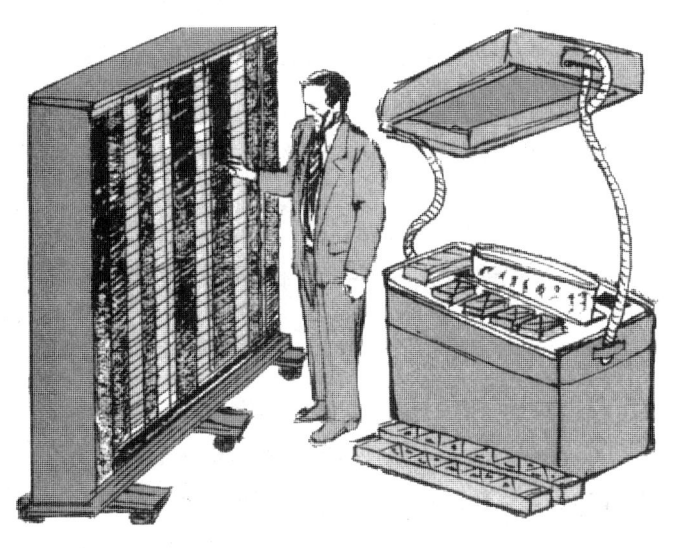

电子式数值积分计算机　　机械式计算机的原型
　　　　　　　　　　　　纳皮计算机（1617）

二、雄厚依托——电子技术

电子计算机的问世及几十年所获得的突飞猛进的发展，是20世纪人类所写下的一个最美丽的神话。而在这个神话的背后，有其强大的技术依托，那就是蒸蒸日上的电子技术的发展。

（一）异军突起——电子管技术的产生

在电子管的家族中，先后孕育了三极管、四极管、五极管、微波管等家族成员，从而为电子计算机的产生奠定了雄厚的基础。1883年，美国大发明家爱迪生在研制灯泡时无意发现了一个有趣的现象：当把一块金属板与灯丝一起密封在灯泡内，给灯泡通电后，如给金属板加正电压，刚发热的灯丝与金属板之间有电流流过，相反则没有电流流过。这一现象后来被称为爱迪生效应，但当时爱迪生没有更多地去研究它。直到1897年汤姆逊发现电子，人们才知道，原来灯丝加热后有电子射出。1904年，英国发明家弗莱明经过多年的研究和实验，终于造出了一只二极管。他在真空中放置两块金属板，一个当正极，一个当负极，当加热负极时，就有电子射向正级。

1905年，美国物理学家协福雷斯特制成了第一只三极管，它是在二极管的正极和负极之间加一个金属栅网（即金属栅极）构成的。三极管最重要的最有价值的特点是对电流的放大作用。三极管的发明为无线电通讯和广播开辟了道路。

（二）日新月异——晶体管的发明应用

晶体管的本名是半导体三极管，它的发明是现代技术史上的一件大事。真正发明晶体管时已到了20世纪40年代末。1945年，美国贝尔电话实验室成立了由巴丁、布拉顿、肖克利等人组成的固体物理学研究小组，目的是进一步了解半导体的特性。经过几年艰苦卓绝的努力，终于在1947年12月23日研制成功了第一只晶体管。1950年，肖克利等人发明了晶体三极管。与电子管相比，晶体管具有体积小、重量轻、耗能低、寿命长、制造工艺简单、使用时不需预热等优点，它的问世大大加速了电子技术的发展。

（三）突飞猛进——集成电路的发展

利用特殊工艺把许多电子元件制作在一块半导体（或绝缘体）基片上，在基片内构成状态互为因果的超小型整体电路，叫做集成电路。晶体管发明后，半导体材料和器件制造工艺迅速提高，半导体器件质量提高，品种增多，产量猛增，充斥世界市场。电子产品的复杂性不断提高，但它是由分立元件组装的，所以就出现了元件数增加与快速组装成电子产品间的矛盾。为了解决这个矛盾，基尔比经过艰苦的研究，于1959年制成了含有电阻、电容器的晶体管的触发器，美国无线电工程师协会将这种新创的固体电路公之于世，标志着集成电路的产生。60年代以来，集成电路向大规模集成电路甚至超大规模集成电路发展，其集成度越来越高，功能越来越强。70年代中期，出现了在一块硅片上包含有10万个晶体管的超大规模集成电路。由于电子元件的变革，电子产品的价格性能比急剧下降，达到了空前的普及，人类进入了电子化时代。

电子技术扶持了一大批高精尖技术的发展，其中包括航空航天技术、自动化技术、激光技术，而电子计算机则是这累累硕果中最丰硕的一枚，它是电子技术的最高成就。

三、群星闪耀——电子计算机家族

电子计算机问世 50 多年来,运算速度提高 100 万倍,可靠性提高 10 倍,价格降低为原来的万分之一,使用计算机的人数增加 2 万倍。近年来,计算机的发展更是日新月异,瞬息万变。这种发展速度,在历史上还没有任何其他技术可以与之相比。按照电子元件的更新,电子计算机的发展已经经历了四代,现在已进入第五代的研制时期。它们分别为电子管时代、晶体管时代、中小规模集成电路时代、大规模集成电路时代及超大规模集成电路和人工智能计算机时代。

(一) 第一代——电子管时代

第一代电子计算机虽然在当今人们看来相当笨拙、体积大、造价高、操作困难,但正是它开辟了计算机发展之路,使人类社会生活发生了轰轰烈烈的变化。第一代电子计算机是指从 1946 年到 1957 年间的电子计算机。这时的计算机的基本线路是采用电子管结构,程序从工人手编的机器指令程序过渡到符号语言,第一代电子计算机是计算工具革命性发展的开始,它所采用的二进位制与程序存贮等基本技术思想,奠定了现代电子计算机技术的基础。

1945 年,取名为 ENIAC 的第一台电子计算机制成。但它体积庞大,并且属于程序外插型,使用起来并不方便。计算机运算几分钟或几小时,需要用几小时到几天来编插程序。当 ENIAC 的研制接近成功时,曾任职阿伯丁试炮场顾问的冯·诺依曼知道了这一消息。他在仔细研究过 ENIAC 的优缺点后,在别人的协助下,于 1946 年设计了一个新型 EDVAC 的方案,这个方案中的计算机包括计算器、控制器、存储器、输入输出装置,为提高运算速度首次在电子计算机中采用了二进制,并实现了程序内存。它使全部运算真正成为自动过程。到目前为止,它是一切电子计算机设计的基础。英国剑桥大学于 1949 年最先制成了世界上第一台用电子延迟存贮的程序内存电子计算机 EDSAC。冯·诺依曼的 EDVAC 几经周折,终于在 1952 年制成。另外,由于美籍华人王安在 1950 年提出了用磁芯存储数据的思想,麻省理工学院的福雷斯特发明了磁芯存储器，这种存储器在50—70年代一直被用做几乎所有电子计算机的主存储器。

（二）第二代——晶体管时代

第二代计算机指的是分立元件晶体管计算机，出现于1957年，到1964年逐渐为第三代计算机所取代。它从第一代电子计算机吸取精华，并不断地加以改进和完善。

电子管体积庞大，功耗惊人，这些弱点限制了计算机的进一步发展，晶体管在电子技术发展中，解决了电子管无法解决的矛盾，人们自然会想到用晶体管作计算机的元件和逻辑线路。1954年，美国贝尔电话实验室为军方研制成了第一台晶体管计算机TRADIC，它被当做飞机载计算机。1958年4月，世界上最大的计算机公司——IBM公司经过反复比较，决定用晶体管完全取代电子管，成批生产晶体管计算机。11月，美国费尔克公司大型通用晶体管计算机"Filck-2000-210"投入小批量生产，北美航空公司的小型晶体管计算机也投入批量生产。至此，电子计算机正式进入到第二代。第二代电子计算机最重要、最基本的特征是，逻辑元件和逻辑线路均采用分立晶体管元件。所以，晶体管是第二代机产生和发展的关键技术。

在计算机的发展过程中，遇到过一些闻所未闻的问题。由于设计出的语言五花八门，没有统一的规范，给用户也带来了很大的困难。人们强烈要求改变程序生产的落后状况，希望在近千种程序语言中，综合它们的优点，提炼出几种功能强的规范语言。在这种情况下，ALG02、FORTRAN、COBOL三种高级程序设计语言应运而生。为了进一步提高计算机的速度，60年代初人们进一步发展多道程序，出现了早期的多重处理机系统，它为以后按用户自动分时系统和用微型机组成巨型机创造了条件。

（三）第三代——中小规模集成电路时代

第三代计算机是指集成电路和大规模集成电路计算机，它开始采用半导体存储器。进入60年代以后，国际紧张局势加剧，美、苏两个超级大国开展军备竞赛。新式武器、尖端技术的控制更加复杂，对计算机的功能、体积、重量的要求越来越高。集成电路的出现和采用则是第三代机产生的技术关键。

1962年1月，IBM公司为了保持在计算机技术中的垄断地位，认识到必须研制用微型电子线路制成的、兼备各种用途和效率的系列化计算机。公司投资45亿美元建立5座新工厂，用最新技术和工艺于1964年生产出IBN360集成电路系列机。第三代机的一个重要特点是外部设备的突出发展。现代计算机的主要外部设备都是在第三代机中逐渐发展和完善起来的。而逻辑元件与线路采用集成电路，是第三代机最重要的标志。

（四）第四代——大规模集成电路时代

第四代计算机即从1970年开始发展的计算机。第四代计算机在器件方面采用大规模集成电路，在系统设计上朝着两个方向发展：一是发展的规模越来越大，形成立柜式计算机；二是发展超小型计算机。随着第四代计算机的发展，人们可以更方便地利用计算机收集信息并直接对过程进行控制，在更大范围内用计算机取代了人的脑力劳动。这样，电子计算机的应用迅速扩大到工业自动控制、农业环境控制、医学护理系统、经济计划管理、文献自动分类检索等30多个部门。

随着电子计算机的巨型化、微型化、网络化，大规模集成电路硬件发挥了威力，软件工程相对落后了。如阿波罗计划有600万条控制指令，每人每天编4条，需用5000人干一年，而且成本高，费时长，易出错，因此改进程序设计方法，提高软件工程十分迫切。"软件工程"概念提出后，人们用工程的办法编制程序，着力于在软件开发中取得新的突破。

（五）第五代——人工智能电脑

第五代计算机目前仍处在探索、研制阶段。第五代计算机真正实现后，将创造我们现在还难以预料的技术奇迹，它必将在社会生活的各个领域得到最广泛的应用。第五代计算机是超大规模集成电路、高级软件工程、人工智能、新型计算机系列的综合产物。其特点如下：

（1）采用超大规模集成电路元件。

（2）采用高级的软件工程，功能的人工智能化，推动产业结构和信息社会的大革新。就人工智能化而言，目前的研究仍是初步的，但步子迈得很大，预计第五代机出现后，智能化程度将提高到计算机可以识别声音、图像，具有学习和推理功能。

(3) 对人脑功能的模拟进入新阶段，即只要按照人的需要，在计算机的功能范围内向计算机提出"做什么"，无需告诉它"怎么做"，它就可以给出人们所需要的结果。

电子计算机更新换代的速度，第一代 11 年，第二代 8 年，第三代 6 年，第四代已经历多年，可能还需要经过很多年才能进入第五代计算机时代。

四、没有终点——网络技术的发展

所谓网络，就是利用通讯系统将设立在各地的计算机连接起来，以其中的一台计算机作为中心。这样，设置在不同地区，甚至不同国家的计算机便形成了一个庞大的信息加工"联合企业"。网络能够在更大的范围内满足更多人的信息需要。

（一）Internet——本身就是一个神话

20 世纪 60 年代末、70 年代初时，美国国防部为了方便研究工作的进行及推发，建立了实验性质的 ARPANET；尔后由于 ARPANET 的成功，一些单位也纷纷建构网络加入，主要的有美国国家科学基金会的 NFSTET、太空总署的 NSI 等；1983 年 1 月 1 日，当 TCP/IP 正式成为唯一的标准协议之后，加入 ARPAnet 的网络、机器和用户迅速增长。从开始的 ARPAnet 的千台计算机到后来的来自各大学、研究机构的几千台主机和工作站，一直到今天遍布世界的亿万用户，Internet 成为一个巨大而前途无量的市场。

（二）硅谷的传奇故事

硅谷的崛起，可谓是 20 世纪的一个神话。硅谷在极短的时间内造就了一大批万富翁。硅谷象征着智慧，是各种高、精、尖技术的发源地，它成了高科技的代名词。

大概每一位在网上冲过浪的人都领教过 yahoo 搜索引擎，在以阳光与海滩栽种著称的加州，几间低矮而拥挤的小屋中，没有外面世界的灿烂阳光，取而代之的是一排排的计算机和屏幕发出的荧光。然而这里却是 Internet 中最热闹的站点之一，免费而强劲有力的信息检索服务吸引了每天大约 100 万的来访者，大概比整个加州一年的游客还多。但是你看不到他们，因为他们穿梭于这个虚拟的网络空间之中。这造就了世界上最大的一个看不见的市场，大量的商业广告收入为 yahoo 带来了滚滚财源。

位于美国加利福尼亚州的 yahoo，最初只是源于两个人，两台 PC 和一个新奇的想法，真可称得上是硅谷群雄中的一只丑小鸭。一个普通的台湾移民、斯坦福大学的一名研究生——杨致远和他的好朋友大卫·费洛一起在 Internet 中畅游，纷乱庞杂的信息使他们萌生了一个奇妙的主意：按照类似于图书馆中的分类条目，将网络中的信息进行分类整理，使得用户可以依照不断细化的分类描述找到他们想要从网络上得到的东西。这样他们开始搜集 Internet 中的各种各样的信息，并且邀请其他的网友加入他们的网上寻"宝"的工作，然后将他们分类后组织成树状结构：主干上长满了分叉，分叉上还有更小的细枝……

如今这株稚嫩的小树已深深地扎根于 Internet 肥沃的信息土壤之中，枝繁叶茂，蓬勃发展。yahoo 每天接受数千个网址登记的申请，成为名符其实的 Internet 信息服务行业中的大哥大。精明的杨致远与大卫·费洛迅速成为 Internet 淘金浪潮造就的第一批百万富翁之一。

（三）无处不在——网络技术的广泛应用

如今，网络技术的应用已渗透到我们生活中的每一个角落。在网络技术应用的这个巨大领域内，各种新的应用途径也层出不穷。由于 Web 浏览器的问世，现在所有的 Internet 用户不必像他们的前任者那样记一大堆枯燥而无聊的命令，他们面前展现出一幅绚丽多姿的网络风景画，只要按几下鼠标，他们可以方便地到世界的各个角落去翱翔。Web 的中文意思是遍及世界的网络，这是由一名在瑞士日内瓦的欧洲核子研究中心工作的科学家发明的，他将不同的彼此相关的信息以超文本的形式组织在一起，融合多媒体技术，将网络信息活灵活现地展现在用户的面前，从而避免了一般人对陌生而繁杂的网络技术望而生畏，使得 Internet 风靡全球。